U0173446

中国安装工程关键技术系列丛书

大型储运工程关键技术

中建安装集团有限公司　编写

中国建筑工业出版社

图书在版编目（CIP）数据

大型储运工程关键技术 / 中建安装集团有限公司编写. —北京：中国建筑工业出版社，2021.2
（中国安装工程关键技术系列丛书）
ISBN 978-7-112-25847-5

Ⅰ.①大… Ⅱ.①中… Ⅲ.①石油与天然气储运-机械设备-设备安装 Ⅳ.①TE97

中国版本图书馆 CIP 数据核字（2021）第 024840 号

本书以经验总结、创新突破、引领示范为出发点，对大型原油、成品油、化工品等不同类型储运工程的科技创新成果、关键技术应用进行全面梳理，重点介绍了大型储罐施工技术、低温储罐施工技术、球形储罐施工技术、特殊类别储运工程施工技术、储运工程专用装备制作安装技术、储罐焊接技术、理化检验（热处理）及无损检测技术、储运工程调试技术及典型案例。

本书可为行业内的研究人员、高校科研人员及施工技术人员提供借鉴和参考，更希望能对我国储运工程建设及国家战略资源储备提供帮助。

责任编辑：张　磊　曹丹丹
责任校对：张惠雯

中国安装工程关键技术系列丛书
大型储运工程关键技术
中建安装集团有限公司　编写

*

中国建筑工业出版社出版、发行（北京海淀三里河路 9 号）
各地新华书店、建筑书店经销
北京鸿文瀚海文化传媒有限公司制版
临西县阅读时光印刷有限公司印刷

*

开本：880 毫米×1230 毫米　1/16　印张：19½　字数：598 千字
2021 年 6 月第一版　2021 年 6 月第一次印刷
定价：**228.00** 元
ISBN 978-7-112-25847-5
（37093）

版权所有　翻印必究
如有印装质量问题，可寄本社图书出版中心退换
（邮政编码 100037）

把专业做到极致

以创新增添动力

靠品牌赢得未来

——摘自 2019 年 11 月 25 日中建集团党组书记、董事长周乃翔在中建安装调研会上的讲话

丛书编写委员会

主　任：田　强

副主任：周世林

委　员：相咸高　陈德峰　尹秀萍　刘福建　赵喜顺　车玉敏
　　　　秦培红　孙庆军　吴承贵　刘文建　项兴元

主　编：刘福建

副主编：陈建定　陈洪兴　朱忆宁　徐义明　吴聚龙　贺启明
　　　　徐艳红　王宏杰　陈　静

编　委：（以下按姓氏笔画排序）
　　　　王少华　王运杰　王高照　刘　景　刘长沙　刘咏梅
　　　　严文荣　李　乐　李德鹏　宋志红　陈永昌　周宝贵
　　　　秦凤祥　夏　凡　倪琪昌　黄云国　黄益平　梁　刚
　　　　樊现超

本书编写委员会

主　编：徐义明

副主编：刘长沙　曹　昊

编　委：（以下按姓氏笔画排序）

刁翔宇　于华超　马东良　王　川　王　超　王少华

王虎荣　王胜辉　王海波　黄云国　尤鑫胜　白咸学

任　洁　任坤鹏　刘　洋　刘云芳　许俊峰　杜　宇

李桂红　肖天翔　吴聚龙　张　超　张粉居　陆亚美

陈晓蓉　林　寅　胡海涛　胡斌定　段永军　贾表祥

倪琪昌　郭海玲　陶双双　梁　刚　韩国耀　焦　冬

樊云博　薛　亮　戴林宏

序

改革开放以来，我国建筑业迅猛发展，建造能力不断增强，产业规模不断扩大，为推进我国经济发展和城乡建设，改善人民群众生产生活条件，做出了历史性贡献。随着我国经济由高速增长阶段转向高质量发展阶段，建筑业作为传统行业，对投资拉动、规模增长的依赖度还比较大，与供给侧结构性改革要求的差距还不小，对瞬息万变的国际国内形势的适应能力还不强。在新形势下，如何寻找自身的发展"蓝海"，谋划自己的未来之路，实现工程建设行业的高质量发展，是摆在全行业面前重要而紧迫的课题。

"十三五"以来，中建安装在长期历史积淀的基础上，与时俱进，坚持走专业化、差异化发展之路，着力推进企业的品质建设、创新驱动和转型升级，将专业做到极致，以创新增添动力，靠品牌赢得未来，致力成为"行业领先、国际一流"的最具竞争力的专业化集团公司、成为支撑中建集团全产业链发展的一体化运营服务商。

坚持品质建设。立足于企业自身，持续加强工程品质建设，以提高供给质量标准为主攻方向，强化和突出建筑的"产品"属性，大力发扬工匠精神，打造匠心产品；坚持安全第一、质量至上、效益优先，勤练内功、夯实基础，强化项目精细化管理，提高企业管理效率，实现降本增效，增强企业市场竞争能力。

坚持创新驱动。创新是企业永续经营的一大法宝，建筑企业作为完全竞争性的市场主体，必须锐意进取，不断进行技术创新、管理创新、模式创新和机制创新，才能立于不败之地。紧抓新一轮科技革命和产业变革这一重大历史机遇，积极推进 BIM、大数据、云计算、物联网、人工智能等新一代信息技术与建筑业的融合发展，推进建筑工业化、数字化和智能化升级，加快建造方式转变，推动企业高质量发展。

坚持转型升级。从传统的按图施工的承建商向综合建设服务商转变，不仅要提供产品，更要做好服务，将安全性、功能性、舒适性及美观性的客户需求和个性化的用户体验贯穿在项目建造的全过程，通过自身角色定位的转型升级，紧跟市场步伐，增强企业可持续发展能力。

中建安装组织编纂出版《中国安装工程关键技术系列丛书》，对企业长期积淀的关键技术进行系统梳理与总结，进一步凝练提升和固化成果，推动企业持续提升科技创新水平，支撑企业转型升级和高质量发展。同时，也期望能以书为媒，抛砖引玉，促进安装行业的技术交流与进步。

本系列丛书是中建安装广大工程技术人员的智慧结晶，也是中建安装专业化发展的见证。祝贺本系列丛书顺利出版发行。

中建安装党委书记、董事长

2020 年 12 月

丛书前言

《国民经济行业分类与代码》GB/T 4754—2017 将建筑业划分为房屋建筑业、土木工程建筑业、建筑安装业、建筑装饰装修业等四大类别。安装行业覆盖石油、化工、冶金、电力、核电、建筑、交通、农业、林业等众多领域，主要承担各类管道、机械设备和装置的安装任务，直接为生产及生活提供必要的条件，是建设与生产的重要纽带，是赋予产品、生产设施、建筑等生命和灵魂的活动。在我国工业化、城镇化建设的快速发展进程中，安装行业在国民经济建设的各个领域发挥着积极的重要作用。

中建安装集团有限公司（简称中建安装）在长期的专业化、差异化发展过程中，始终坚持科技创新驱动发展，坚守"品质保障、价值创造"核心价值观，相继承建了 400 余项国内外重点工程，在建筑机电、石油化工、油气储备、市政水务、城市轨道交通、电子信息、特色装备制造等领域，形成了一系列具有专业特色的优势建造技术，打造了一大批"高、大、精、尖"优质工程，有力支撑了企业经营发展，也为安装行业的发展做出了应有贡献。

在"十三五"收官、"十四五"起航之际，中建安装秉持"将专业做到极致"的理念，依托自身特色优势领域，系统梳理总结典型工程及关键技术成果，组织编纂出版《中国安装工程关键技术系列丛书》，旨在促进企业科技成果的推广应用，进一步培育企业专业特色技术优势，同时为广大安装同行提供借鉴与参考，为安装行业技术交流和进步尽绵薄之力。

本系列丛书共分八册，包含《超高层建筑机电工程关键技术》、《大型公共建筑机电工程关键技术》、《石化装置一体化建造关键技术》、《大型储运工程关键技术》、《特色装备制造关键技术》、《城市轨道交通站后工程关键技术》、《水务环保工程关键技术》、《机电工程数字化建造关键技术》。

《超高层建筑机电工程关键技术》：以广州新电视塔、深圳平安金融中心、北京中信大厦（中国尊）、上海环球金融中心、长沙国际金融中心、青岛海天中心等 18 个典型工程为依托，从机电工程专业技术、垂直运输技术、竖井管道施工技术、减震降噪施工技术、机电系统调试技术、临永结合施工技术、绿色节能技术等七个方面，共编纂收录 57 项关键施工技术。

《大型公共建筑机电工程关键技术》：以深圳国际会展中心、西安丝路会议中心、江苏大剧院、常州现代传媒中心、苏州湾文化中心、南京牛首山佛顶宫、上海迪士尼等 24 个典型工程为依托，从专业施工技术、特色施工技术、调试技术、绿色节能技术等四个方面，共编纂收录 48 项关键施工技术。

《石化装置一体化建造关键技术》：从石化工艺及设计、大型设备起重运输、石化设备安装、管道安装、电气仪表及系统调试、检测分析、石化工程智能建造等七个方面，共编纂收录 65 项关键技术和 24 个典型工程。

《大型储运工程关键技术》：从大型储罐施工技术、低温储罐施工技术、球形储罐施工技术、特殊类别储运工程施工技术、储运工程施工非标设备制作安装技术、储罐焊接施工技术、油品输运管道施工技术、油品码头设备安装施工技术、检验检测及热处理技术、储运工程电气仪表调试技术等十个方面，共编纂收录 63 项关键技术和 39 个典型工程。

《特色装备制造关键技术》：从压力容器制造、风电塔筒制作、特殊钢结构制作等三个方面，共编纂收录 25 项关键技术和 58 个典型工程。

《城市轨道交通站后工程关键技术》：从轨道工程、牵引供电工程、接触网工程、通信工程、信号工程、车站机电工程、综合监控系统调试、特殊设备以及信息化管理平台等九个方面，编纂收录城市轨道交通站后工程的 44 项关键技术和 10 个典型工程。

《水务环保工程关键技术》：按照净水、生活污水处理、工业废水处理、流域水环境综合治理、污泥处置、生活垃圾处理等六类水务环保工程，从水工构筑物关键施工技术、管线工程关键施工技术、设备安装与调试关键技术、流域水环境综合治理关键技术、生活垃圾焚烧发电工程关键施工技术等五个方面，共编纂收录 51 项关键技术和 27 个典型工程。

《机电工程数字化建造关键技术》：从建筑机电工程的标准化设计、模块化建造、智慧化管理、可视化运维等方面，结合典型工程应用案例，系统梳理机电工程数字化建造关键技术。

在系列丛书编纂过程中得到中建安装领导的大力支持和诸多专家的帮助与指导，在此一并致谢。本次编纂力求内容充实、实用、指导性强，但安装工程建设内容量大面广，丛书内容无法全面覆盖；同时由于水平和时间有限，丛书不足之处在所难免，还望广大读者批评指正。

前 言

　　能源是人类社会赖以生存和发展的物质基础，是世界经济增长的源动力。全球经济在快速发展，对能源的需求量也在飞速增长，能源生产、加工、消耗区域的不平衡矛盾日趋突出，储运工程应运而生。因各类能源的形态、性质不同，其储运的方式各异。广义的储运工程包含煤炭储运、石油天然气储运、石化及精细化工产品储运、核燃料储运、电力储运（即输电）等。本书主要介绍石油、天然气、化工等行业大型储运工程的建造关键技术。

　　人类进入 21 世纪以来，全球油气资源及石化产品储备需求快速增长，大型油气及石化产品储运工程的建设也进入飞速发展期，各国都将建造储运工程列为国家经济发展、应对重大危机、保障国家安全的重要战略措施之一。众多拱顶储罐、浮顶储罐、球罐、LNG 低温储罐及长输储运工程遍布世界各地，并且呈现大型化、建造工厂化、数字化的发展趋势，大型储运工程的设计、制造、施工能力也得到迅速提升。

　　中建安装集团有限公司作为国内大型骨干中央企业，紧跟国家战略方向和储运工程的发展步伐，在大型储运基础设施建设领域进行了一系列探索与创新。近年来先后承建了多项国家战略储运工程，如营口港仙人岛 1～5 期原油储库工程、营口港鲅鱼圈成品油及液体化工品 1～3 期储运工程、华信洋浦石油储备基地 EPC 总承包工程、国投孚宝洋浦 35 万 t 原油及成品油泊位码头工程、中丝辽宁液体化学品物流项目（一期）工程、中化泉州青兰山 60 万 m^3 原料油罐区工程、中化天津港石化仓储一期二期工程、中海油小田湾油品仓储 60 万 m^3 一期工程、烟台港烟淄输油管线华星输油站一期二期工程、日照港油库三期工程、南京滨江 LNG 储配工程、西安 LNG 应急储备调峰工程，总库容逾 3000 万 m^3，积累了丰富的大型储运工程施工与管理经验，创新总结出一系列大型储运工程施工关键技术，圆满完成了各项大型储运工程的建造，形成了"中建安装"的品牌特色。

　　本书以经验总结、创新突破、引领示范为出发点，对大型原油、成品油、化工品、LNG 等不同类型储运工程的科技创新成果、关键技术应用进行全面梳理，重点介绍了大型储罐施工技术、低温储罐施工技术、球形储罐施工技术、特殊类别储运工程施工技术、储运工程专用装备制作安装技术、储罐焊接技术、理化检验（热处理）及无损检测技术、储运工程调试技术及典型案例。

　　本书在编写过程中参考以及引用了部分文献资料，并邀请行业、企业知名专家对本书稿进行了审阅。在此，谨对参考文献的原作者和对本书提出宝贵意见和建议的行业、企业专家表示衷心的感谢。希望本书的内容能为行业内的研究人员、高校科研人员及施工技术人员提供借鉴和参考，更希望能对我国储运工程建设及国家战略资源储备提供帮助。

　　鉴于本书的编著者都是工程一线的技术管理人员，理论功底不够丰富，其专业知识的系统性、科学性、创新性有待进一步提高，书中不当之处在所难免，期望广大读者批评指正。

目　录

第 **1** 章

概　述

大型储运工程作为国家能源保障和国家安全战略的重要一环，在国民经济建设中有着重要的地位，同时也是石油、天然气、石化等行业重要组成部分。储罐类型众多、建造技术难度较大。储运市场发展迅猛、前景广阔。

1.1 行业发展历史与现状

1. 行业特点及分类

储运工程在石油、天然气、石化等行业中是连接油气、石化等产品生产、运输、分配、销售各个环节的纽带，主要包括油气田集输、长距离输送管道、工厂储存与装卸以及城市输配系统等环节。大型储运工程按储存、运输的过程及产品类型可大致分为：储存类储罐、长距离输气管道及城市输配气工程等三大类型。储运工程的建设任务一般按照建造过程可分为：设计、储罐等设备设计及制造、安装施工等环节，具有专业性强、安全及质量要求高、战略意义深远等特点而被行业广泛关注。

储罐主要应用于石油、天然气、石化等行业领域，存储的主要物品为液态或气态原料、产品和中间产品，由于其存储物料多为易燃易爆及对环境重大危害产品，潜在风险较大，因此行业对储罐的安全性及质量要求非常高。国家监管和社会关注度不断提高，储罐行业需进一步加大建造质量的管控，确保其运行安全性、可靠性。

钢制金属储罐按几何形状可分为立式圆柱形罐、卧式圆柱形罐以及球形罐；按设计的使用温度可分为低温储罐、常温储罐、高温储罐；按压力可分为常压储罐、低压储罐、中压储罐；按储罐所在位置可分为地上储罐、地下储罐、半地下储罐及山洞储罐等较多种类，典型的储罐包含以下几类：

（1）立式圆筒形钢制储罐

立式圆筒形钢制储罐可分为固定顶储罐、浮顶储罐两大类。

固定顶储罐以拱顶储罐最为广泛采用，它可承受较高的剩余压力，蒸发损耗较少、罐顶空间较大。

浮顶储罐分为外浮顶储罐和内浮顶储罐。外浮顶的形式有单盘式、双盘式等，浮顶与罐壁之间有一个环形空间。环形空间中有密封元件，使罐内的储液与大气完全隔开，减少储液储存过程中的蒸发损耗，保证安全，减少大气污染。

内浮顶储罐：内浮顶储罐与外浮顶储罐的区别是有固定拱顶，此类结构能有效地防止风沙、雨雪或灰尘污染储液，在各种气候条件下保证储液的质量，有"全天候储罐"之称。储液与空气隔离，减少空气污染和着火爆炸危险，易于保证储液质量。特别适用于储存高级汽油和喷气燃料以及有毒易污染的化学品，可大量减少蒸发损耗。美国石油学会认为设计完善的内浮顶结构是迄今为止控制固定顶油罐蒸发损耗和投资最少的储罐。因此，以拱顶储罐（内浮顶储罐）和浮顶储罐应用最为广泛，技术最为成熟。

（2）球形储罐

球罐一般用于常温或低温。常温球罐的设计温度大于 -20℃。低温球罐的设计温度低于或等于 -20℃，一般不低于 -100℃，压力等级属中压。深冷球罐的设计温度在 -100℃以下，往往在介质液化点以下存储，由于对保冷要求高，常采用双层球壳。

球罐的特点：①球罐的表面积最小，即在相同容量下球罐所需钢材面积最小；②球罐壳承载能力比圆筒形容器大一倍，即在相同直径、相同压力下，采用同样钢板时，球罐的板厚只需要圆筒形容器板厚的一半；③球罐占地面积小。

（3）低温储罐

在一定的环境温度下，用于存放液化石油气、液化天然气（LNG）、液氮、丙烯及乙烯等低温液体的储罐统称为低温罐。参照美国《低温液化气体储罐系统》API625 标准定义，最低设计温度在 $5\sim-50$℃的储罐称为低温储罐；最低设计温度在 $-196\sim-51$℃的储罐称为超低温罐。根据不同的工艺要求和介质储存方式，将低温罐分为单容器罐、双容器罐和全容器罐等三种罐体形式。单容器罐一般是有一个钢制内罐加上保温外壳组成；双容器罐和全容器罐则是由一个钢制内罐和一个钢制或采用混凝土（一般为预应力混凝土）制成的外罐组成，保温设在内外罐壁之间，目前较多采用的是全容罐。

（4）覆土罐及山洞储罐

将钢质立式储罐建造在混凝土罐室中并在罐室顶部及周边覆土简称覆土罐；而山洞储罐是将储罐建造在人工开挖或天然的洞内。这两种储罐适用于低山、丘陵等凹凸地形地带，是国家成品油战略储备的一种形式。

由于覆土罐、洞罐能够充分利用地形并具有掩体保护、不受紫外线照射、外部环境影响小、蒸发损耗小、延缓油品变质且对空隐蔽等优点，被广泛应用于国家战略物资储备油库。此类储罐建造时，作业空间狭小、人员交叉作业难度大、无法使用吊车等大型设备，同时操作空间封闭，采光、通风条件差，增加了施工和质量检查的难度。

总之，储罐设备存储的物料多存在易挥发、易受热膨胀、易燃、易爆或强酸、强碱等特性，当物料达到爆炸极限后遇明火就会引发火灾爆炸及泄漏，造成巨大的安全隐患和经济损失。因此，对储罐的设计、材料及建造质量和安全性的要求越来越高。

2. 发展历程

储运工程中的储罐早期称为储油罐或油罐。油罐是 19 世纪 60 年代发展起来的一种储存石油及其产品的设备。直到 20 世纪 20 年代焊接技术的诞生，多种形式的焊接钢制储油罐迅速发展。1923 年美国芝加哥桥梁钢铁厂设计、建造了世界第一座浮顶罐，罐顶自动上下浮动，始终与液面接触，可减少油的蒸发损失。

在第二次世界大战期间，因国防需要，北欧的瑞典等国建造了第一批地下岩洞储油库，由于腐蚀等因素，第一批镀锌的地下储油罐逐步被涂抹防腐材料而地下储油罐而取代。1960～1970 年，油罐渗漏逐步引起各界的广泛关注，一些防止钢制油罐腐蚀而造成油品渗漏的相关新产品出现，例如塑料容器、厚的玻璃纤维容器，以及对于现存的钢制油罐加阴极保护，涂抹沥青等。

20 世纪 70 年代出现第一次石油危机，造成了经济和社会的强烈震荡，促使许多国家将油气储备作为国家战略方向之一，使得更多最新的技术在储油罐上得到应用和发展。

中国的储运工程自中华人民共和国成立后起步，在世界上占有一席之地，期间大致经历了自力更生、引进消化、自主创新三个发展阶段。

（1）自力更生，艰苦创业——20 世纪 50 年代至 80 年代初期

中华人民共和国成立初期，经济凋敝，百业待兴，西方对我国实施技术封锁。自力更生、艰苦创业成为当时我国社会与经济发展的唯一选择。东北、华北、华东、西北地区相继发现和开发了大型油气田，我国石油工业迅速崛起，油气产量的大幅提升首先带动了管道工业的发展，开始了管道规模化建设。在储罐方面，单台罐的规模基本较小。

1970 年以后国内设计院开始大型浮顶罐的设计和制造研究，并于 1975 年在上海陈山码头建成第一座 5 万 m³ 的浮顶油罐，填补了中国自主设计大型储罐的空白。随后，在石化企业、油田、港口又相继建造了数十座相同规格的浮顶油罐。

（2）引进消化，提升水平——20 世纪 80 年代至 90 年代末

党的十一届三中全会以后，在改革开放方针的指引下，通过引进和吸收国外先进科学技术与管理理念，我国储运建设与管理水平进入了快速提升阶段。

在储罐方面，中国的设计院继续前期设计经验。1986 年，通过与日本的设计院合作，联合开发设计了 10 万 m³ 大型浮顶罐。由日方供货和提供施工技术，国内施工企业安装，先后在秦皇岛和大庆油田建造了 4 座 10 万 m³ 大型浮顶罐。

（3）自主创新、跨越发展——21世纪初至今

21世纪以来，我国储运工业积极贯彻自主创新的发展战略。随着兰成渝成品油管线、西气东输管线的建成，标志着我国油气管道工程建设水平跨入世界先进行列。而在储罐建设方面，国内的储罐设计单位和储罐施工单位经过了多年的实践和摸索，最大设计施工能力已达20万 m³ 储罐。以大型国有企业为代表的施工单位纷纷成立了专业化公司，建立大型储罐设计、施工队伍，储罐施工实现了专业化。

2003年，国家开始在镇海、岙山、黄岛、大连4个沿海地区建设第一批战略石油储备基地，标志我国大型储罐建设迎来重要发展期。四大国储库的10万 m³ 储罐实现了完全自主设计。据中国国家统计局数据，截至2017年年中，我国建成舟山、舟山扩建、镇海、大连、黄岛、独山子、兰州、天津及黄岛国家石油储洞库共9个国家石油储备基地，利用上述储备库及部分社会企业库容，储备原油近3773万 t。

为了攻克15万 m³ 大型浮顶油罐建造技术，打破技术壁垒，提高国内的技术水平，国内十多家单位的科研团队，对其高强度钢板选材，焊接技术及焊后热处理工艺，大型储罐罐壁下节点应力分析方法，大型浮顶的结构设计，大型浮顶油罐焊接变形控制，大型储罐的地基基础设计及施工等14个子课题进行联合攻关。于2005年采用了国产高强钢板和焊材，成功地建成了仪征油库2座15万 m³ 储罐，填补了国内10万 m³ 以上浮顶罐的技术和施工的空白，标志着我国大型储罐的建造能力已经达到了国际先进水平。

2008年，中石油化工集团公司又在上海白沙湾油库工程建成了8台15万 m³ 储罐，其中4台使用国产高强钢。至此，大型储罐的设计、材料、施工全部实现了国产化，标志着我国大型储罐的建造技术业已成熟，走向了快速发展的阶段。

1.2 大型储运工程建造及其关键技术

石油、天然气、石化等行业储运工程的建设作为提高我国能源储备能力的主要手段，已成为我国战略发展的重点方向。在建造技术方面，储罐设计单位和施工单位经过多年、多个大型储运工程的实践摸索和验证，已从多方面总结出储运工程建造的关键技术。

中建安装集团有限公司作为国内大型央企具备自主设计、专业化施工大型储罐、大型球罐、大型LNG低温罐储运工程的能力，先后承建了包括多项国家战略储运工程在内的众多大型储运工程。公司经过多年的技术沉淀和经验积累，掌握了大型储运工程设计、施工中的常规技术，创新形成了以下主要关键建造技术：

1. 大型覆土储罐工程施工关键技术

覆土罐是当前比较科学的一种隐蔽储罐，适用于低山、丘陵等凹凸地形地带建设。它具有隐蔽性高、储存油品安全、使用寿命长等优点，现在多为国防、部队首选的储罐施工方案。大型覆土罐的关键施工技术一般含混凝土基础土方的施工技术、罐室主体的施工技术、狭窄洞库储罐施工关键技术、洞库工程通风施工技术等。由于覆土罐施工空间极其有限，所有大型设备均进不了罐室。先采用分片运输各圈壁板进入罐内，然后围上顶圈壁板，再施工拱顶网壳，铺设瓜皮板，最后采用中心桅杆组装其余各圈壁板的液压顶升倒装法施工工艺。

2. 大型储罐双向子午线网壳安装及提升施工技术

采用正装法罐壁组焊-网壳整体提升-浮盘与罐壁同时施工的施工技术，即储罐壁板正装施工时，罐内浮盘同步施工，罐顶网壳组装在储罐浮盘施工完毕后进行，网壳组焊完成后采用倒链整体提升至罐顶。该施工技术有效解决了大型内浮顶罐倒装法施工带来的一系列问题，可缩短内浮顶储罐施工工期，提高储罐焊接质量同时改善作业环境，消除安全隐患。

3. 大型储罐罐体制作安装技术

大型储罐施工从施工方法上分为倒装、正装。从具体安装方式可分为群控捯链倒装施工关键技术、液压顶升倒装施工关键技术、大型储罐正装法施工关键技术。采用捯链倒装法和液压顶升倒装法的工作原理是先将底板组装完成后，再组焊罐体最上层壁板及罐顶板，然后在罐内安装群控捯链或液压顶升提升装置，通过提升装置带动储罐上升，从而达到提升壁板完成组焊的目的。而正装法施工的原理是先铺设罐底板，然后按照从底圈到顶圈壁板的顺序逐层施工，期间用吊车将预制的壁板分片吊装组焊，同时在罐内设置双层悬挂平台，以方便人员操作施工。

4. 低温 LNG 储罐施工关键技术

随着低温储罐从传统的双金属单容罐、全容罐及预应力混凝土全容罐设计结构向新型的三层金属全容罐、低温薄膜罐及低温移动储罐方向的发展，低温 LNG、LPG 储罐建造成为施工的难点。其关键技术包含低温储罐双层支撑基础平台的浇筑、预应力混凝土外罐爬模施工技术、主次内罐 06Ni9 材料的焊接、双层吊顶的气升顶技术、密闭空间下的不锈钢内罐的酸洗钝化技术、热角保护装置及低温储罐保冷施工技术、低温罐投料试车及预冷调试技术。

5. 球形储罐施工关键技术

大型球罐采用单片散装，先组装下段支柱和带支柱的赤道板，再组装赤道带，采用卡具活动连接，调整赤道带的几何尺寸，可十分有效的控制组装误差，采用焊工均布、分段、均速退焊法，避免不均匀收缩应力，基本实现无应力组焊。采用高压柴油雾化内燃法实现了球罐的整体热处理。本技术具有良好的社会效益，采用无应力组装、低应力焊接，改善了球罐的使用条件；采用内部卡具组装减少了对球皮板的腐蚀，延长了球罐的寿命，给使用单位带来可观的经济效益。

6. 大型储罐自动焊接技术

针对大型储罐自动焊接技术，创新使用国内成熟专机厂家的设备，实现如罐底板的组合自动焊技术、罐体纵缝的气电立焊技术、罐体环缝的埋弧自动横焊技术以及罐底板大角焊用的实芯或药芯焊丝的 CO_2/MAG 气体保护自动焊技术大幅度提高了储罐施工的效率和质量的稳定性，而且缩短了施工的工期、降低了施工成本。

7. TOFD 无损检测技术

TOFD 无损检测技术与射线检测技术相比，无辐射污染，绿色安全；TOFD 检测作业时间不受限制，可以尽量避免夜间的高空作业；与射线作业相比，检测灵敏度更高且结果更快，大大提高了工作效率，为储罐制安施工节约了时间。

1.3　行业发展前景与展望

1. 市场前景

我国石油和天然气资源相对贫乏而石化产品需求量大，为满足国民经济和国民生活日益增长的需求，需大量从海外进口，为减少国际局势动荡对我国经济的影响，我国将大力增加石油、天然气及石化等产品的资源储备。预计 2020 年左右中国的储备总规模将达到 100 天左右的石油净进口量，将国家石油储备能力提升到约 8500 万 t，因此我国对石油、天然气及石化等产品的存储要求不断提高，带动我国储运工程需求不断增长。

（1）成品油储备市场前景

全国目前有各类加油站 10 万多座。根据《中华人民共和国环境保护法》（2014 年修订）和《水污染防治行动计划》，10 万多座加油站要把过去的单层储油罐更新改造成为新的双层储油罐，仅这项更新改造市场规模超过 300 亿元。

（2）LNG 储罐市场前景

当今世界能源和环境问题日益严峻，清洁能源的应用越来越受到人们的重视。在当今世界的清洁能源中，天然气已经跻身于第一位，世界上很多国家都已开始了大型液化天然气储罐的设计、制造和应用。

国务院《关于促进天然气协调稳定发展的若干意见》（国发〔2018〕31 号）及国家发展改革委和国家能源局《关于加快储气设施建设和完善储气调峰辅助服务市场机制的意见》（发改能源规〔2018〕637号）中指出，要构建多层次储备体系，建立以地下储气库和沿海液化天然气（LNG）接收站为主、重点地区内陆集约规模化 LNG 储罐为辅、管网互联互通为支撑的多层次储气系统。供气企业到 2020 年形成不低于其年合同销售量 10％的储气能力。城镇燃气企业到 2020 年形成不低于其年用气量 5％的储气能力，各地区到 2020 年形成不低于保障本行政区域 3 天日均消费量的储气能力。

从 LNG 储罐市场来看，2018 年，全国 LNG 储罐储气能力约为 70 亿 m^3，仅为全国天然气消费量的 3％左右，预计到 2020 年，我国储气能力将达到全国天然气消费量的 15％左右，即 LNG 储罐罐容量将达到 378 亿 m^3。同时，在国内"减煤增气"政策的推动下，新增的城市 LNG 储罐调峰气源站的建设数量会急剧增加。不完全统计，储罐行业将有超过 1800 亿元的市场空间。

（3）石化产品仓储行业市场前景

近年来我国石化产业发展迅猛，产品需求旺盛，国际大型的化工公司相继在我国投资兴业，石化行业处于前所未有的发展时机。随着国内化工行业的快速发展，石油附属化工品、液体化工原料及其中间产品的进出口量和贸易量日趋增多，这些化工企业对液体化工产品中转储存需求不断扩大，进一步带动了石化仓储市场的发展。

2. 发展方向

随着社会经济的迅速发展，我国对原油、天然气及相关产品的需求会日益增长，同时在国内"减煤增气"政策的推动下，天然气会成为全球能源转型的中坚力量，新增的城市 LNG 储罐调峰气源站的建设数量会急剧增加。虽然原油、天然气等的能源比例会变化，但其储存的储罐规模依然不断增长，并向储运工程大型化、建造工厂化及数字化方向发展。满足库容扩大的需求，同时降低投资方的建设成本，是今后储罐建造的发展趋势。储运工程建造技术向以下方向发展：

（1）储罐建造大型化

储罐向大型化发展是显著趋势，各种石油、天然气及石化储运工程的大型化已经成为首选，国际上已建成直径达 110m、高 22.5m，存储容量达到 20 万 m^3 的巨型浮顶原油储罐，我国近年来立项建设的石油储备工程的浮顶储罐存储容量大多为 10 万 m^3，而且一些战略储备库及商储库还建造了相当数量的 15 万 m^3 容量的浮顶储罐。随着天然气需求的快速发展，LNG 储罐单台最大容积达到了 22 万 m^3。各类大型储罐建造关键技术均取得了突破。

（2）大型储罐建造工厂化、数字化

大型储罐预制包括罐底板、壁板、浮船板以及储罐附件的下料、切割、滚板，接管法兰的焊接、壁板热处理、除锈防腐等工序。现代建造业数字化技术发展迅速，大型储罐建造趋于工厂化、机械化，管理及安全、质量监控实现数字化。

（3）储罐焊接自动化、高效化

目前储罐焊接用的焊接设备已实现国产化、自动化，自动焊技术的应用及覆盖面迅速提升，双丝、多丝埋弧自动焊等高效焊接方式将广泛使用。

第 2 章

大型储罐关键施工技术

石油储运行业，一般将 $50000m^3$ 及以上的浮顶储罐和 $10000m^3$ 及以上的固定顶储罐称为大型储罐。大型储罐是石油库的主要设备，主要用于炼油厂、油田、油库以及其他工业工程，主要由罐壁、罐顶、罐底及油罐附件组成。针对储罐内储存介质的不同，储罐的结构形式多种多样，储罐的施工方法也存在差异化。本章从储罐基础、罐顶及罐体施工、罐附件制作安装、储罐防腐等方面介绍先进的施工工艺和企业特有的关键施工技术。

2.1 大型储罐基础施工技术

2.1.1 立式圆筒形钢制焊接储罐基础施工技术

1. 技术简介

储罐基础主要承受来自于储罐设备本体自重、内部储存的介质重量、附加在储罐本体的风、雨、雪等外部载荷，以及地震和地质不均匀沉降产生的外加应力等。储罐基础的施工质量直接关系到储罐投用后的安全使用。

根据工程所在地的地质条件、地震烈度、地基处理方式、罐体建设类型等不同，储罐基础设计采用的形式也不尽相同。常见储罐基础形式主要包括钢筋混凝土筏板式基础、钢筋混凝土环墙式基础等。由于自身结构特点和上部储罐安装条件的要求，储罐基础存在结构尺寸大、环墙顶面及沥青砂表面平整度要求高、基础内回填料压实系数高以及基础外表面混凝土观感质量高等特点。

本技术环墙模板采用镜面木模板，减少表面处理和外表抹灰，表面感观好。环墙环向钢筋采用滚轧直螺纹钢筋接头连接，接头强度高、性能稳定、连接速度快、劳动强度低。环墙设置后浇带，不设永久性沉降缝，简化结构设计，使大体积混凝土分块施工，避免因温度收缩产生裂缝，提高了结构整体性，减少渗漏水。防渗层采用 HDPE 防渗膜和土工布，耐高低温，耐沥青、油及焦油，耐酸、碱、盐等多种强酸强碱化学介质腐蚀，抗老化、抗紫外线、抗分解能力强。采用数控固定式沥青混合料搅拌设备现场搅拌沥青混凝土，减少运距，保证沥青铺设所需温度，缩短工期。环墙外表面地坪结构层以下及罐内防渗膜以下采用沥青防腐措施，减少地下水对罐基础的腐蚀。

2. 技术内容

（1）施工工艺流程

施工工艺流程如图 2.1-1 所示。

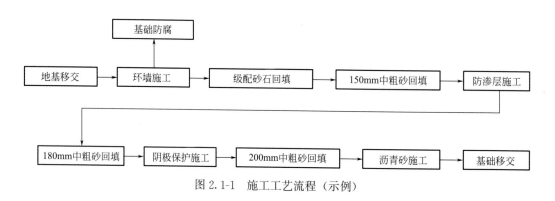

图 2.1-1 施工工艺流程（示例）

（2）罐基础环墙施工

采用经纬仪闭合测设，确定总控制网（图 2.1-2）；采用反铲挖掘机环向进行基槽开挖，水准仪测量标高，预留 20cm 碾压余量，碾压完成组织验槽（图 2.1-3）；垫层模板安装外侧采用钢筋固定，测量模板顶标高后浇筑混凝土（图 2.1-4）。

待垫层混凝土强度满足要求打入 80cm 长钢筋，间隔 8m，用于固定箍筋，再绑扎环向纵筋，环向钢筋采用滚轧直螺纹钢筋接头，连接完成采用力矩扳手按比例对接头进行抽检，合格后进行钢筋隐蔽验收（图 2.1-5）。

图 2.1-2　定位放线

图 2.1-3　基槽开挖

图 2.1-4　垫层施工

图 2.1-5　环墙钢筋绑扎

　　基础采用镜面木模板并涂刷隔离剂，模板固定采用木方加 Φ48×3 钢管固定。当环墙高度较高，模板需要在竖向方向进行拼接时，宜将模板环向拼接缝设在正式地坪以下，以保证混凝土出地面的外观整体效果。拼缝处采用海绵条＋透明胶带密封，防止混凝土振捣过程中出现漏浆现象。模板安装完成后及时组织验收（图 2.1-6）。

　　基础混凝土浇筑时，一般可采用两台泵车，沿直径方向 180° 布置，同时以顺时针或逆时针方向同步浇筑，并采用水准仪随时跟踪测量环墙顶面标高（图 2.1-7）。当环墙混凝土采用分层浇筑，振捣上层混凝土时应将振动棒深入到已浇筑的下层混凝土中，保证两层混凝土间充分拌和。浇筑过程应保证混凝土连续供应，避免间歇过长出现施工冷缝。根据季节温度，调整混凝土养护时间，夏季高温季节，环墙覆盖土工布养护，配洒水车，不定期浇水养护，养护时间不小于 7 天。

图 2.1-6　模板安装验收

图 2.1-7　环墙浇筑

按照设计文件要求设置环墙后浇带，后浇带浇筑时间为环墙混凝土浇筑完成后 28 天。为减少施工间隙时间，后浇带位置可提前支模，支模后即进行罐内砂石料回填，支模模板不拆除（图 2.1-8）。罐基础外地坪结构层以下、罐内防渗膜以下采用沥青防腐（图 2.1-9）。

图 2.1-8　后浇带

图 2.1-9　基础防腐

（3）罐基础回填施工

罐内回填分两层级配砂石和三层中粗砂。环墙内基槽、罐底回填，每一层级配砂石回填厚度≤300mm，机械碾压密实（图 2.1-10）；150mm、180mm、200mm（最薄处 200mm，起坡 1.5％）厚中粗砂回填，采用 20t 压路机压实（图 2.1-11～图 2.1-13）；达到 0.96 压实系数，每层回填碾压后组织检测取样，本层压实度满足要求进行下一层回填。

图 2.1-10　级配砂石回填

图 2.1-11　150mm 中粗砂回填取样

图 2.1-12　180mm 中粗砂回填

图 2.1-13　200mm 中粗砂回填取样

（4）HDPE 土工膜施工

土工膜铺设包括材料裁剪、焊接设备调试、试焊、锚固、检查验收。土工膜焊接采用双缝热合焊接，焊前对搭接 200mm 范围内膜面进行清理（图 2.1-14）。环境温度高于 40℃ 或低于 0℃ 不得进行焊接，当日铺设当日焊接，铺设过程避免产生皱纹、折痕、卷材"粘连"。水平接缝与坡脚、存有高压力位置距离大于 1.5m。

根据防渗膜尺寸，由中间向两边按照排版图铺设。与混凝土间收边采用冲击钻打眼，通过扁钢用螺丝拧紧固定，间距 500mm。土工膜上端铺设位置在混凝土上沿立壁与斜坡夹角处下端 2cm，用沥青胶密封。有预埋管件的位置，用 HDPE 土工膜制成伞形预制件，伞柄长度超过预埋管件长度，土工膜施工时，与伞叶相焊接。

防渗膜铺设时适当放松，避免硬折或划伤，模块间形成结点为 T 字形，不得成十字形，搭接长度不小于 100mm，完成后充气试验压力在 0.2MPa，保持 5min 无变化为合格。

（5）阴极保护施工

包括参比电极、防爆接线箱、阴极电缆、恒电位仪安装，及罐外电缆敷设、罐底外壁强制电流阴极保护参数测量、罐体保护电位测量、隐蔽工程验收（图 2.1-15）。

柔性阳极施工，将硫酸铜参比电极取出，放置泥浆状填充料中央，用纯棉布捆扎，将高纯锌参比电极电缆拉出放置指定位置，电缆引线通过电缆套管引出基础环墙外，电缆敷设应有松弛度。硫酸铜罐体轻拿轻放，埋设后回填应均匀压实，防止罐体损坏。阳极敷设完成进行参比电极、电缆接头施工。采用人工方式将砂沟轻轻填平并压实，避免机械破坏。

图 2.1-14　HDPE 防渗膜施工

图 2.1-15　阴极电缆安装

（6）沥青砂施工

1）选用优质中粗级河砂，砂和石子含泥量不大于 5%，砂石料与沥青配合比为 93∶7；采用 70 号道路施工沥青，用数控固定式沥青混合料搅拌设备现场搅拌，自动控制配比，成品运至现场摊铺。拌合料均匀一致、无花白料、无粗细料分离。

2）采用红外测温仪控制沥青砂施工温度不低于 140℃，每层铺设厚度不大于 60mm，同层按照扇形铺设，上下层接缝错开，错缝距离不小于 500mm，接缝处碾压平整，压实系数采用钻芯取样方法且不小于 0.95。

3）采用水平仪测量沥青砂面层标高，相隔间距打出标高饼。采用双钢轮压路机大面积碾压，平板振动设备对边角、搭接部位碾压（图 2.1-16、图 2.1-17）。

4）沥青砂压实按初压、复压、终压的顺序进行，初压在成品料摊铺后较高温度下进行，避免产生推移、发裂。压路机慢而匀速碾压，速度符合表 2.1-1 规定。

图 2.1-16　沥青砂施工

图 2.1-17　沥青砂取样

压路机碾压速度表（km/h）　　　　　　　　　　表 2.1-1

压路机类型	初压		复压		终压	
	适宜	最大	适宜	最大	适宜	最大
钢筒式压路机	1.5～2	3	2.5～3.5	5	2.5～3.5	5
平板振动器	1.5～2 （静压）	5 （静压）	4～5 （振动）	2～3 （振动）	2～3 （静压）	5 （静压）

碾压过程沥青砂料粘轮时，洒少量水，连续碾压钢轮发热时，停止洒水，减慢摊铺以免温度过快流失。尚未冷却沥青砂浆面层，不可停放任何机械设备、车辆及杂物。

5）施工缝及构造环梁边端连接处接缝应紧密平顺。与下一板块接缝做成斜坡宽 10cm，跨缝碾压，剔除搭接处沥青砂混合料中超量粗细颗粒，补细混合料，接缝压实搭接平整。

2.1.2　球形储罐基础施工技术

1.技术简介

球形储罐对基础的要求相对较高，特别是基础不均匀沉降和支座的垂直度偏差会对球罐支腿连接处产生额外的应力，造成剪切破坏。球罐基础形式，多采用圆环形钢筋混凝土独立承台基础，采用钢筋混凝土独立基础或承台时应加系梁。基础形式见图 2.1-18、图 2.1-19。

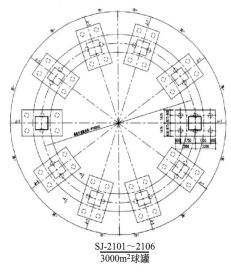

SJ-2101～2106
$\overline{3000m^2球罐}$

图 2.1-18　球罐基础平面图

图 2.1-19　球罐基础示意图

本技术对球罐基础滑板设计和施工进行了优化，简化了施工程序，降低了施工难度，更容易保证施工质量。

2. 技术内容

（1）施工工艺流程见图 2.1-20。

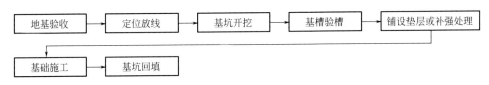

图 2.1-20　基础施工流程

（2）地基验收

1）地基形式分为天然地基、处理土地基、复合地基及基桩。

2）施工前测量和复核天然地基平面位置、水平标高和边坡坡度。

3）地基施工区域进行平整以满足施工设备对地基承载力的要求。

4）地基施工时及时排除积水，不得在浸水条件下施工，底标高不同时按先深后浅的顺序进行施工。

5）对换填地基中的灰土地基、砂和砂石地基、处理土地基中的强夯地基、注浆地基、预压地基，其竣工后的地基强度或承载力必须达到设计要求的标准。检验数量：每一个球形储罐基础作为一单位工程，每单位工程不少于 3 点。每一独立基础下至少有一点，基槽每 20 延米有一点。

6）对复合地基进行承载力检验，检查数量为桩总数的 0.5%～1%，且不少于 3 根。复合地基进行单桩强度检验时，检查数量为桩数的 0.5%～1%，且不少于 3 根。

（3）土方开挖及回填

1）土方开挖前先测量放线定位，根据业主、勘察测绘设计院提供的资料及水准点，确定施工总控制网，采用全站仪闭合测设，经复测确认合格后进行开挖。土方开挖采用机械施工，坑底以上 200～300mm 范围内的土方采用人工修底的方式挖除，放坡开挖的基坑边坡采用人工修坡。

2）土方开挖连续进行，在地下水位较高或雨季挖土时，采取降水措施并在基槽坑内/周边设置排水沟。

3）土方开挖后及时进行验槽，验槽合格后进行下道工序施工。

4）土方回填前清除基底的杂物，排除积水，每层填筑厚度及压实遍数按照规范和试验数据进行。

（4）垫层

垫层混凝土厚度按设计文件规定，且不宜小于 100mm；垫层的混凝土强度一般采用 C10。待垫层混凝土终凝后，进行基础的二次放线，将基础的每条轴线及基础边线、上部结构边线均投影在混凝土垫层上，并做好标志，将基础的定位轴线引到附近的永久建、构筑物上。

（5）承台施工

1）桩基承台施工顺序按先深后浅原则。绑扎钢筋前将灌注桩桩头浮浆部分和预制桩桩顶锤击面破碎部分去除，并保证桩体及其主筋埋入承台的长度，见图 2.1-21。

2）承台混凝土一次浇筑完成，混凝土入槽采用平铺法；对大体积混凝土施工，浇筑前埋设测温导管，实时监测温差，采取降温法或保温法措施防止温度应力引起裂缝。

（6）钢筋施工

球罐基础用钢筋一般采用 HPB235 级或 HRB400、HRB335 级钢筋，主要受力部位宜采用 HRB400 或 HRB335 级钢筋，受力钢筋的保护层最小厚度为 40mm。钢筋在运输和储存时，合理选择吊点、支点和支架，按批次和规格分类垫放整齐、防止锈蚀、油污或变形，避免损坏标志。

圆环形基础钢筋笼稳定性较差，钢筋安装过程中，进行临时固定，架立辅助构件，辅助构件随模板安装逐件拆除，见图 2.1-22。

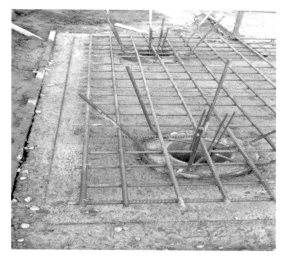

图 2.1-21   承台钢筋与桩的连接

图 2.1-22   环形钢筋的临时支撑

（7）模板及支架施工

模板采用覆膜模板，地上部分采用清水模板，减少后期抹灰工作的同时更加美观。

圆环形基础模板支护时，用直径 22mm 或 25mm 钢筋预加工成水平加固筋，附于模板外侧，反复调整紧固丝杆，保证圆形基础设计弧度，同时能防止胀模。

固定在模板上的预埋件和预留孔洞不得遗漏，安装牢固。模板施工见图 2.1-23、图 2.1-24。

图 2.1-23   模板准备

图 2.1-24   模板固定

（8）地脚螺栓

为保证浇筑混凝土时地脚螺栓预埋位置正确，先将地脚螺栓在 50mm 厚木板上按设计的间距钻孔，将螺栓穿入并用螺帽在板上下各一个拧紧固定，并在木方的上表面上用墨线弹出螺栓的中心十字线准备预埋。

支模时将模板上口调平为设计顶标高，用木方及扣件钢管做支撑支设牢固并在模板上口外侧弹出中心控制线。将拧好螺栓的木板安放到模板上口，吊线坠找正位置，然后用 8 号铁丝将木板两端与模板及支撑绑牢，再次检查调整螺栓位置，无误后即可浇筑混凝土。

（9）混凝土施工

球罐基础施工采用预拌混凝土，混凝土运至现场后，测定坍落度。使用混凝土泵车连续浇筑，混凝土浇筑分层进行，每 500mm 厚为一层，在向模板内浇灌混凝土时，混凝土分层浇捣成阶梯形，现场采用测杆控制摊铺厚度。

混凝土分层振捣密实，混凝土振捣采用插入式振捣棒振捣，使用振捣棒要求采用垂直振捣和斜向振捣，振捣时"快插慢拔"，掌握好振捣时间，视混凝土表面至水平不再下沉、不出现气泡，表面泛出灰浆为准。

（10）球罐基础滑板的设计与施工

1）滑板的设置目的及要求

球罐基础上设置的滑板是为了便于热处理时支座在基础上滑动，如图 2.1-25 所示。

从使用作用的角度，滑板只是提供一个与混凝土基础面相比更光滑的支承面，但在设计时考虑到施工的因素，为保证滑板在球罐载荷下不翘曲变形，设计有一定厚度，例如 3000m³ 液化气罐，滑板厚度设计有 20～30mm。

由于滑板是球罐基础最顶上的一部分，因此为保证球罐安装的要求，滑板的标高和水平度是控制的重点。如果不平，会造成支柱底板与滑板接触面小，产生额外的应力。

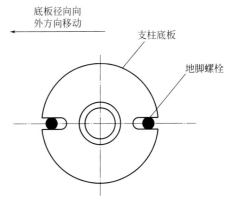

图 2.1-25　球罐支柱移动示意图

2）一般情况滑板设计及施工

在球罐基础设计中，滑板多作为预埋件来设计，例如一个 3000m³ 液化气球罐，基础和滑板设计如图 2.1-26 所示。

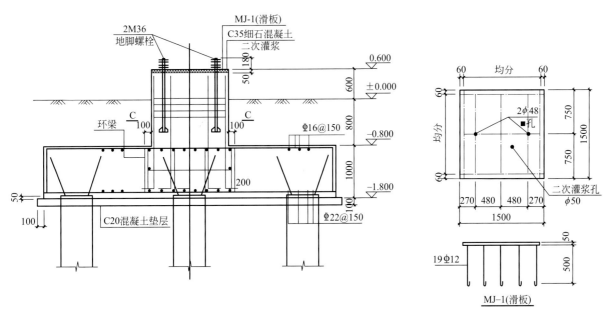

图 2.1-26　球罐滑板设计图

滑板采用 30mm 厚钢板，大小与基础柱截面一样，设计有 25 根 500mm 长锚筋。

如按照设计图纸要求，埋件的施工有两种方法：一是一次成形法，混凝土浇筑前，提前专为该滑板做好支架并准确测定标高，混凝土浇筑到一定位置后，将滑板和锚筋压入混凝土。二是分两步做法，混凝土浇筑时先将锚筋埋入，混凝土凝固后，根据锚筋位置在滑板上钻孔，滑板就位并调整标高后与钢筋塞焊。

3）球罐基础滑板的设计与施工创新点

因球罐基础滑板只是用于提供一个光滑一点的摩擦面，当支座在滑板上滑动时，滑板与基础之间的剪力非常有限，而且在实际操作时，支座板与滑板之间还要涂黄油以减小摩擦力，同时支柱地脚螺栓同样可以抵抗该剪力。

结合球罐项目施工经验创新积累以下两种基础滑板的设计和施工，见图2.1-27；两种方法均采用二次灌浆法。一是滑板不再设计锚栓，每个滑板单独埋设四个地脚螺栓（M20即可），四个地脚螺栓与球罐基础螺栓一起埋设，基础施工时预留二次灌浆高度，滑板就位后，采用垫铁组调平至设计标高后，滑板螺栓紧固，滑板与基础间二次灌浆。第二种方法与第一种基本相同，只是不设置单独的地脚螺栓，而在滑板上焊接较短的锚筋（与二次灌浆层长度一样为50mm），其施工方法与第一种相同。

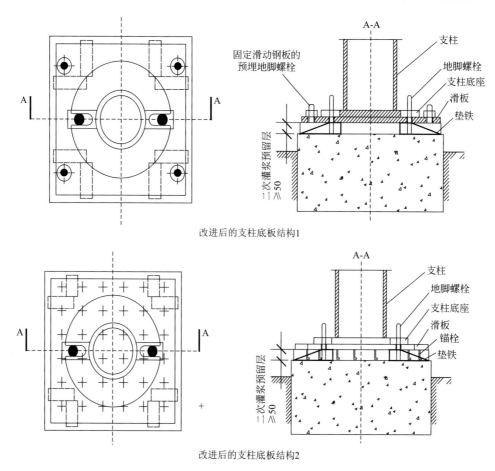

图2.1-27 球罐滑板改进设计图

（11）充水试水与沉降观测

球罐基础沉降由具备资质的测量人员观测，每天不少于2次。沉降观测应包括球罐充水前、充水过程中、充满水后、充满水后24h、放水后的全过程且进行记录。

2.1.3 低温储罐基础施工技术

1. 技术简介

低温储罐基础有别于传统储罐基础，较多采用上下层筏板基础、中间混凝土柱支撑结构。混凝土柱架空结构利用外界自然风换热，有效降低低温对罐基础混凝土的不利影响，延长使用寿命。

低温罐基础设置内外两圈预埋锚带，分别与外容器和内容器罐壁焊接固定，降低风载荷及地震载荷对储罐的影响；锚带定位安装精度直接影响储罐外罐质量、罐壁板排版及无损检查等。锚带安装受筏板钢筋绑扎及混凝土浇筑影响，安装定位控制难度较大。本技术利用GPS全站仪精准定位锚带位置，人工测量复核，同时底部设置专用支座固定锚带，减少钢筋及混凝土对锚带垂直度影响。

储罐基础面层平整度要求高，其直接影响储罐底板及底板保冷层平整度；储罐基础表面积较大，受混凝土浇筑及刮平机等影响，平整度控制难度大。本技术采取多组作业人员同时找平，刮平机采用角钢端头确保平整，同时测量人员及时测量，平整度做到了动态控制。

2. 技术内容

（1）施工工艺流程

罐基础施工工艺流程见图 2.1-28。

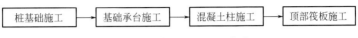

图 2.1-28　罐基础施工工艺流程

（2）桩基础施工

基桩采用后注浆钻孔灌注桩。现场采用旋挖钻挖孔，泥浆护壁成孔，桩身混凝土采用 C35（P6），钢筋采用 HRB400，钢筋保护层厚度不小于 50mm。单台储罐桩基 109 根，桩直径 800mm，有效桩长 50m。清孔后吊装钢筋笼，灌注混凝土成桩，灌注桩成桩 2d 后进行后压浆作业，注浆材料选用 42.5 号普通硅酸盐水泥，注浆水泥量大于 1.6t，施工见图 2.1-29。

(a) 旋挖钻挖孔

(b) 灌注混凝土

(c) 后注浆施工

(d) 储罐整体桩基

图 2.1-29　桩基础施工

（3）基础承台施工

储罐基础桩基施工检查验收合格后进行罐底承台施工，首先桩头部位处理（凿桩头、调整钢筋），基槽开挖验收合格后垫层施工，然后承台钢筋、模板及混凝土施工，见图 2.1-30。

(a) 桩头处理

(b) 垫层施工

(c) 承台钢筋施工

(d) 钢筋机械连接检查

(e) 承台侧模安装加固

(f) 混凝土浇筑前验收

(g) 混凝土浇筑

(h) 混凝土养护

图 2.1-30　基础承台施工工序

1）筏板钢筋的绑扎

在垫层上按照间距 150mm 用石笔画出钢筋间距，根据钢筋间距绑扎筏板下层钢筋，直径为 18mm 的 HRB400E 钢筋按双层双向布置，绑扎完成后按照 80cm 的间距设置钢筋马凳，上层钢筋直径为 18mm 的 HRB400 钢筋，间距为 150mm。

2）侧模板安装

筏板设计为 φ46000mm，厚度为 800mm，混凝土强度等级为 C30；顶板为 φ45500mm，厚度为 950mm，混凝土强度等级为 C40。采用普通木模板进行支设。

3）混凝土浇筑

混凝土浇筑方向为从罐体中心向两边同时推进。浇筑方法采用"斜面分层、一次到顶、薄层推进、自然流淌"的方法，分层厚度为 400mm，自然流淌坡度约为 1/10，混凝土采用二次振捣方式，确保混凝土的密实度。混凝土浇捣至标高后，先用铁锹粗略摊平，然后用刮杠刮平，初凝前用铁滚子碾压数遍再用木抹子搓平压实，随即覆盖塑料薄膜进行养护，12h 后浇水养护，养护的时间不少于 7d，养护期间保持混凝土表面湿润。

（4）混凝土柱施工

混凝土柱主筋与承台基础钢筋同时施工，基础承台混凝土浇筑前用塑料薄膜对混凝土柱钢筋进行保护。承台施工完成后进行上部箍筋及加固筋安装，柱直径为 1m（40 根）与 0.8m（69 根），绑扎前按照柱所在位置放出框架柱线，柱钢筋采用直螺纹连接，圆柱模板采用定型木模板，柱箍采用钢带拉紧，木模定制高度为 2.4m，安装时采用定型木模板一次支设完成。木模板外包塑料薄膜防渗层，顶部筏板基础模板支设完成后进行混凝土浇筑，见图 2.1-31。

(a) 钢筋安装　　　　　　　　　　　　　　　　(b) 模板安装

图 2.1-31　混凝土柱施工

（5）顶部筏板施工

模板支撑体系采用扣件式钢管脚手架，架体搭设在基础筏板上，脚手架体系验收合格后进行顶部模板安装、钢筋安装、锚带安装，验收合格后浇筑 C40 混凝土（其余施工要求同底部筏板），见图 2.1-32。

(a) 脚手架安装

(b) 模板安装

(c) 钢筋绑扎

(d) 锚带安装

(e) 检查验收

(f) 混凝土浇筑

图 2.1-32 顶部筏板施工工序

2.2 大型储罐罐顶施工技术

2.2.1 大型储罐双向子午线网壳整体提升施工技术

1. 技术简介

3 万 m³ 及以上的拱顶储罐一般设计有罐壁承压环和罐顶锥板，考虑罐顶高空安装难度大，多采用倒装法施工。然而采用倒装法施工时，储罐壁板不易使用自动焊接设备，致使焊接作业效率不高；罐壁、网壳、内浮盘不能同步平行施工；内浮盘作业施工作业面受限严重，材料倒运困难，施工环境烟尘较大。本技术采用罐体正装法＋罐顶整体提升，有效克服倒装法施工存在的不利因素，能显著提高焊接质量和工程施工进度。

本技术罐体安装采用内置平台正装法＋自动焊施工工法，罐体壁板立缝采用气电立焊，环缝采用埋弧自动焊，储罐焊接成形美观，一次合格率高。同时，储罐内置平台正装法＋自动焊施工工法效率高，解决了储罐倒装法施工中罐壁、罐顶与内浮盘无法同步平行施工的问题，有效缩短了储罐安装工期。

2. 技术内容

（1）施工工艺流程

罐顶安装工艺流程见图 2.2-1。

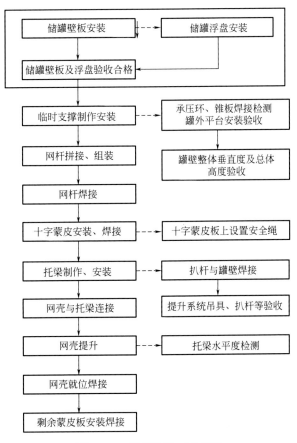

图 2.2-1　罐顶安装工艺流程

（2）测量放线

根据网壳厂家安装图纸，双向子午线网杆与浮盘成 45°设置，46 根网杆及支撑杆高度根据 3D 建模放线下料，如图 2.2-2 所示。

（3）支撑体系搭设

在内浮盘上建立临时支撑体系。根据网壳结构，在安装下层网杆之前，以 X 轴（纬线）与 Z 轴（垂直经纬线方向）的交点为中心，对称临时设置竖向临时支撑杆，如图 2.2-3 所示。网壳网杆组装时，先进行下网杆组装后再进行上网杆组装，如图 2.2-4 所示；网杆与罐壁间采用连接板临时固定，形成整体结构，如图 2.2-5 所示。

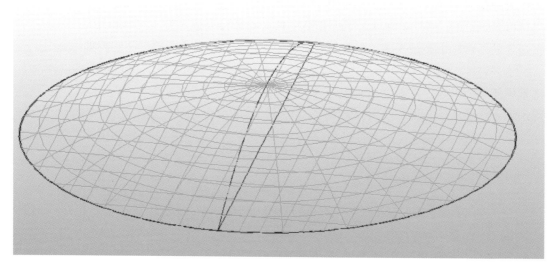

图 2.2-2　网壳 3D 模型

图 2.2-3　网壳临时支撑

图 2.2-4　网杆组装

图 2.2-5　网杆在罐壁临时固定

（4）网杆焊接

1）杆件焊接从中心顶部向四周，待所有交汇点全部焊接完成，将支撑杆由中间向四周逐步拆除。节点连接板紧贴下网杆，连接板的端部与垫板及锥板结合紧密，并施以连续角焊，如图 2.2-6 所示。

2）上下层网杆工字钢搭接处采用两侧满焊，角钢搭接采用四面满焊。网杆的杆端与垫板、垫板与储罐之间采用连续满角焊，如图 2.2-7 所示。

图 2.2-6　网壳焊接及节点

图 2.2-7　网壳罐内组焊整体

（5）十字蒙皮安装、焊接

固定顶蒙皮板呈人字形铺设焊接而成，蒙皮安装从拱顶中心至边缘铺设。为减少高空作业及后续施工操作方便，在提升前仅铺设呈正十字交叉的两幅蒙皮板，并搭设生命线，如图 2.2-8 所示。

图 2.2-8　十字蒙皮安装

（6）吊具设置

1）拱顶提升托梁选择槽钢对焊成箱形托梁，托梁间采用 8.8 级高强度螺栓连接，每根托梁两端部设置连接板，见图 2.2-9，对接焊保证焊接质量。托梁上部设置吊耳，见图 2.2-10。吊耳与捯链的吊钩间用卡环连接。网壳与托梁利用角钢焊接固定。

2）吊杆选用槽钢对拼成形，与锥板及承压环采用角钢焊接固定，吊杆端部吊耳与槽钢焊接牢固，吊耳与捯链的吊钩用卡环连接，见图 2.2-11。

3）所有吊具焊缝焊接完成后进行外观检查和渗透检测，焊脚高度满足要求无表面缺陷；对检测有缺陷部位及时修补并重新检测，合格后方可进行吊装作业。

图 2.2-9 托梁与网壳连接节点

图 2.2-10 托梁上部吊耳

4）拱顶提升选择捯链组，平均安装在整个储罐圆周上。扒杆位置确定后，利用线坠确定下部吊耳位置，同时保证上下部吊耳在同一直线上，见图 2.2-12～图 2.2-14。

图 2.2-11 扒杆制作安装示意图

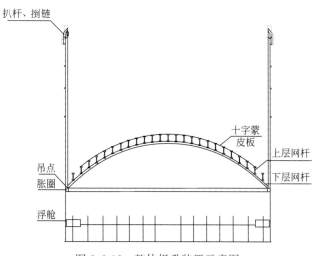

图 2.2-12 整体提升装置示意图

图 2.2-13 捯链及扒杆布置

图 2.2-14 捯链总分控制

（7）罐顶提升

1）所有准备工作完成后，利用捯链分别连接上部扒杆及下部托梁。提升控制系统采用分控及总控两级控制，各吊点独立操作的同时保证系统提升的同步性。提升由专人操作，同时安排 4 名监控人员随时检查提升情况。

2）正式提升前进行试提升，首先每台捯链试分控运行，运行 2s 查看动作情况，运行无误后全部合闸总控运行，要求控制系统运行良好，提升速度一致。然后负载试提升，缓慢提升 300mm 暂停提升并作检查与调整，检查合格无异常进行正式提升，见图 2.2-15。

3）启动总控制开关，各吊点同步提升，每提升 1 圈壁板高度，暂停提升检查提升总体情况。

4）当罐顶整体提升到上网杆肢端离锥板下表面 200mm 时，停止整体提升，调整网壳水平后逐个将网壳提升至安装高度要求时再进行与罐壁和锥板的连接，见图 2.2-16。

图 2.2-15　网壳试提升

图 2.2-16　网壳提升就位

（8）罐顶与锥板焊接

上层网杆上翼缘与储罐锥板焊接，上下层网杆通过连接板分别与锥板及承压环连接。焊工在吊篮内沿着罐顶均匀分布同时同向焊接，见图 2.2-17。

图 2.2-17　网杆与锥板及承压环焊接

（9）蒙皮板安装焊接

利用吊车将罐顶剩余蒙皮板逐张安装就位并点焊固定，吊装完成后整体施焊，见图 2.2-18、图 2.2-19。

图 2.2-18　蒙皮板吊装

图 2.2-19　蒙皮板焊接

2.2.2　单层双向子午线穹形网壳罐顶倒装法施工技术

1. 技术简介

随着固定顶储罐设计容积的不断扩大，单层双向子午线穹形网壳罐顶已取代常规瓜皮板罐顶结构。其网壳结构布置均匀，耗钢量小，结构强度高。既适用于常压贮罐，也适用于低压贮罐，是一种比较科学的新型罐顶结构形式。

本技术钢网壳采用移动脚手架由内向外安装，有效缩短工期，改善劳动条件，提高劳动效率，节约大量的技措用料，具有良好的经济效益。

2. 技术内容

（1）施工工艺流程

固定顶安装工艺流程见图 2.2-20。

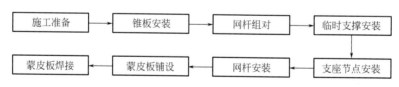

图 2.2-20　固定顶安装工艺流程

（2）施工准备

1）网壳杆件等零部件进入现场后，根据发货清单、图纸，组织进场验收。

2）防腐验收合格的网壳构件全部运入罐内，并分类堆放在储罐底板上，如图 2.2-21 所示。

图 2.2-21　网壳杆件分类堆放

3）钢网壳安装前对顶圈壁板的上口水平度及锥板的安装角度进行验收。根据锥板安装误差的实际情况来调整网壳的支座节点位置。

4）钢网壳安装前，移动脚手架平台应搭建完成，脚手架的高度应随网壳矢高变化而变化，由边缘至中间逐渐升高（图 2.2-22）。

（3）锥板的安装

锥板根据设计图纸尺寸放样后切割，如图 2.2-23 所示。

锥板的安装在罐壁顶圈板完成后进行。锥板自身采用全熔透焊接。锥板与罐壁板之间采用双面连续角焊缝。

图 2.2-22　采用移动脚手架进行安装

图 2.2-23　锥板放样

（4）网杆组对

1）网杆对接接头接合面与网杆轴线成 45°角。

2）对于弧长大于 30m 的网杆可以分两段预制，安装时在空中组对成形，接头避开节点处；对于弧长小于 30m 的网杆，组对成整体后，直接吊装就位。

3）上下杆件放在专门的平台上组对，避免弯曲度超标。按网壳的球面半径画线放样，根据杆件长度进行拼接，如图 2.2-24 所示。

（5）临时支撑的安装

安装杆件前搭设临时支撑，临时支撑采用 9 列无缝钢管搭设而成，其结构见图 2.2-25。

图 2.2-24　杆件组对焊接

图 2.2-25　竖向支撑

（6）支座节点的安装

1）通过节点板把网壳的下层杆件与罐顶锥板直接相连，使下层杆件内力能直接传到罐顶锥板。

2）在网壳安装前，先用水准测量的方法，在罐壁上划出网壳高度的水平基准面及上下层杆件在两直径方向上与罐壁连接点的位置。

3）根据确定的位置，进行支座节点板的安装，如图 2.2-26 所示。

4）支座节点板与杆件及罐壁的焊接采用连续角焊缝焊接，如图 2.2-27 所示。

图 2.2-26　支座节点板的安装

图 2.2-27　支座节点焊接

（7）网杆安装

1）安装网壳杆件前，在网壳两直径方向杆件上做好网格节点的等分标记。

2）网杆由中心向两边逐根安装，也可以由中心向两边隔行安装，如图 2.2-28 所示。其余各杆件的安装均应通过两直径方向上下杆件的标记位置，并满足要求的前提下由中心向两边的走向进行组装，并与相应的边缘支座焊接。

图 2.2-28　网杆安装

（8）蒙皮板的铺设

1）按人字形排版铺设蒙皮板。铺设采用两台吊车对称进行，先铺纵横十字中心板，然后按四角依次铺设其余部分（图 2.2-29）。

2）罐顶蒙皮板只要求上表面单面满焊，不与网杆连接，周围仅与边环梁焊接，属于软顶结构。

图 2.2-29　罐顶整体效果图

2.2.3　低压储罐对接球面顶施工技术

1. 技术简介

低压拱顶罐拱顶多采用球冠结构，顶板连接采用无加强筋的对接连接形式。相比同规格的一般拱顶罐顶板，其罐顶板材普遍偏厚，对接球面顶板厚度 δ 为 8mm、10mm，这种顶板对接结构储罐主要用于化工产品的储存，储罐试验压力为 14000Pa 左右，是一般的储油罐试验压力 5～8 倍，严密性要求高。对接球面顶结构稳定、安全可靠，但同时由于钢板厚度较大，变形后更难于组对，因此对预制精度要求较高。

本技术对球面顶板下料尺寸精确控制，提高了组对质量，有利于焊接质量的保证；简化了球面顶板的预制工艺，只需将下完料的顶板与胎具固定，便可进行安装，减少预制胎具措施材料，减少顶板预制所需时间，缩短施工工期；对接球面顶板焊接采用单面焊双面成形，无须进行罐内仰焊作业，减少了技术措施的投入。

2. 技术内容

（1）施工工艺流程见下图 2.2-30。

图 2.2-30　施工工艺流程图

（2）理论法计算放样

采取近似值方法放线，即以展开圆的短弦代替该段弧，按球冠展开的方法，将瓜皮板等分，分别计算等分点的弧长，再连线各等分点圆弧，得到瓜皮板展开图。将瓜皮板等分的点越多，得到的展开图越精确。

（3）顶板放样下料

按照放样尺寸利用镀锌铁皮制作顶板样板，钢板利用样板画线，同时画出切割机的轨道线，轨道按顶板边缘弧度另外制作，保证切割线的准确。

（4）组装胎具的设置

现场储罐顶板无加强筋，且钢板厚度较大，为保证组对成形及其焊接后的质量，采用槽钢及部分角钢制作罐顶板安装用胎具，如图 2.2-31 所示。

图 2.2-31　低压罐顶板胎具

（5）中心盘安装

顶板安装前在罐中心处设置环形支撑中心盘，见图 2.2-32。通过计算得出中心盘柱高与中心盘直径对应关系，中心盘位置受力较大，其周围设置多根斜撑。

图 2.2-32　罐中心盘安装

（6）罐顶板安装

1）在罐顶板上焊接临时门形卡具，通过斜铁挤压将罐顶板与胎具紧密结合，使预制完成的罐顶板与胎具保持同样的弧度，见图 2.2-33。

2）将每块顶板的中心位置做好标记。确定吊点后将顶板与胎具整体进行吊装，使其一端搭在中心盘另一端搭在罐壁上，然后将其与壁板点焊固定。

3）罐顶板安装时沿一个方向进行组装，容积较大的储罐可分两个方向对称铺设顶板，每个方向第一块顶板铺设时必须控制好其位置正确且不倾斜，调整好后将上、下两个中心点位置点焊固定。

4）其他顶板安装依次铺设，待铺设的顶板在其与上块顶板连接端焊上临时限位挡板，便于焊缝组对，顶板之间用斜楔及门形卡挤紧后点焊固定。

5）顶板组对过程中，罐内设置斜支撑防止壁板受顶板安装时拉力而变形，见图 2.2-34。

图 2.2-33　罐顶板与胎架

图 2.2-34　罐壁板防变形支撑

6）顶板铺设完后检查焊缝间隙再作局部调整，由下至上组对焊缝并进行点焊，在顶板下凹的部位、间隙过宽和过窄的位置增加卡具，进行防变形处理，防止焊缝收缩将顶板拉平，造成纬向成形超差，见图 2.2-35。

（7）顶板焊接

1）将所有顶板径向焊缝组对完成后，隔条进行焊接。焊接顺序由中心向外分段退步焊，控制好底层焊接质量，保证其反面成形的质量。

2）顶板与罐壁板的环向焊缝由焊工对称分布沿同一个方向施焊，控制焊脚高度。

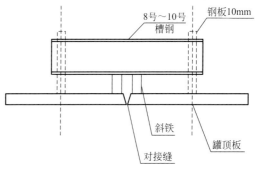

图 2.2-35　罐防变形卡具

2.2.4　大型储罐外浮顶施工技术

1. 技术简介

大型原油储罐罐顶均采用外浮顶结构。浮盘表面面积大，浮盘板薄，浮盘底板焊接变形量较大，如不能较好的控制浮盘变形，则生产运行过程中浮盘会偏斜，给导向柱及刮蜡器额外的挤压，影响长期使用，甚至造成刮蜡器和一、二次密封的损坏。本技术使用可微调浮盘胎架，有效控制浮盘底板水平度；优化组装和焊接顺序，有效的控制浮盘的组装和焊接变形，提高了浮盘施工质量。

2. 技术内容

（1）施工工艺流程见图 2.2-36。

（2）胎架安装

浮盘组装在临时胎架上进行（图 2.2-37），浮顶临时胎架立柱顶保持水平，同时浮顶临时胎架立柱与罐底加斜支撑，外侧部分横梁胎架同罐壁连接定位。

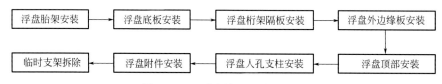

图 2.2-36　浮盘施工工艺流程图

图 2.2-37　浮盘临时胎架图

（3）底板安装

1）浮盘底板铺设采用"一字形"排版（图 2.2-38），底板安装直径放大 0.1%。浮舱底板铺板时，先进行通道板铺设，其余板用卷扬机和滑轮配合拖板到位进行安装。板与板搭接处专人进行画线，保证焊接搭接量。

2）浮盘底板安装后，只进行定位点焊，点焊时注意使各板长边压实靠紧，焊接前再进行压缝点焊。

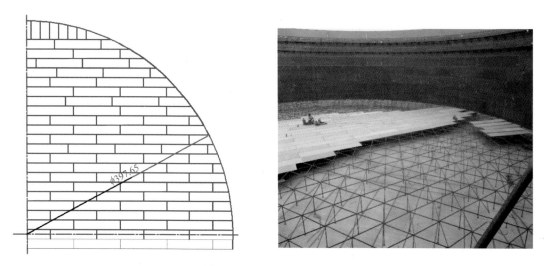

图 2.2-38　浮盘底板安装图

（4）桁架隔板及边缘板安装

底板铺设完成后进行桁架、隔板及边缘板安装，安装由中心到四周进行（图 2.2-39）。桁架及隔板点焊固定后，进行底板焊接。在焊接时充分利用浮盘本身的桁架及隔板来作为刚性固定约束焊接变形。优化焊接顺序，依次组装焊接第一圈至第四圈环舱，然后组装焊接第六圈环舱，最后组装焊接第五圈环舱。

图 2.2-39　浮盘桁架及隔板安装

（5）顶板安装

在浮舱内相关检试验合格后进行顶部铺设焊接，见图 2.2-40。

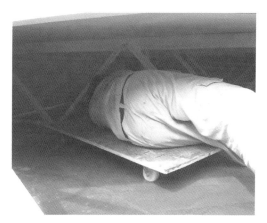

图 2.2-40　浮盘顶板安装焊接

（6）附件安装及临时胎架拆除

1）浮顶附件由船舱人孔、支柱、集水坑、通气阀、量油管口、导向管、呼吸阀、浮梯轨道、刮蜡装置、密封系统及消防挡板等组成，见图 2.2-41。

图 2.2-41　浮盘整体效果

2) 浮顶支柱预制时，长度预留出 200mm 调整量，安装时由多人同时进行，利用临时胎架可调节螺母调整，安装支柱用销子固定在套管上，每根支柱都安装后，拆除浮顶胎架，并从人孔将其撤出，然后进行浮顶底面各附件的安装和焊接。

2.3 大型储罐罐体制作安装技术

2.3.1 大型储罐群控捯链倒装施工技术

1. 技术简介

群控捯链倒装法的工作原理是底板组装完成后，再组焊罐体最上层壁板及罐顶板，然后在罐内安装机械提升装置，通过系统控制，实现捯链同步运行。提升装置带动储罐壁板上升，从而达到提升壁板完成组装的目的。

胀圈分段预制可方便在罐内的移动，再通过千斤顶形成一个整体，可以有效保证胀圈曲率半径，进而保证罐体的圆度；采用自动焊接技术，提升了焊接速率，保证了焊接合格率。

应用群控捯链倒装技术进行储罐壁板的施工，可以减少高空作业，提高施工工效，节省脚手架费用。同时，倒装法施工场地占用少，作业空间大，便于施工工作全方位展开。

2. 技术内容

（1）施工工艺流程（图 2.3-1）

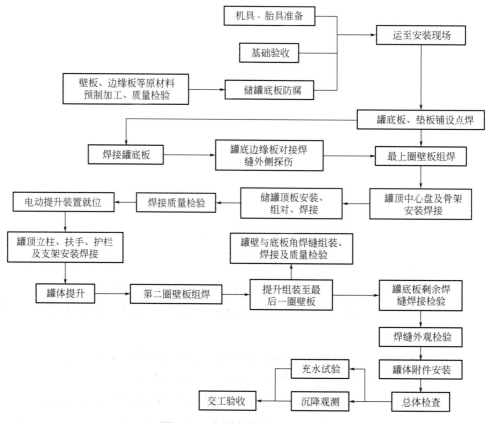

图 2.3-1 捯链倒装施工工艺流程

（2）操作要点

1）预制

① 用钢管或槽钢搭设下料平台，将钢板放在平台上保持平稳，并检查其局部平整度。

② 下料时，先定出基准线，然后画出长度、宽度的切割线，经检查合格后再进行切割。

③ 按图样进行钢板坡口加工，钢板加工后磨除坡口表面的硬化层，坡口表面不得有夹渣、分层、裂纹及熔渣等缺陷。

④ 所有预制构件在保管、运输及现场堆放时，需采取有效措施防止损伤、锈蚀，并放置在专用胎具上防止变形。

⑤ 安装前需要进行防腐施工的钢板，在钢板坡口边缘预留 50mm 不刷漆。

⑥ 储罐预制完成后用弧长超过 2m 的弧形样板进行检查，合格后转入下道工序。

2）底板组装

① 底板铺设前，先在基础上定出中心点和十字中心线，待底板铺设焊接完毕后返至底板上表面。

② 底板铺设时，先铺罐底环形边缘板，后铺中幅板。在铺设过程中，保证焊缝组对间隙，铺设一块，调整一块，点焊固定一块。

③ 中幅板先铺中心板，然后依次朝两侧延伸铺设中心带板，中心带板铺完后再依次朝两侧延伸铺设中二带板、中三带板，最后铺设与边缘板对接的中幅板。

④ 储罐底板各焊缝对接间隙允许差值为 ±1mm。储罐底板的铺设顺序如图 2.3-2 所示。

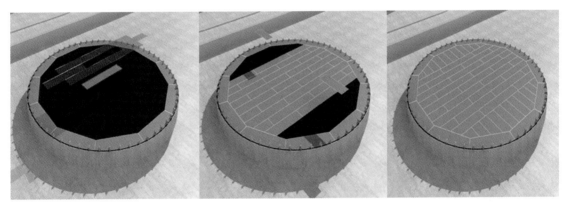

图 2.3-2　储罐底板铺设顺序

3）储罐顶板组装

① 先组装焊接完成最上层承压壁板和罐顶链接板，焊缝经检测验收合格后，再进行储罐顶板的组装。

② 在罐顶板上焊接多处临时门形卡具，通过斜铁挤压使罐顶板与预制胎具紧密结合，并利用临时加强筋对其进行固定，使预制完成的罐顶板与胎具保持同样的弧度。

③ 按储罐设计图纸方位图在中心盘及罐壁链接板上画出若干等份，将每块顶板的中心位置做好标记，待完成后将顶板与胎具整体进行吊装，使其一端搭在中心盘，另一端搭在链接板上，然后将其与链接板点焊固定。

④ 罐顶板安装时均分四段沿一个方向进行组装，每段方向第一块顶板铺设时必须控制好其位置偏差，调整合格后将上、下两个中心点位置点焊固定。其剩余顶板安装依次铺设，待铺设的顶板与上块已铺设顶板连接端临时焊上限位挡板，便于焊缝组对，并将顶板之间用临时斜楔及门型卡点焊固定。顶板组对过程中，在罐内设置斜支撑用于支撑罐壁板，防止壁板受顶板安装时产生的拉力而变形。

⑤ 将所有顶板铺设完成后，分四段调整焊缝组对间隙，调整时保证每条缝的间隙均匀。

4）倒装提升装置安装

① 胀圈

胀圈选用具有足够强度的槽钢，分段预制，其弧度与罐内径曲率半径一致。为保证胀圈强度，在槽钢中间增加横向加强筋和若干纵向加强筋。胀圈制作完后，使用千斤顶使之紧贴罐内壁，然后在千斤顶外用弧形板把胀圈连成一整体。

② 提升立柱数量的计算

根据储罐周长，以每组吊点间距3～5m，同时结合吊装机具、立柱的配置，综合考虑立柱数量，取偶数。提升装置如图2.3-3、图2.3-4所示。

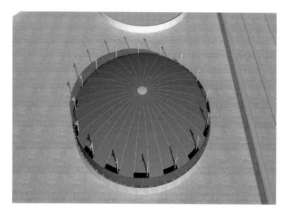

图2.3-3　提升装置布置示意

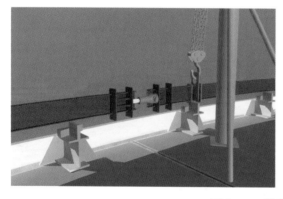

图2.3-4　提升装置罐内布置

③ 验算单立柱载荷

（a）最大提升载荷：$G_{max}＝K×(G_1＋G_2)$，其中：K为不均匀系数，取1.2；G_1为需提升的罐体最大质量；G_2为其他质量。

（b）立柱设计载荷：为最大提升重量除以立柱数量。

④ 电气控制系统

捯链提升系统通过总开关进行控制，单个捯链设置可单独控制的分开关，并安装电流表、漏电保护器，通过总开关、分开关的控制，确保每台捯链同步提升。

⑤ 提升步骤

（a）检查胀圈是否与罐内壁贴紧。

（b）安装立柱及捯链，立柱尽量靠近罐壁，减少吊点所受径向力，进而减少对罐壁圆度的影响。

（c）安装控制柜控制线路及平衡装置。

（d）捯链进行空负荷试运转。

（e）调整各捯链使之均匀拴紧捯链钢丝绳，并保持胀圈水平。

（f）电铃通知施工人员准备提升，通过调节电流大小，保持各个捯链均衡同步，避免个别捯链大幅上升或下降。

5）储罐壁板组装

① 顶圈壁板的安装

壁板安装前在底板上画出壁板安装定位线，沿画线圆周每隔1000mm 设置一块垫块。垫块采用槽钢和边角余料制作，长度150～200mm，高度350～400mm，以方便人员进出。垫块与底板点焊固定，在其上面画出壁板安装线，在画线两侧点焊定位挡板。壁板安装定位挡板及垫块结构如图 2.3-5 所示。

② 第二圈壁板的安装及提升

（a）在拱顶与第一层壁板组焊好并检查合格后，在围下一层壁板前，应在上层壁板外表面画上观察标志，将储罐待提升壁板高度方向分成若干等高线，等高线的高度以 50～100mm 为间距分格画线，以便提升时观察壁板上升的高度和控制上升速度，以防倾斜。

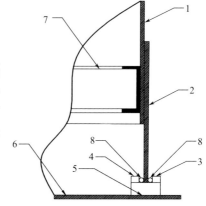

图 2.3-5　壁板安装定位挡板及垫块结构
1—上层壁板；2—下层壁板；3—外挡板；
4—内挡板；5—垫块槽钢；6—罐底板；
7—胀圈；8—楔铁

（b）观察标志画好，围下层壁板（以下各层都应画出观察标志后再围板），按排版图控制罐壁开孔及补强板边缘与罐壁环缝、立缝的距离不小于规范要求，底圈壁板的纵向焊缝与罐底边缘板对接缝之间的距离不小于 300mm，各圈壁板高度不得小于1000mm，长度不得小于2000mm。

（c）安装壁板的同时，在罐内组对和安装胀圈。提升装置安装就位并调试好后即可进行提升。

③ 剩余壁板的安装及提升

上圈壁板组对焊接完成后，按要求进行焊缝的无损检测，检测合格后，提升罐体并继续组对焊接下一圈壁板，重复上述工作，直至最后一圈壁板焊接完成。

④ 机具撤出

安装最后一圈壁板时，为了满足罐内装置退出，壁板组对到位后，按照设计图纸要求将人孔位置开孔，作为提升架、捯链及胀圈等机具退出口。

6）壁板自动焊接

待整体提升到安装位置后，将壁板吊装就位进行组装，待整圈壁板垂直度及焊口间隙调节完毕，组对验收合格后，测量焊接轨道的水平度及圆弧度，整个圆周长度内任意两点的高差不应大于 5mm，整个圆周长度内任意两点的径向偏差不应大于 5mm，保证焊机在行走过程中平稳自如，焊机轨道见图 2.3-6，轨道验收合格后进行外壁自动焊接见图 2.3-7。

图 2.3-6　自动焊轨道

图 2.3-7　自动焊焊接

2.3.2 大型储罐液压提升倒装施工技术

1. 技术简介

大型储罐液压提升倒装施工的工作原理是底板组装完成后，组焊罐体最上层壁板及罐顶板，然后在罐内安装液压提升装置，通过系统控制油压，实现液压提升装置同步运行，带动储罐上升，从而达到提升壁板完成组焊的目的。

利用三角支撑对单个提升装置进行加固，有效保证提升装置的稳定性，利于罐体提升工作的顺利进行。

应用液压提升倒装施工技术进行储罐壁板的施工，可以减少高空作业，提高施工工效，使提升更为平稳、可靠。

2. 技术内容

（1）施工工艺流程（图 2.3-8）

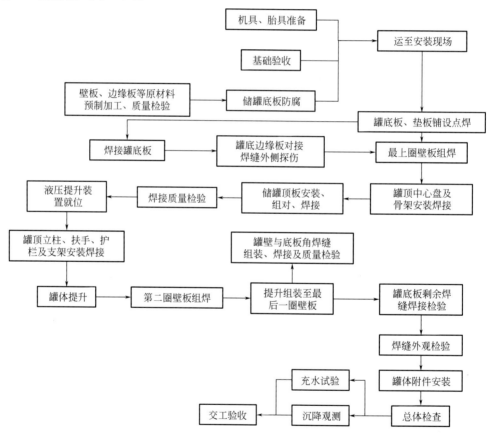

图 2.3-8 液压提升倒装施工工艺流程

（2）操作要点

1）底板预制

底板下料前按图纸要求进行排版并符合以下要求：罐底板的排版直径按设计直径放大 1.2‰；边缘板沿罐底半径方向的最小尺寸，不得小于 700mm；环形边缘板的对接接头，采用不等间隙，外侧间隙为 8mm，内侧间隙为 12mm；底板的宽度不得小于 1000mm，长度不得小于 2000mm；底板任意相邻焊缝之间的距离、边缘板对接缝与第一圈壁板纵焊缝之间距离，不得小于 300mm。

2）底板组装

① 底板铺设前，其下表面涂刷防腐涂料，焊缝边缘 50mm 范围内不刷。

② 在基础上画出十字中心线，并将中心部位的底板预先画上基准线，由中心向两侧铺设中幅板。

③ 铺设时，先铺设边缘板，后铺设中幅板，中幅板搭在环形边缘板的上面，搭接宽度 60mm；搭接接头三层板重叠部分，将上层底板切角，切角长度为搭接长度的 2 倍，其宽度为搭接长度的 2/3。在上层底板铺设前，先焊接上层底板覆盖部分的角焊缝。

④ 罐底板下料直径按照（1+2/1000）×D 计算。

⑤ 边缘板与罐壁板相焊接的部位应平滑，对接焊缝应完全焊透，边缘板对接焊缝下的垫板必须与边缘贴紧，其间隙小于 1mm，并与先铺的定位板定位焊。

3）储罐顶板组装

① 先组装焊接完成最上层承压壁板和罐顶链接板，焊缝经检测验收合格后，再进行储罐顶板的组装。

② 在罐顶板上焊接多处临时门形卡具，通过斜铁挤压使罐顶板与预制胎具紧密结合，并利用临时加强筋对其进行固定，使预制完成的罐顶板与胎具保持同样的弧度。

③ 按储罐设计图纸方位图在中心盘及罐壁链接板上画出若干等份，将每块顶板的中心位置做好标记，待完成后将顶板与胎具整体进行吊装，使其一端搭在中心盘，另一端搭在链接板上，然后将其与链接板点焊固定。

④ 罐顶板安装时均分四段沿一个方向进行组装，每段方向第一块顶板铺设时必须控制好其位置偏差，调整合格后将上、下两个中心点位置点焊固定。其剩余顶板安装依次铺设，待铺设的顶板与上块已铺设顶板连接端临时焊上限位挡板，便于焊缝组对，并将顶板之间用临时斜楔及门形卡点焊固定。顶板组对过程中，在罐内设置斜支撑用于支撑罐壁板，防止壁板受顶板安装时产生的拉力而变形。

⑤ 将所有顶板铺设完成后，分四段调整焊缝组对间隙，调整时必须保证每条缝的间隙均匀。

4）储罐壁板组装

① 壁板组装前检查壁板预制尺寸合格后方可组装。

② 新围壁板组焊时，每层都预留两道对称布置的活口（立焊缝）不施焊，这两道活口待壁板提升到位后再组焊。

③ 提升前，新围壁板上每隔 300～400mm 焊一挡板（长约 200mm），以便于提升后新围壁板组对就位。

④ 壁板组装技术要求：

（a）相邻两壁板上口的允差小于 2mm；在整个圆周上任意两点水平的允差小于 6mm；壁板的垂直度允差小于等于 3mm。

（b）纵向焊缝错边量不应大于板厚的 1/10，且不应大于 1.5mm，当上圈壁板厚度小于 8mm 时，任何一点的错边量均不得大于 1.5mm。

（c）组装焊接后，在壁板 1m 高处，内表面任意点半径的允差不应超过 ±19mm；其他各圈的垂直度允差不大于该壁板高度的 0.3%。

5）罐体提升

① 液压提升装置的选择。

提升荷重：提升最后一层壁板以上罐体及所有的附加荷载，其计算公式为：

$$Q_\text{总} = (Q_\text{壁} + Q_\text{顶} + Q_\text{附} + Q_\text{机}) \times K \tag{2.3-1}$$

式中　$Q_\text{壁}$——不包括底层罐壁的其他罐壁质量的总和；

$Q_\text{顶}$——整个罐顶的质量（含包边角钢、加强筋等）；

$Q_\text{附}$——栏杆、盘梯及附件质量；

$Q_\text{机}$——施工机具、附件质量；

K——系数，考虑到摩擦阻力及受力不均匀性等因数取 1.1。

② 液压提升装置数量选择。

根据每台机具起重力 P 和提升总重 $Q_\text{总}$ 测定所需的机械台数，同时确保吊点间距不大于 5m。

③ 液压倒装法通过液压千斤顶达到提升目的，使用时提升杆插入千斤顶后，上、下卡块处于工作状态。主控柜启动，油泵开始供油，在油压作用下，活塞上升将提升杆带着负载向上举起，当活塞满一个行程后油泵停止供油，负载停止上升，完成提升过程。回油时，在油压作用下，活塞回程，至此，完成一个提升过程。如此往复循环，千斤顶将提升杆带着重物不断提升，结构形式如图 2.3-9、图 2.3-10 所示。

图 2.3-9 液压千斤顶结构图

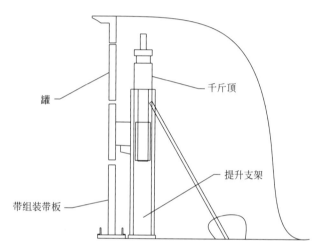

图 2.3-10 液压提升系统示意图

④ 根据液压提升系统受力特点，壁板提升过程中由于受力不均可能出现液压顶倾倒或胀圈脱落等危险，现场通过增加连接角钢和限位卡等保护措施成功保证了液压系统的提升稳定性，其中限位卡的应用，加强了胀圈和液压提升系统的接触关系，使得两者不发生脱落，形式见图 2.3-11。

(a) 单个液压顶采用三根连接角钢固定

(b) 单个液压顶采用两根拉杆固定

图 2.3-11 液压顶固定示意图

⑤ 液压提升装置在使用前，检查液压顶垂直度、胀圈椭圆度、提升装置限位焊接是否牢固等。

⑥ 针对液压提升装置提升特点，壁板每升高 10cm，对每套提升装置进行监控，保证提升的稳定性。

2.3.3　大型储罐正装法施工关键技术

1. 技术简介

大型储罐正装法施工的原理是先铺设罐底板，再按照从底圈到顶圈壁板的顺序逐层施工，壁板焊接时先焊立焊缝，后焊环向焊缝。正装法施工时可在罐内设置可移动的悬挂平台，也可随罐体安装的高度在罐外逐层搭设脚手架，以方便人员操作。利用储罐内置平台技术、挂壁小车施工技术、自动焊接施工技术可以保证施工质量、提高正装储罐的施工效率。大型储罐正装法施工关键技术的应用，保证了罐壁板可以采用全自动焊接技术，与倒装法相比，施工效率及焊接质量大幅提高。

2. 技术内容

（1）施工工艺流程（图 2.3-12）

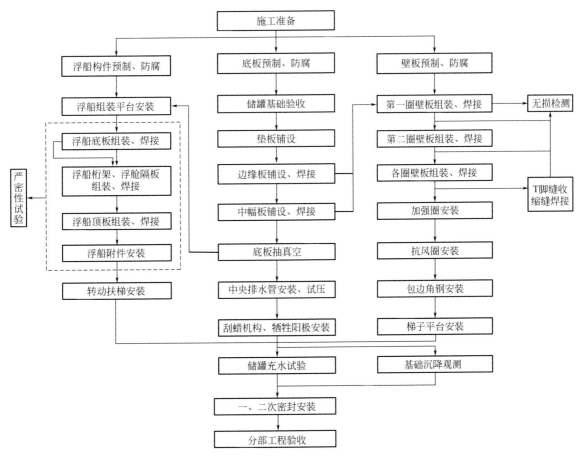

图 2.3-12　储罐正装法施工工艺流程

（2）操作要点

1）底板预制

① 根据设计图纸和供料情况，绘制储罐底板排版图；

② 为补偿焊接收缩，罐底的排版直径按设计直径放大 1‰～1.5‰；

③ 环形边缘板沿罐底半径方向的最小尺寸不得小于 700mm；

④ 环形边缘板的对接接头宜采用不等间隙，外侧间隙 6～8mm，内侧间隙 8～12mm；

⑤ 中幅板的宽度不得小于 1000mm，长度不得小于 2000mm；

⑥ 中幅板下料采用半自动切割机，下料按底板排版图尺寸进行；

⑦ 中幅板与边缘板间小块底板切割采用半自动切割机或等离子切割机，与边缘板间对接焊缝处预留 150mm，等焊接收缩后再精确下料；

⑧ 边缘板与底板对接部分进行削边处理，加工时采用半自动切割机进行处理，见图 2.3-13、图 2.3-14。

图 2.3-13　罐底板下料加工

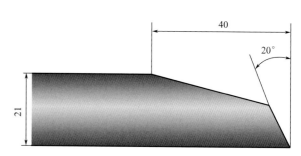

图 2.3-14　边缘板削边示意（单位：mm）

2）壁板预制

① 各圈壁板的纵向焊缝宜向同一方向逐圈错开，其间距宜为板长的 1/3，且不得小于 300mm。

② 底圈壁板的纵向焊缝与罐底边缘板对接焊缝之间的距离不得小于 300mm。

③ 罐壁接管与罐壁板焊后进行消除应力热处理，开孔接管或开孔接管补强板外缘与罐壁纵向焊缝之间的距离不小于 150mm，与罐壁环向焊缝之间的距离不应小于壁板厚度的 2.5 倍，且不小于 75mm。

④ 罐壁上连接件的垫板周边焊缝与罐壁纵焊缝或接管、补强圈的边缘角焊缝之间的距离不小于 150mm，与罐壁环焊缝之间的距离不小于 75mm；如不可避免与罐壁焊缝交叉时，被覆盖焊缝应磨平并进行射线或超声检测，垫板角焊缝在罐壁对接焊缝两侧边缘至少 20mm 处不焊。

⑤ 壁板宽度不得小于 1000mm，长度不得小于 2000mm。

⑥ 储罐壁板预制在专用预制平台上进行放线切割下料，见图 2.3-15。壁板预留一张调整板，这样预制有利于保证储罐整体几何尺寸。

⑦ 壁板预制合格后，吊运到指定地点存放，存放地点距卷板机较近，存放时按安装先后顺序分类存放，板边相互错开 150mm 便于现场吊装。

⑧ 壁板卷制后应立在平台上用样板检查，卷制完成验收合格后放在专用胎具上存放，见图 2.3-16。

图 2.3-15　壁板下料加工

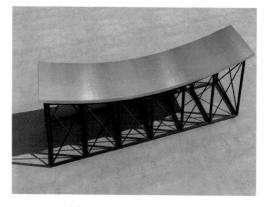

图 2.3-16　壁板胎具示意

3）壁板组装

① 在壁板组装前安装好方帽、龙门板及蝴蝶板，如图 2.3-17 所示。

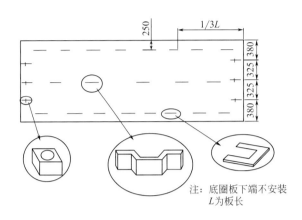
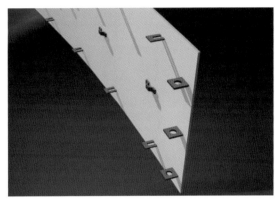

注：底圈板下端不安装
L为板长

图 2.3-17　壁板组装卡具布置图

② 第一圈壁板组装前，沿壁板圆周画线安装限位挡板，随后逐张组对壁板；罐壁组装为对接组装，应保证罐壁内侧表面齐平，安装纵缝及环缝组对卡具，用以固定壁板；每张壁板安装两个正反丝用以调节壁板垂直度，见图 2.3-18；整圈壁板全部组装后调整壁板纵缝组对间隙、错边量、上口水平度及壁板的垂直度，并应符合以下要求：

（a）相邻两壁板上口水平的允差不应大于 2mm，在整个圆周上任意两点水平的允差不大于 6mm。

（b）第一圈壁板的垂直度允差不大于 3mm，其他各圈壁板的垂直度允差不应大于该圈壁板高度的 0.3%。

（c）罐壁总高度的垂直度允差不大于 ±45mm。

（d）纵向焊缝的错边量允差为板厚的 10%，且不大于 1mm，环向焊缝的错边量（任意点）不大于上圈壁板厚的 10%，且不大于 1.5mm。

（e）第一圈壁板检查 1m 高处任意点的半径允差不得超过 ±20mm，其他各圈壁板的半径允差不得超过 ±20mm（将圆周至少等分为 24 等分测定），每圈罐壁至少测量 2 个罐截面。

（f）罐壁局部凸凹变形，当板厚 ≥25mm 时应小于 8mm，板厚 <25mm 时应小于 10mm。

（g）第一圈壁板的纵焊缝与罐底边缘板对接焊缝之间的距离不得小于 300mm，每圈壁板长度累计总偏差应小于 ±10mm。

（h）第二至第九圈壁板的组装方法参照第一圈壁板的组装，环缝应安装组对用龙门板、槽钢，见图 2.3-19。

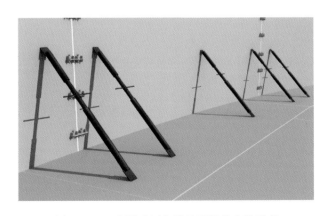
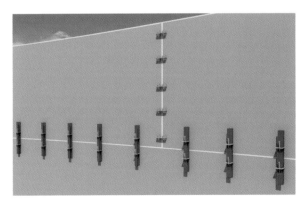

图 2.3-18　底圈壁板卡具及可调节支持示意　　　　图 2.3-19　环缝组对卡具示意

43

　　（i）其余各圈壁板的组装可利用储罐内置平台进行，也可在罐外搭设脚手架作为操作平台，根据壁板高度，逐层搭设。

　　③ 壁板焊接宜先焊纵向焊缝，后焊环向焊缝。纵向焊缝采用气电立焊，自下向上焊接，见图 2.3-20。环向焊缝采用埋弧自动焊，焊工均匀分布并沿同一方向施焊，见图 2.3-21。当焊完相邻两圈壁板的纵向焊缝后，再焊其间的环向焊缝，采用不对称坡口，先焊接大坡口侧，后焊小坡口侧。

图 2.3-20　气电立焊焊接壁板纵缝

图 2.3-21　埋弧自动焊焊接壁板环缝

2.3.4　低压不锈钢储罐内外抱杆倒装施工技术

1. 技术简介

　　不锈钢储罐内外抱杆倒装施工技术是针对不允许罐顶开天窗的储罐采用的特殊的施工技术，利用均布在储罐承压板上的临时吊耳与带有电动捯链的外抱杆提升罐顶和第一圈壁板，使罐顶和第一圈壁板随胀圈一起上升到预定高度，组焊第二圈壁板，然后将胀圈松开，将第二圈壁板降至支墩上，拆除外抱杆，更换为内抱杆，使用内抱杆逐层提升储罐，直至最后一圈壁板组焊完。

　　采用胀圈的作用，一是在胀圈张力的作用下，环焊缝刚度大大增加，能明显抑制环缝的收缩变形；二是由于每个抱杆都可单独调节提升高度，故罐体垂直度易于保证；三是壁板组对时易于找圆，罐壁圆度能够得到保证。

2. 技术内容

　　（1）工艺流程图（图 2.3-22）

　　（2）预制

　　顶板、壁板与纵向肋板利用卷板机卷制成形，在专用胎具上进行组装焊接，组装过程中要对成形尺寸进行复核，焊接时做好相应的防变形措施。

　　（3）铺设底板

　　铺设底板前进行基础检查验收。根据底板排版图及安装参考线，从中心向外侧铺设底板。所有焊缝均为对接，对接接头下设垫板，垫板与焊缝应贴合牢固。

　　（4）焊接底板边缘焊缝

　　首先焊接罐底边缘板外侧 300mm 焊缝，其余焊缝在底圈壁板与罐底板焊接完成后再进行焊接，可有效缓解壁板与底板焊接过程中的应力。

　　（5）组焊第一圈壁板

　　将预制好的第一圈壁板安装在支墩上，内侧安装胀圈，胀圈外焊接临时吊耳，胀圈用于保障壁板的

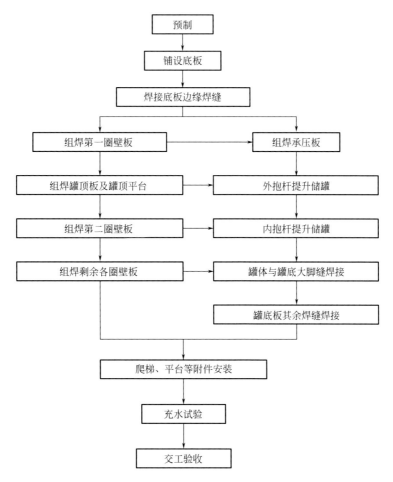

图 2.3-22　低压不锈钢储罐内外抱杆倒装法施工工艺流程

椭圆度，临时吊耳用于与内抱杆连接，提升储罐。每圈壁板纵焊缝采用氩电联焊，多组焊工对称焊接，减少焊接应力对椭圆度的影响。

（6）组焊承压板

承压板焊缝均为对接焊缝，采用氩电联焊。承压板与第一圈壁板外壁间角度为 60°，承压板与筋板间角焊缝与承压板间对接焊缝重合或距离较近时，此部分筋板在承压板探伤完成后进行焊接。承压板整体焊接探伤完成后，将外抱杆所需吊耳提前焊接在承压板指定位置上，见图 2.3-23。

（7）组焊罐顶板及罐顶平台

低压罐罐顶所有焊缝均为对接焊缝，罐顶板安装前，先安装好中心支架。瓜皮板一侧点焊在支撑板上，另一侧安装在支架上。焊接过程中，首先焊接外圈角焊缝，再焊接瓜皮板间对接焊缝，其中瓜皮板间焊缝最顶部留 1000mm 不焊，然后焊接中心板与瓜皮板间环焊缝，最后将剩余全部焊缝焊接完成，见图 2.3-24。焊接时多组焊工对称布置，分段退焊。

整个罐顶焊接检测完成后，安装罐顶平台以减少后期的高空作业。安装过程中若平台垫板压在了焊缝上，先对此处焊缝进行无损检测，合格后方可焊接平台垫板。

（8）外抱杆提升储罐，组焊第二圈壁板

由于罐顶不可以开孔，导致罐内竖向空间不足以提升储罐。故此处需使用外抱杆提升储罐，外抱杆通过电动倒链与承压板上临时吊耳连接，抱杆的左右及后侧需加斜撑，防止提升过程中受力造成变形，见图 2.3-25。提升到指定位置后，组焊第二圈壁板，第二圈壁板焊接检测完成后，将壁板降至支墩上，拆除外抱杆，更换为内抱杆。在提升过程中，第一圈壁板的胀圈应始终受力，见图 2.3-26。

图 2.3-23　承压板安装

图 2.3-24　罐顶板安装

图 2.3-25　外抱杆提升储罐

图 2.3-26　内侧胀圈安装

（9）内抱杆提升储罐，组焊剩余各圈壁板

组焊剩余壁板的流程为，组焊完上一圈壁板后，将罐体落到支墩上，将胀圈松开、落到钢托板上，在壁板内环缝位置安装对接限位挡板，围板，点焊固定竖缝，在胀圈上方焊接提升挡板，胀紧胀圈，通过电动捯链拉胀圈来提升罐体到指定位置，对竖缝施焊，借助千斤顶、不锈钢撬杠等调整环缝对口间隙，点焊固定环缝，对环缝施焊，竖缝和环缝相交处丁字缝焊接、预留口焊接，下一圈壁板组焊。

提升罐体时由一人统一指挥，捯链同时操作，使罐体平稳上升，防止上升时罐体倾斜造成不必要的变形甚至安全事故，见图 2.3-27、图 2.3-28。

图 2.3-27　内抱杆安装

图 2.3-28　逐层提升储罐

（10）完成罐体与罐底大角缝焊接

组焊完成最后一圈壁板后，底板边缘处对接部分做真空试验，拆除支墩，拆除底板搭接部分的不锈钢卡块（若搭接部分间断焊，则用磨光机切开焊缝），将罐体落到底板上。使用等离子切割机在最后一圈壁板上开人孔，拆除抱杆提升系统，对连接罐底与罐壁的角焊缝点焊固定。对底板的搭接焊缝点焊固定，罐壁与罐底加斜撑固定，对点固的焊缝施焊，焊缝冷却后，拆除临时固定装置，底板搭接部分做真空试验，见图 2.3-29。

图 2.3-29　罐体与罐底大角缝焊接完成

（11）组焊罐底板其余焊缝

罐壁与罐底角焊缝焊接完成后，由于焊接应力的释放，罐底边缘板会发生变形。此时应对所有边缘板焊缝重新进行打磨，待所有焊缝均达到焊接要求后，再进行罐底板焊缝的焊接。

底板搭接直缝较长，散热条件差，要采取必要的措施防止变形：

① 罐壁与罐底加斜撑固定；

② 先焊短焊缝，后焊长焊缝，初层焊道采用跳焊法；

③ 宜采用多名焊工均匀分布，对称施焊；

④ 在保证焊接质量的前提下，焊接时采用小电流。

罐体落到底板上之后，储罐内施工属密闭空间作业，应采取必要的通风措施。

2.4　罐附件制作安装施工技术

2.4.1　低压储罐内浮顶施工技术

1. 技术简介

内浮顶油罐兼有拱顶罐和外浮顶罐的优点，油品进罐后，充满罐底、罐壁与内浮顶间，当液位达到淹没浮筒 1/2 时，内浮顶在浮筒产生浮力作用下漂浮在油面上，随着油面升降而升降，减少油品上部气相空间，将油品与空气隔离，减少油品蒸发损耗。同时也避免了外浮顶罐的浮顶暴露于大气，易被雨雪灰尘污染影响油品质量的问题。本拱顶罐内浮顶施工技术，在水压试验前，一次性在罐内组装内浮顶及密封机构，与储罐试验一起完成升降试验，缩短了工期，降低了成本。

所有浮盘组件在工厂预制，分组编号进场，按工艺流程顺序依据编号快速组装，浮顶骨架采用螺栓连接，铝盖板敷设采用铆接，减少罐内密闭空间动火作业，操作简单周期短。

采用小尺寸浮子，浮子与面板间距小，骨架下端在液面以下，骨架间分割液面形成小气室，对运行中产生的液面波动有阻尼作用，确保运行平稳。

沿外圈密封带周边均匀设置多个浮子，使密封带受力均匀，克服浮盘运行过程密封带与罐壁间摩擦力，增强密封带附近结构强度，保证密封带运行安全，不出现卡盘现象。

2. 技术内容

（1）施工工艺

浮盘结构如图 2.4-1 所示，施工工艺流程如图 2.4-2 所示。

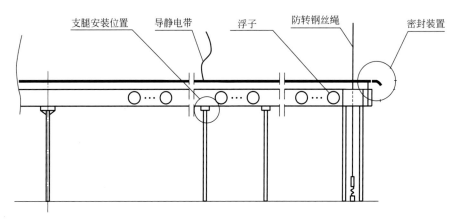

图 2.4-1 浮盘结构示意图

图 2.4-2 施工工艺流程图

（2）安装施工准备及要求

按先准备、后安装，先罐外、后罐内，先主体、后附属的施工顺序，产品各零部件按计划对号进场。

1）施工前开具各项作业票证，完成密闭空间作业交底。

2）打开储罐人孔和采光孔盖，采用防爆风机对罐内换气。

3）安装使用防爆电气设备，有安全用电保护措施，进罐人员穿劳保鞋。

4）复核罐壁垂直度允差<5‰，凹凸度允差<30‰，罐径椭圆度允差<30mm。

5）罐内壁光滑，无毛刺、焊瘤和突出物存在，量油管垂直度允差<3‰。

（3）材料及配件验收要求

1）浮顶盖板采用 3003 优质防锈铝板，规格 1600mm×0.5mm；其余均采用 6063 铝质型材，浮动元件厚度为 1.6mm，铝盖板厚度为 0.5mm。

2）浮管采用 3003 优质防锈铝板，如图 2.4-3 所示，规格 ϕ185×1.6mm，浮管封头板 2.5mm，浮管经 0.2MPa 气密性检测。

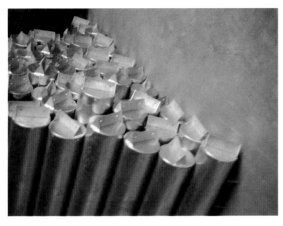

图 2.4-3　无缝铝制浮管

3）支腿采用 6063 铝管，规格 $\phi40\times3mm$。浮顶支腿为固定式，高度 1.8m。主梁槽铝采用 6063 铝质型材，框架梁板厚不小于 2.5mm。

4）铝合金材料的化学成分 Fe 含量小于 0.35%（防锈铝为 0.7%），杂质总含量小于 0.15%（防锈铝为 0.15%）。

5）紧固件及防旋装置采用 S30408 材料。

6）防静电导线采用直径 2mm 不锈钢丝绳。

7）量油和液位导向装置按储罐要求设计、制造，其下部浸入液面不小于 100mm，上部有弹性橡胶膜密封。

8）自动通气阀数量和流通面积按收发储液时最大流量确定。

9）铝浮顶外周边缘板、浮顶支柱及浮顶上所有开孔接管，高出液面 150mm。

10）所有零部件能通过 600mm 罐壁人孔。

（4）内浮顶框架安装

1）用拉线法定位罐中心，结合量油管和罐壁人孔位置定出浮盘安装方位。

2）顺序用不锈钢螺栓连接外圈梁，对接处加 3mm 胶板，固定支腿管、座。

3）用 P 形支腿座、连接板按零件名称和编号顺序依次连接内圈梁、主梁、副梁，并固定支腿座。各梁连接处平整无间隙，支腿座支架紧靠梁腹板。

4）组装中心板和中心支腿及外圈梁，支腿与罐底垂直偏差任一方向不超过 20mm。

5）按浮盘安装方位，先安装靠主梁 4 个等分内圈梁和外圈浮筒，固定内圈梁支腿，再安装余下 2 等分。

6）用专用调整杆固定外圈梁上复核浮盘中心偏移情况，调整外圈梁与罐壁间距，控制在 185±30mm，紧固外浮子螺栓。

7）从浮盘中心开始，按 $n\times1560mm$ 位置依照安装内圈梁顺序逐一装配相应副梁、长横梁、内浮筒。

8）采用拉线法调整主、副梁直线度，主梁上表面平直度 ±15mm/m，副梁平直度 ±10mm/m，铺铝盖板方向主副梁直线度 ±5mm/m，每组相邻梁间距 1560±10mm，紧固副梁、长横梁、内浮子等螺栓。

9）骨架安装完毕，复核各技术指标，紧固所有螺栓，增加工艺支腿，如图 2.4-4 所示。

（5）内浮盘各部件安装

1）铝盖板敷设

从浮盘中央向两边敷设铝盖板，从外圈梁内侧一端逐段向另一端用抽芯铆钉铆接，将铝盖板压条、

图 2.4-4　浮盘骨架安装

胶条和梁铆接成一整体，铆钉间距 100～140mm，搭接量不得少于 20mm，加垫 1mm 耐油橡胶板，搭接平整、不起皱，不平度和直线度均为 ±10mm/m，如图 2.4-5 所示。

2）防转装置安装

防转装置位置需紧靠主梁。在罐顶靠近罐壁 800～900mm 间采用电钻钻孔，以孔中心为基准，用垂线引至罐底，确定罐底角钢焊接位置，偏差不超过 $\phi40mm$。罐底角钢摆放与罐壁平行，与罐底满焊，焊缝高度不低于 4mm。防转装置法兰与浮盘盖板间采用 1mm 胶板密封，用螺栓固定。防转钢丝绳不可过紧、过松，摆幅为 ±50mm。

3）通气阀安装

阀杆需活动自如，开启高度 100mm，无卡死、阻滞，阀盖平整、密封。阀法兰与浮盘盖板间用 1mm 胶板密封。

4）量油装置安装

① 复核罐体量油管几何尺寸，合格后按设计和技术规格书安装。

② 以罐顶量油口中心为基准，采用吊垂线确认安装中心及装置牵引钢索在罐顶安装位置，保证翻盖操作启闭自如。装置法兰与浮盘盖板间用 1mm 胶板密封，无漏光。安装后进行模拟操作，确保采样、测量、量油、操作顺利自如。

5）浮盘人孔装置安装

人孔装置加设扶梯（图 2.4-6），供安装与维护检查使用。浮盘人孔装置靠近罐壁人孔安装，人孔盖板和人孔座间、人孔法兰与浮盘盖板间用 1mm 胶板密封，密封位置无漏光。人孔盖采用 2 套压紧装置。

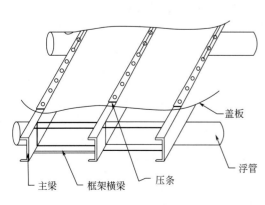

图 2.4-5　盖板敷设

图 2.4-6　浮盘人孔扶梯

6）舌形密封带安装（一次密封）

将舌形密封带展开平放，依照罐体直径复核展开长度、弧度，弧度与罐壁弧度相符，翻转自如。确认后从胶带中部任一位置开始，配钻胶带安装孔，向两侧伸展安装螺栓和舌形带压条。安装时保证密封带舌尖与罐壁搭贴量均匀 70±30mm，压条平整。

7）囊式密封带安装（二次密封）

安装方法同舌形密封带，另在下部加衬板、内部夹衬海绵，海绵同胶板固定在浮盘外圈梁，如图 2.4-7 所示。

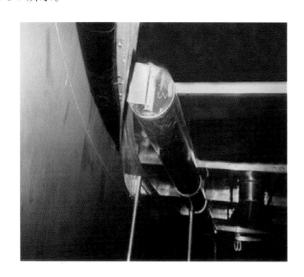
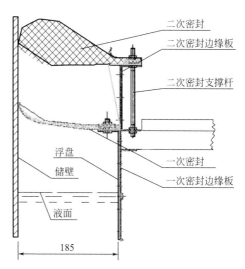

图 2.4-7　囊式密封带安装

8）静电导出装置安装

选用直径 2mm 不锈钢绳作防静电接地装置，单台罐 3 根；两端分别接罐顶透光孔座、浮盘主梁，以浮盘半径为直径圆周上均匀分布，任意两根接点距离不大于 10m。

9）泡沫挡板安装

泡沫挡板下部用铆钉固定在浮盘内圈梁，间距为 100～140mm。

10）浮子井安装

确定浮子井安装中心位置，采用螺栓固定在浮盘梁上，用 1mm 胶板密封。罐顶开口中心与浮子井中心偏差不超过 5mm，浮子井导向铜棒距罐底垂直距离不小于 150mm。

（6）浮盘安装后，逐一核实浮盘各项技术指标，做好检测记录，紧固件按要求安装，如图 2.4-8 所示。确认合格后清扫罐内杂物，拆除工卡具。

图 2.4-8　浮盘立柱紧固件安装

（7）内浮顶充水升降试验

1）采用无腐蚀清洁水进行充水试验，水温不低于5℃，进水管流速控制在1m/s以内，放水浮顶下降时，下降线速度0.2m/h为宜。

2）充水试验时，铝浮顶需从最低位置上升到设计最高位置，升降过程中，升降要平稳，无倾斜；密封装置、自动通气阀、导向装置等无卡涩现象；框架无异常变形；密封带与罐壁接触良好；不能与固定件及罐底附件相碰。检查盖板有无渗水现象。

3）充水试验后全面复查浮顶运行后与罐壁静态间隙，分析浮顶运行轨迹变化。

2.4.2　大型储罐旋转喷射防沉器施工技术

1.技术简介

旋转防沉喷射器在不改变罐型结构和生产工艺流程的前提下，利用油罐自储油品和自身流程配套的动力系统，随机对油罐进行全方位喷射清洗，达到防止储罐内油品分层沉降的目的，与储罐上安装罐壁侧向搅拌器相比具有节能、泄漏风险小的特点。适用于高强度搅拌，可根据生产需要的泵扬程进行设计选型，不需设置高扬程泵或将系统配置的泵扬程人为提高，依托正常系统配置的输送泵即可，降低投资，节能效果明显。同时为内置搅拌器，安装简单，操作方便，喷射作用强度大，清洗速度快，效率高，防沉清淤效果明显，不存在罐壁泄露等安全隐患，可长周期运转。

本技术将旋喷式搅拌器与罐内加热盘管进行深化设计，优化安装位置和管道走向，其主体固定于罐中央底板，连接管在罐内贯通，主管与罐外壁调和油管末端进行连接，与原油管线连通。

2.技术内容

储罐用旋转喷射防沉器主要由驱动主体、旋转喷射主体、喷油嘴组成，如图2.4-9所示。驱动主体竖直置于油罐底部与进油管相连，利用进油管油品流过动力，使旋转喷射防沉器旋转。喷油嘴内部有助力螺旋桨，使油品从喷油嘴360°旋转喷出，对储罐底部进行全方位喷射。

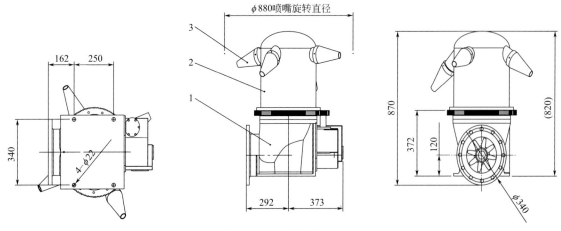

图2.4-9　旋转喷射防沉器外形图（单位：mm）
1—驱动主体；2—旋转喷射主体；3—喷油嘴

该设备便于装运，方便保存，安装前现场进行定位校核。主要施工工艺如图2.4-10所示。

测量定位　→　基础安装　→　设备安装　→　罐内管道安装　→　罐外管道连接　→　试水过程检查

图2.4-10　施工工艺流程图

安装前，需对旋转喷射防沉器的安装位置进行仔细测量定位，其罐内浮盘立柱、罐内加热器（加热盘管）等需避开 700mm 以上间距。

安装时，先将与罐底板相同材质、厚度钢板焊接在罐底板上，再将搅拌系统焊接在此钢板上，所有焊缝满焊。

为减弱搅拌系统震动对罐壁影响及热应力对罐壁推力，在搅拌系统入口管线进罐后 2m 左右设置固定管托，该固定管托与罐底板、管线进行满焊。

具体安装过程见图 2.4-11、图 2.4-12。

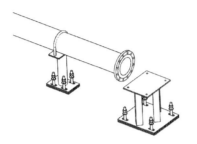

(a) 将入管与支座在罐内焊接到指定位置

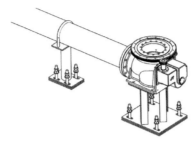

(b) 将驱动主体与入管、支座连接牢固

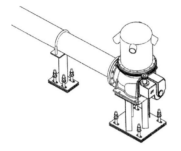

(c) 将旋转喷射主体安装在驱动主体上

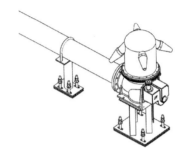

(d) 将喷嘴安装在喷射主体上

图 2.4-11　安装过程示意图

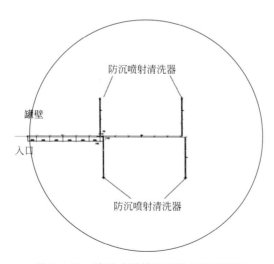

图 2.4-12　旋喷式搅拌器安装布局示例图

2.4.3　大型储罐分规式中央排水装置施工技术

1. 技术简介

目前外浮顶油罐中央排水装置有多种类型，如刚性回转接头式、全柔性软管式、枢轴式、分规式。

其中分规式中央排水装置能够承受强大的搅拌作用力，其采用悬挂结构，可消除浮顶轴向窜动、摆头、平移对排水系统的作用力。

本技术设计了分配机构及旁路系统，使得四根柔性段变形量完全一致、弯曲半径更合理；底部设置双铰链机构，保证系统在恒定的平面内运行；柔性段具有独立密封的特点，保证油罐使用更安全可靠。

2. 技术内容

（1）分规式排水装置组成如图 2.4-13 所示。

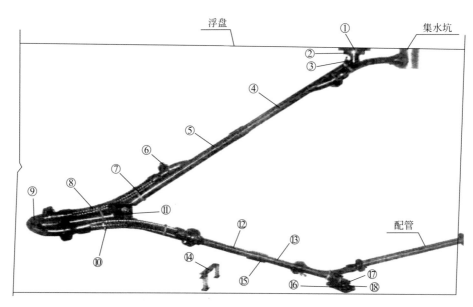

图 2.4-13　分规式中央排水装置组成

1—环形加强板；2—上铰链座；3—上铰链铜导线；4—上折管 1；5—上折管 2；6—法兰铜导线；7—单式限位装置；
8—复合金属软管；9—T 形接管；10—复式限位装置；11—齿轮箱；12—下折管 1；13—下折管 2；
14—托架；15—加强套环；16—方形加强板；17—下铰链座；18—下铰链铜导线

（2）分规式排水装置安装工艺流程如图 2.4-14 所示。

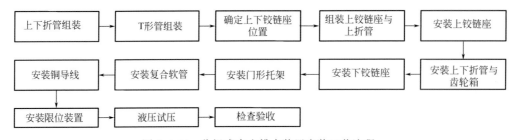

图 2.4-14　分规式中央排水装置安装工艺流程

1）上下折管组装

上下折管按照图 2.4-15 进行摆放，加强套环套到折管上，摆放时注意弯头朝水平摆放，折管 1 和 2 成一条直线对焊，加强套环两端满焊。

2）T 形管组装

T 形管不能从罐人孔进入时，可卸下接头倒运至罐内重新组装，组装时接头不能倾斜，组装后定位螺栓焊牢，对接位置满焊。如图 2.4-16、图 2.4-17 所示。

3）确定上下铰链座位置

根据集水坑位置确定上下铰链座位置，上下铰链座成一直线。

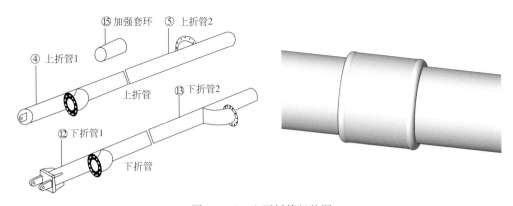

图 2.4-15　上下折管组装图

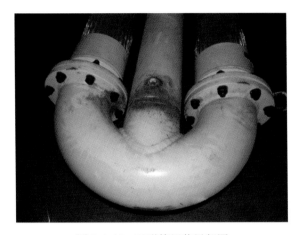

图 2.4-16　T 形管组装局部图

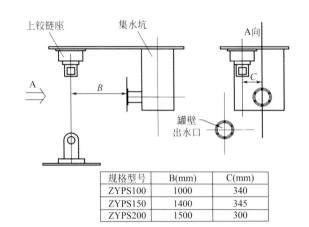

规格型号	B(mm)	C(mm)
ZYPS100	1000	340
ZYPS150	1400	345
ZYPS200	1500	300

图 2.4-17　T 形管位置确定

4）组装上铰链座和上折管

拆掉上铰链座螺栓插入上折管，复位拧紧螺母，插开口销折弯。环形加强板内外焊接到浮盘上，采用手拉葫芦拉起将上铰链座焊接在环形加强板上，焊道饱满，如图 2.4-18 所示。

5）安装上下折管与齿轮箱

退出上下折管定位螺栓，将 T 形管活接头插入上、下折管中，拧紧定位螺栓后焊牢，如图 2.4-19 所示。

图 2.4-18　上铰链座安装

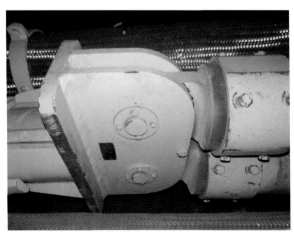

图 2.4-19　上下折管与齿轮箱安装

6）安装下铰链座

方形加强板及中间孔洞焊接在罐底板上，下铰链座焊接在方形加强板上，焊道饱满，如图 2.4-20 所示。

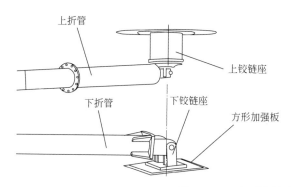

图 2.4-20　上下铰链座安装图

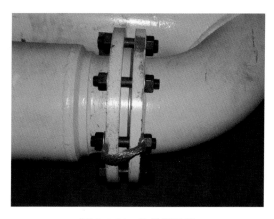

图 2.4-21　法兰铜导线

7）门形托架安装

下折管在门形托架的中间位置，不能有弯曲，托架距弯头 500mm，视实际情况调整。

8）复合软管安装

复合金属软管安装处在自然弯曲状态，连接法兰时金属缠绕垫片居中放正，螺栓对称安装，用力均匀。

9）铜导线安装

分别安装上铰链、法兰、下铰链铜导线，如图 2.4-21 所示。

10）安装限位装置

法兰面到金属软管总长 1/3 处安装限位装置，如图 2.4-22 所示。

图 2.4-22　限位装置安装

11）液压试验

试压前进行整体检查确认，试验压力为 0.4MPa，保压 30min，合格后再次紧固螺栓。储罐充水试验前复查中央排水装置活动部位，如上铰链座、齿轮箱、下铰链座等，防止异物影响升降，如图 2.4-23 所示。

图 2.4-23　安装完成的分规式中央排水装置

2.4.4　大型储罐齐平型清扫孔施工技术

1. 技术简介

储罐齐平型清扫孔主要安装于大型重质油罐底部，便于清扫罐内污泥污水。齐平型清扫孔应力状况与底圈壁板、罐底边缘板受力情况密切相关，且存在开孔应力集中及补强问题，应力状况十分复杂。罐底板与壁板非完全垂直，底板设计 8‰坡度，理论计算其角度为 $\theta=90°-\arctan(8/1000)=89.542°$，壁板加强板垂直度允差≤3mm，预制精度控制严格。

本技术通过对清扫孔进行精确尺寸控制、焊接参数与顺序控制、热处理、防变形消除应力措施，确保了清扫孔制作精度和安装质量，进而有效控制了清扫孔对首圈壁板垂直度的影响。

2. 技术内容

（1）施工工艺流程（图 2.4-24）。

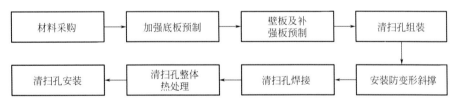

图 2.4-24　施工工艺流程

（2）施工技术内容

1）材料采购

齐平型清扫孔主要包括加强底板、壁板加强板、补强板及脖颈。脖颈由法兰、法兰盖、接管孔径、螺栓、垫片组成，统一外购。加强底板为 245R 钢板，厚度为 22mm；壁板加强板、补强板为 245R-SR 钢板，厚度为 32mm。

2）加强底板预制

① 选取 22mm×1850mm×3300mm 245R 钢板，按图 2.4-25 尺寸进行放样画线。

② 采用半自动切割机切割下料，保证长度、宽度方向 AB、CD、BC 允差≤2mm，对角线 $|AC-BD|$≤3mm，AB、BC、CD、DE、AF 边不开坡口，EF 边开 V 形坡口，坡口角度为 45°，见图 2.4-26。

③ 通过机床将 AB、BC、CD 三面削边，厚度 16mm、长度 63mm、开 V 形单面坡口，坡口角度为 30°，见图 2.4-27。

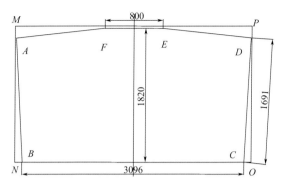

图 2.4-25 加强底板放样图

图 2.4-26 加强底板下料图

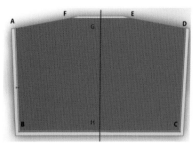

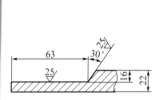

图 2.4-27 加强底板加工图

3）壁板及补强板预制

① 钢板下料

采用半自动切割机按图 2.4-28、图 2.4-29 所示尺寸对壁板加强板、补强板下料。壁板加强板 AD、BC 边采用双面 X 形坡口，坡口角度为 30°，钝边 2mm；CD 边采用单面 V 形坡口，坡口角度为 15°；AB 边进行削边处理。补强板四周边缘无须开坡口。

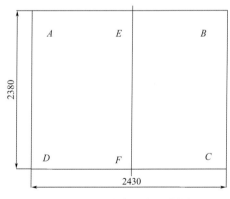

图 2.4-28 壁板加强板下料图

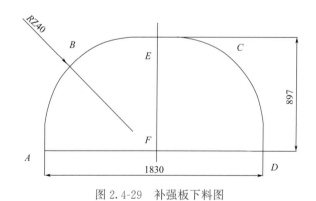

图 2.4-29 补强板下料图

② 钢板卷制

卷圆壁板内径曲率半径为 30m，补强板内径曲率半径为 30.032m，采用 2m 长弧形样板对卷制后钢板复核，间隙不应大于 4mm，见图 2.4-30。

③ 钢板制孔

复核脖颈尺寸，以罐壁板、补强板中心线 EF 为基准放线，采用半自动切割机开孔，开 V 形单面坡口，坡口角度为 45°，见图 2.4-31。

图 2.4-30　壁板、补强板卷制

图 2.4-31　壁板、补强板开孔

4）清扫孔组装

① 脖颈与加强底板组装、焊接

以中心线 GH 为基准将脖颈垂直于加强底板组装点焊固定，允差不大于 2mm。组对后接触焊缝双面满焊，见图 2.4-32、图 2.4-33。

图 2.4-32　脖颈与加强底板组装图

图 2.4-33　脖颈与加强底板焊接图

② 壁板与补强板组装、点焊

以中心线 EF 为基准将补强板吊至壁板加强板上组装，使其两条中心线重合（图 2.4-34），安装临时卡具配合斜铁紧固保证紧密结合，组装后固定点焊（图 2.4-35）。

图 2.4-34　壁板加强板与补强板组装图

图 2.4-35　壁板与补强板固定点焊图

③ 整体组装

预制时将加强底板、脖颈组合件吊装至平整场地,测量其水平度。将预制完成的壁板加强板、补强板组合件与其进行组装定位焊,500mm直角尺与罐壁板间隙为4mm,见图2.4-36、图2.4-37。

图2.4-36 总装图

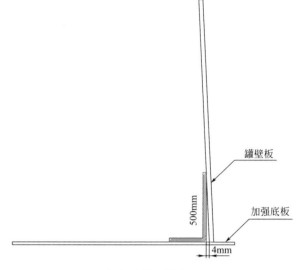

图2.4-37 测量图

5)临时支撑安装

组装定位焊接后,安装防焊接和热处理变形临时斜支撑,采用2根14号工字钢,与罐壁板及加强底板焊接安装在壁板两侧。

6)清扫孔焊接

其材质为245R,采用J507焊条手工电弧焊。焊前清理焊缝周围50mm内无泥沙、铁锈、水分及油污,充分干燥。合理控制焊接速度、电流,单人操作,避免热输入量过大变形,见图2.4-38。

开孔接管角焊缝与补强板角焊缝、罐内加强底板与壁板T形角焊缝焊后进行磁粉检测。焊后由信号孔通入100~200kPa压缩空气,检查焊缝严密性,见图2.4-39。

图2.4-38 齐平型清扫孔焊接图

图2.4-39 齐平型清扫孔气密试验

7)清扫孔热处理

随液位高度变化,清扫孔罐底角焊缝处于高应力和低周疲劳破坏状态,通过整体热处理改善其焊缝韧性、消除焊接应力。热处理厂内进行，温度 590～648℃，保温 2h。

8) 清扫孔安装

在储罐铺设边缘板时安装清扫孔，将其吊装至指定位置，通过撬杠精确调整后安装相邻边缘板，组对后拆除临时支撑。

2.5　储罐防腐施工技术

2.5.1　钢板预处理生产线施工技术

1. 技术简介

大型储运项目工程用地多位于靠海吹填区，工程用地随建设规模扩大日益紧张，工程工期紧、体量大，项目土地利用率及钢制品预制深度要求较高。大型储运项目储罐钢板、钢结构及半成品钢构件预制量大，安全风险大，合理利用有限土地资源实现预制场流水线标化管理显得尤为重要。本技术根据储罐防腐和安装特点，优化工序安排和场地布置，使钢板预制、防腐质量及效率大大提高。

本技术将材料堆放、预制下料、壁板卷制、抛丸除锈、防腐刷漆及晾晒等施工工序场地按先后顺序呈一条直线布置，有效减少板材及型材的倒运次数。

利用行车作为倒运工具，减少吊车和运输车辆使用，安全、便捷、高效。

预制场地利用率高，符合绿色施工要求。

2. 技术内容

(1) 预制场根据工程体量、参与施工的安装队与防腐队的数量，设置若干条流水线，每条流水线供一个安装队伍、一个防腐队伍共同使用，此条流水线中设三台 10t 行车（图 2.5-1），行车轨道基础为钢筋混凝土形式（图 2.5-2），轨道间距统一为 18m；主要施工机械设备放置于行车轨道内，减少钢板及钢构件的二次倒运。

图 2.5-1　行车示意图

图 2.5-2　钢筋混凝土轨道

(2) 预制场所有工机具及设备有序放置，方便施工操作的同时保证安全，如抛丸机、卷板机、下料平台、氧乙炔瓶库、配电箱、工具箱、油漆库房、废料堆放区等按要求设置于相关位置（图 2.5-3）。

(3) 抛丸机基础根据厂家设备基础图提前施工，用于储罐钢板抛丸除锈的抛丸机通道高度不得小于 3m，宽度不得小于 3m；储罐钢板抛丸除锈使用立式抛丸机（图 2.5-4），管道及钢结构抛丸除锈使用卧

图 2.5-3　预制场局部布置效果图

式抛丸机（图 2.5-5），抛丸机调试完成后使用彩钢板搭设抛丸机防护棚，防护棚外表面涂刷警示标志。

图 2.5-4　立式抛丸机效果图　　　　　　　图 2.5-5　卧式抛丸机效果图

（4）根据储运项目储罐壁板幅度及几何尺寸要求，选用液压数控卷板机，卷板机基础根据设备基础图提前砌筑，卷板机调试完成后及时搭设防护棚（图 2.5-6）。

图 2.5-6　卷板机效果图

（5）预制场内设置 10m 宽道路，要求硬化处理（根据项目当地土质情况具体确定），沿围墙四周设置 300mm×300mm 排水沟，排水沟坡度 $i=0.003$（图 2.5-7）。

图 2.5-7 预制场道路及排水沟

（6）每条流水线主电缆型号选用 $YJV_{22}3 \times 240 + 2 \times 120$，一级箱（图 2.5-8）内设置 630A、400A 两个空气开关，630A 空气开关供防腐队使用，400A 空气开关供安装队使用。电焊机统一排放在焊机棚内并张贴操作规程，接地统一连接在母排上（图 2.5-9）。

图 2.5-8 生产线一级箱　　　　　　　　　　图 2.5-9 焊接棚

（7）材料堆放场地半硬化且高出地面 200mm；若材料堆放场地硬化条件较好，也可采用枕木衬垫钢板，枕木之间的间距为 1.5m；所有材料堆于预留材料堆放场地，且按规格型号分类摆放于下料区附近，方便及时选用（图 2.5-10）。

图 2.5-10 原材料及半成品堆放

（8）钢板抛丸后，直立摆放于固定卡具内，可方便于防腐作业，安全性大大提高，缩短油漆漆膜干透时间，也有利于防腐质量检查验收（图 2.5-11）。

图 2.5-11　钢板防腐

（9）壁板（X形坡口）采用数控切割机下料（图 2.5-12），底板、顶板等采用半自动或等离子切割（图 2.5-13）。

图 2.5-12　半自动切割机图　　　　　　　　　图 2.5-13　数控切割机图

（10）储运项目钢材需用量大，为减少预制场材料大量积压，要按照工序下料，严格控制材料到货次序、数量及到货时间，保证材料到场后及时下料、防腐，然后运输至施工现场投入使用。

预制场流水线标准化管理可保证预制场内吊车及运输车辆在预制场高效有序运行，钢板及钢构件经下料平台下料后，通过行车倒运至防腐场地进行防腐，防腐后运输至施工场地，大大减少材料及半成品的二次倒运，真正实现流水线预制（图 2.5-14）。

图 2.5-14　预制场总体及局部效果图

2.5.2　大型储罐阴极保护施工技术

1. 技术简介

为延长储罐使用寿命，减少储罐底板外表面或与土壤（罐基础）接触造成的腐蚀，根据具体情况储罐底板外表面一般可采用强制电流法保护措施，见图 2.5-15、图 2.5-16。

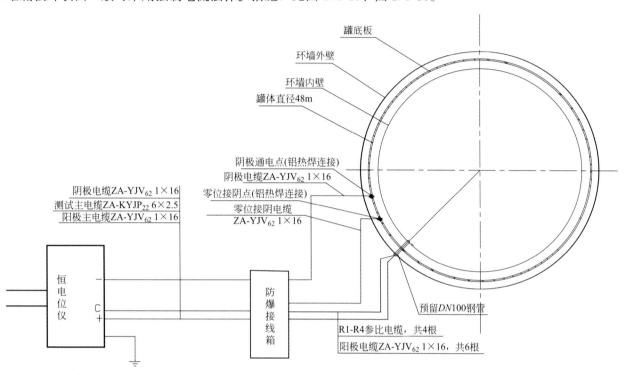

图 2.5-15　阴极保护系统平面布置图

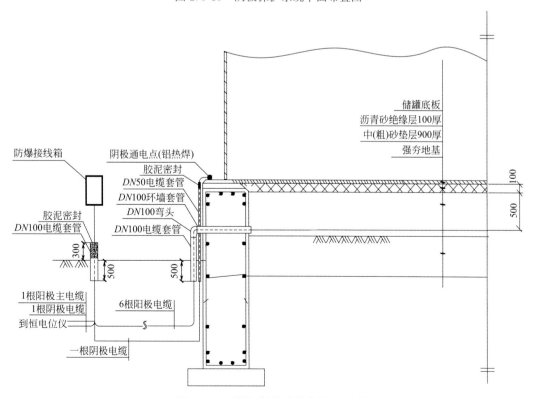

图 2.5-16　阴极保护系统安装立面图

本技术采用强制电流法保护措施，可以在不增加其他措施的情况下，有效减缓露天环境下储罐表面及内部的腐蚀，极大地增加储罐的使用寿命。

2. 技术内容

（1）储罐底板柔性阳极的安装

MMO/Ti 柔性阳极埋设在储罐底板下的砂层中，埋深距离罐底板下表面 500mm 左右。柔性阳极需自带足够长度（连接接线箱）的电缆，并在电缆穿出处预埋 DN100 镀锌钢套管，距离环墙顶端 600mm。

柔性阳极敷设采用以储罐底板中心为圆心，环形布置。从储罐底板中心开始，依次为第一环，第二环，依此类推。每环之间间距符合设计图纸。柔性阳极电缆敷设时应注意保证适当的松弛，以保证不会因为储罐底板的沉降而使电缆受到外力的破坏。同时，每环两端经预埋套管引出至储罐环墙体外侧。在垫层的回填密实处理过程中，严禁使用振捣棒等容易造成柔性阳极损坏的任何工具和措施。

柔性阳极连接电缆通过镀锌套管引出储罐环墙连至防爆接线箱内。

在施工过程中，应注意对柔性阳极体的保护，防止在拖拉过程中碰到尖锐物体划破阳极织物层，导致填充焦炭粉的泄漏。

（2）罐底参比电极的安装

参比电极采用预包装长效铜/饱和硫酸铜参比电极，埋深距离罐底下表面约 300mm，参比电极电缆从参比电缆预埋 DN40 套管处穿出。

参比电极安装于储罐下的基础砂层中，位于柔性阳极环形敷设的环间隔内。埋设前参比电极本体应在净水中浸泡 24h 左右，以确保参比电极充分浸润。参比电极在安装过程中应轻拿轻放，避免造成参比电极外壳的破裂。

（3）通电点的安装

阴极电缆、零位接阴电缆与储罐的连接采用铝热铜焊连接。其中阴极焊点每罐设置两处，位于储罐周边环墙上，以罐中心为基准，呈 180°设置。零位接阴电缆靠近接线箱位置焊接。焊接要求牢固，焊点采用环氧树脂作防腐密封。

储罐底部长效参比电极的引出线与其参比电极连接电缆连接后引至罐边的阴极保护防爆测试箱内相应端子，再由防爆测试箱引出线沿桥架敷设至阴极保护间。

（4）阴极保护电缆的连接及敷设

所有埋地电缆均采用镀锌钢管进行保护。由阴极保护测试箱出来的控制信号电缆与零位接阴电缆为同一根电缆，至恒电位仪内分为两股。阳极汇流电缆和阴极汇流电缆共用一根电缆，分别接恒电位仪对应接点。

电缆与电缆之间采用铜管压接的方式进行连接，所有电缆进入接线箱或测试箱，应采用铜接线端子连接，浸锡后连接到测试箱、接线箱的接线柱上和恒电位仪相应的接线柱上。

阴保电缆敷设时应当严格遵循全国通用电气装置标准图集《35kV 及以下电缆敷设》（94D101-5）的要求，当阴极保护电缆需要穿越道路、管道、水沟以及其他电缆时，应当加适当管径的保护套管，保护管两端应比穿越段两端长出至少 200mm，架空电缆全部敷设在阴极保护电缆桥架内。

（5）阴极保护接线箱、测试箱的安装

每座储罐周边设置一个角钢支架，用于安装一个阴极保护防爆接线箱和一个阴极保护防爆测试箱，防爆等级为 ExdⅡBT4/IP55，阴极保护接线箱负责将罐底的柔性阳极引出线和焊接于储罐边缘的阴极电缆连接至恒电位仪，阴极保护测试箱负责将储罐底部的参比电极引出线和焊接于储罐边缘的零位接阴电缆集中至测试箱内，并将靠近储罐中心位置的长效铜/饱和硫酸铜参比电极作为控制参比和零位接阴电缆引至阴保间恒电位仪。每座储油罐设 1 个阴极保护接线箱和 1 个阴极保护测试箱。如设计安装位置与现场其他设施冲突，其位置可根据现场情况进行调整，但应注意安装稳定牢固，并不妨碍其他设施的功能。

（6）恒电位仪的安装

储罐阴极保护采用多路恒电位仪，每台储罐设置一个回路，恒电位仪安装于专用的阴极保护间内，其安装包括：

1）恒电位仪与阳极汇流电缆、阴极汇流电缆、控制信号电缆的连接；

2）设备机壳应有可靠接地，接地线缆不得小于 $6mm^2$。

电缆连接时应确保极性正确，并且确保线路电气接触导通良好。

（7）牺牲阳极的安装

每块铝合金阳极块焊接前对焊点位置的钢板表面进行人工除漆、除锈。

铝合金阳极块沿圆周切线方向均布，每块阳极两端的连接片与底板直接焊接，要求焊缝长度不小于 10cm，且保证焊接牢固。相邻两圈阳极块的位置应相互错开，同时各阳极块与罐底板的焊接点不能过于靠近罐内浮盘支柱，避免影响浮船的起落。

阳极焊接前应将靠阳极保护面的平面用绝缘耐油型涂料刷两遍，焊接处将焊药、铁锈等清理干净后，应用绝缘耐油型涂料涂刷底漆 2 遍，中间漆 1 遍，面漆 2 遍。

2.5.3　无尘除锈施工技术

1. 技术简介

近十几年以来，石油化工储罐有了大规模的发展，但随着使用年限的相应要求，越来越多的储罐区已进入了检修维护期，原罐上的防腐重新维护就是其中一项内容。当前，石化行业对安全、环保要求日益严格，传统的喷砂工艺无法满足严格的施工条件，近几年兴起的高压水除锈工艺成本投入过大，并且无法完全清除原有防腐层。无尘除锈施工技术将干式喷砂与水射流融合起来，既具备干式喷砂的除锈、脱漆效果，同时具备高压水除锈的环保、防爆优点。

无尘除锈施工技术将磨料与水按比例充分融合，形成稳定压力的带水磨料，利用固—液混合流体的冲击力、剪切力及摩擦力去除涂层和锈层，满足现场防爆、环保的要求。通过防锈蚀措施，防止短时间内完成除锈的金属表面与水汽发生氧化反应导致的返锈，避免了清除浮锈造成的再次返工问题。

选择具有低表面处理、耐磨损和高固体含量等特点的底漆，确保在高腐蚀环境下长期防腐保护，有效预防因现场环境、生产条件等影响造成的防腐层使用寿命过短问题。

2. 技术内容

（1）工艺流程

现场准备→防锈剂调配、加入→带水喷砂除锈施工→金属表面干燥→废砂清理再利用→涂装前金属表面验收→涂料调配→涂料施工→涂层验收。

（2）防锈剂调配、加入

施工前将三元羧酸水溶防锈剂（中性水溶液，经验证不与底漆发生反应）加入储水容器内，溶剂与水比例为 1%～5%，充分溶解后进行带水喷砂作业。其水溶液可以使除锈完成后的金属表面与水汽之间形成隔离膜，有效防止短时间内因水与氧气发生氧化反应导致施工完成的金属表面的返锈，避免因清理浮锈造成的二次施工。

（3）带水喷砂除锈施工

1）施工用设备、材料、机具再次确认

① 带水喷砂动力设备：选用双螺杆电动空压机。

② 带水喷砂磨料：使用石英砂，磨料选择要具有一定的冲击韧性，净化干燥、过筛，不得含有油

污、水分、杂质，砂粒直径控制在 1.0～2.5mm，硬度为 HPC54 以上。

图 2.5-17 特制双接口喷枪

③ 带水喷砂特制双接口喷枪：确保磨料进口与水射流进口接管牢固，喷枪本体完好。特制喷枪将干式喷砂除锈技术与水射流技术融合，在特定位置分别设置磨料进口与水射流进口，可将磨料量与进水量按比例充分融合，最终于喷枪口形成稳定压力的带水磨料进行除锈作业，如图 2.5-17 所示。

2）带水喷砂施工要求

① 先把合格的磨料过筛网装入砂罐，检查配套设备的连接性能和压力仪表的准确性，开喷枪后确定先出水射流后，再正式开始带水喷砂施工。

② 喷砂枪嘴距离基体面应控制在 100～300mm 之间，喷砂角度 30°～60°，避免 90°，以防砂粒嵌入基体。工艺参数如表 2.5-1 所示。

喷砂施工工艺参数 表 2.5-1

项目	参数
喷砂距离	100～300mm
喷砂角度	30°～60°（避免 90°，以免砂粒嵌入基体）
喷射压力	0.6～0.8MPa
喷砂嘴孔径	10mm
砂枪移动速度	以现场原防腐层状况确定
砂粒大小	1.0～2.5mm

③ 喷砂后的金属表面达到无油脂、无锈斑、无氧化物、无杂物，使金属基体露出均匀一致的钢材表面，除锈施工完成后，利用空气压缩机进行废砂空气吹扫清理，并且将金属表面残留水分风干。因之前加入了防锈剂，可保证已除锈完成的金属表面在非下雨天气条件下可暴露约 3 天时间。

（4）涂装前金属表面验收

除锈完成后根据要求应达到《涂装前钢材表面锈蚀等级与除锈等级》GB/T8923—2013 中规定的 Sa2.5 级。金属表面的温度通常不可低于 5℃；在靠近作业金属面附近测得的相对湿度应当在 85% 以下。验收通过后方可进行下道工序施工。如图 2.5-18、图 2.5-19 所示。

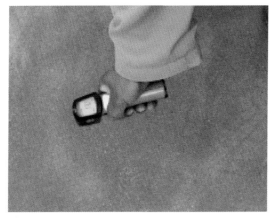

图 2.5-18 涂装前测量金属表面温度

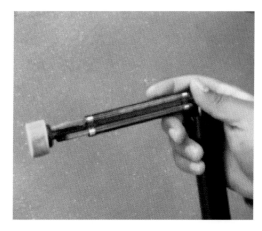

图 2.5-19 涂装前测量金属表面湿度

（5）涂料调配

底漆选择专业的低表面处理环氧耐磨漆。

1）调漆

开桶的涂料兜底搅拌均匀，按需取适量漆液按说明书加入固化剂和适量稀释剂并充分搅拌均匀。当有漆皮或其他杂质时，则用 80～120 目的筛网过滤后，方可使用。如有结皮，须将漆皮整块或分成若干块取出。开桶使用后的剩余涂料，必须密闭保存。调好的涂料静置熟化 15～20min。

2）油漆混合比例

① 低表面处理环氧耐磨漆的混合比（体积）为冬用型固化剂 A 组分：B 组分＝3.5：1，先用动力搅拌器搅拌基料（A），然后将全部的固化剂（B）和基料（A）调和在一起，用动力搅拌器彻底搅拌均匀。

② 快干环氧云铁中间漆的混合比为主剂：固化剂＝4：1，将主剂和固化剂分别搅拌均匀，然后在持续搅拌主剂的状态下缓缓将固化剂倒入主剂桶中，加入 0.5L 左右 17 号稀释剂到固化剂桶中，将固化剂桶涮净，再将固化剂桶内成分倒入主剂桶中，将主剂桶内成分搅拌均匀并静止 10min，待油漆内由于搅拌产生的气泡排除后，进行喷涂。

③ 脂肪族聚氨酯面漆的混合比为主剂：固化剂＝10：1，将主剂和固化剂分别搅拌均匀，然后在持续搅拌主剂的状态下缓缓将固化剂倒入主剂桶中，加入 5％左右 10 号稀释剂到固化剂桶中，将固化剂桶涮净，再将固化剂桶内成分倒入主剂桶中，将主剂桶内成分搅拌均匀并静置，待油漆内由于搅拌产生的气泡排除后，进行喷涂。

④ 稀释剂加入量小于涂料量的 5％。

3）材料配制

① 根据当天施工计划，将足够的防腐涂料及辅助材料领出库。

② 在油漆厂家技术人员指导下，按防腐材料说明书的配比，以及温度、湿度、层次要求，进行配制分析试验，试验配方不少于 5 个，分别在编号的试片上试涂，经过 24h 自然干燥后，对试片涂层进行测试，确认各项性指标达到要求后，确定配比及黏度。

③ 按分析确定的配比，将各种材料分别加入容器内插入搅拌机搅拌均匀，即可使用。

④ 在有防锈液的试片进行试涂，待干燥后进行检测，确认防锈液对涂料无不利影响后可进行下一步施工。

⑤ 经调制好的材料，需在规定的时间用完，如发现黏度增大，可用专用稀释剂调整。

（6）涂料喷涂

1）涂料施工方法

采用吸入式无气喷涂为主，刷涂、辊涂为辅的施工方法。

2）无气喷涂设备、器具选用

选择 45：1 及以上压力比的无气喷涂机；选择 4～6kg 的压缩空气压力（可根据油漆实际雾化情况进行调节），选择 0.46～0.69mm 枪嘴，如图 2.5-20 所示。

3）喷涂注意事项

① 涂装作业要在清洁环境中进行，避免未干的涂层被灰尘等杂物污染。

② 喷涂距离 300～500mm 为宜。

③ 喷枪与被喷涂面应垂直，两端以 45°为限，并应平行移动，尽量避免弧形移动。

④ 喷枪的移动速度以达到规定膜厚且不出现漏涂和堆积为宜。

⑤ 涂装前对罐顶中央排水、紧急排水用细滤网和海绵包裹，呼吸阀、人孔、一二次密封等非涂装部位粘贴胶带、纸板进行遮蔽保护。

⑥ 涂料各层间的涂覆间隔时间应按涂料厂家规定执行，如因特殊原因超过其最长间隔时间，则将前一涂层粗砂布打毛后，再进行涂装，以保证涂层间的结合力。

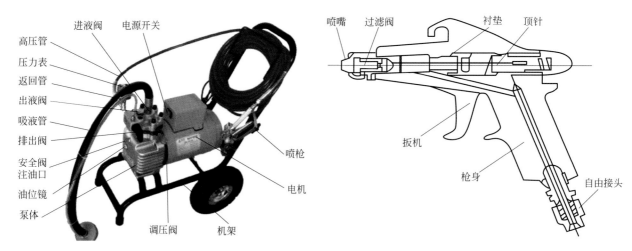

图 2.5-20 无气喷涂机及喷枪

⑦ 喷涂时要掌握好涂料的稠度、喷涂机的压力和喷射时喷枪口与构件距离，并在实际工作中调整。

⑧ 除锈工序结束和底涂料涂装间隔时间愈短愈好。涂层第一道底漆厚度适当薄涂，第二道适当厚涂达到设计要求，以提高漆膜附着力。

2.5.4 储罐整体化学清洗技术

1. 技术简介

不锈钢储罐的酸洗钝化主要目的是为了清除掉储罐内表面的油脂、焊接飞溅物、焊疤及氧化皮等，同时在表面生成钝化膜，提高罐体的整体抗腐蚀能力。通常的施工工艺为罐内搭设脚手架，进行板材表面清理，整体涂抹酸洗钝化膏，之后清水冲洗、检测、吹干。这种工艺脚手架搭设比较麻烦，同时人工涂抹工作量大，工作环境较恶劣。

储罐整体化学清洗技术采用可旋转喷淋器进行整体化学清洗，利用具有一定流速的流体与壁面撞击时的飞溅作用和液体的浸润作用在罐的顶部和罐上部形成液膜，然后清洗液沿壁面流到储罐的下部，使清洗液与所有的表面接触从而达到清洗的目的。本技术机械化程度高，有效减轻了劳动强度，改善了施工环境。

2. 技术内容

（1）工艺流程

人工处理→水冲洗→酸洗钝化→水冲洗→人工清理→干燥

（2）罐体清洗施工技术

不锈钢罐体内壁整体酸洗工艺流程如图 2.5-21 所示。

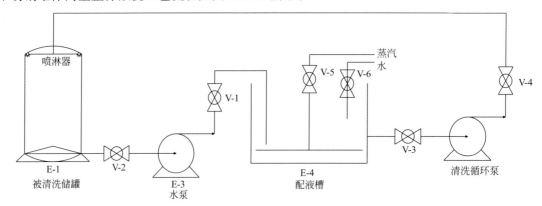

图 2.5-21 罐体酸洗工艺流程图

1）喷淋系统布置

① 根据储罐的容积、管道布置、人孔位置等设计制作喷淋器系统，在罐内组装完成。

② 在罐内设置 4 个喷淋头，通过管道进行连接，管道采用临时支架进行固定，临时支架可以 360° 旋转及上下移动，具体如图 2.5-22、图 2.5-23 所示。

图 2.5-22　3D 喷淋头

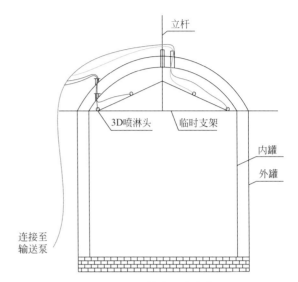

图 2.5-23　酸洗管线及喷头布置图

③ 正式酸洗前须采用洁净水进行试运行，确保酸洗时酸洗液能够覆盖罐内所有位置。

2）储罐清洗过程

① 人工处理。储罐在清洗前要做全面检查，设备材质和方案中所列要一致；不参与清洗的被隔离的仪表阀门等要在清洗前检查确认；储罐的内部死角部分预先采用人工处理，或用 20MPa 的高压清洗机冲洗。

② 水冲洗。水冲洗及试压的目的是除去储罐内表面积灰、泥沙、脱落的金属氧化物及其他疏松污垢，并在模拟清洗状态下对临时清洗回路进行泄漏检查。冲洗时采用高位注水、低点排放，以便排尽系统内污物，冲洗时控制进出水平衡。冲洗的同时检查清洗循环系统是否有泄漏等情况发生，如果有要在清洗剂添加前处理好。

③ 酸洗钝化。酸洗的目的是利用酸洗液将金属表面的焊接及高温产生的氧化物等污垢进行化学和电化学反应，生成可溶性物质，并利用酸洗液的冲刷作用除去污垢。采用硝酸、氢氟酸为主剂。

操作步骤：排净系统水冲洗残液后，随即系统加水至一定液位循环，控制流速在 0.5m/s 左右；然后加入 Lan-826 缓蚀剂，当缓蚀剂循环均匀后，加入硝酸、氢氟酸及其他助剂，随后补充水至控制液位；当进回液酸浓度趋于平衡时为酸洗终点（进回液浓度差小于 0.1%），酸洗结束。

在罐底部同时挂两块试片，取两个结果对比腐蚀率与腐蚀总量。工艺条件为清洗温度常温，循环时间 2～4h。酸洗药剂如表 2.5-2 所示。

酸洗药剂一览表　　　　　　　　　　　　　　　　　　表 2.5-2

序号	名称	浓度（%）	备注
1	硝酸	20	
2	氢氟酸	2	
3	缓蚀剂	0.3	

序号	名称	浓度(%)	备注
4	促进剂	0.2	
5	还原剂	0.1	

测试项目：酸浓度，1次/30min。

④ 水冲洗。酸洗后水冲洗是为了除去酸洗过程中系统内脱落的固体杂质颗粒和残留的酸洗液。

操作步骤：排尽系统内酸液，用大量水冲洗，水冲洗流速取 0.5～1.5m/s，并定期排污。

测试项目：用视觉观察冲洗水至透明无微粒，测定 pH 大于 6，必要时测进回液浊度，浊度差小于 5mg/L，电导率差小于 50μs/cm 时水冲洗结束。

pH 值，2次/30min；浊度，1次/30min；电导率，1次/30min

⑤ 人工清理。检查水冲洗的干净程度，对死角部位用清洗枪处理，或用抹布人工清理干净，以免干燥时有水沉积在最低处。

⑥ 干燥。人工清理后，储罐用鼓风机吹干。

⑦ 干燥时间，18～20h。

⑧ 酸洗结束后，对罐内进行清理，保证罐内干燥，如图 2.5-24 所示。

图 2.5-24　罐体酸洗效果图

⑨ 内罐清洗采用蓝点检测方法，将点滴液滴在钝化好的罐体表面上，根据点滴液由蓝色变成红色的时间来判断钝化膜的效果，时间大于 5s 为合格，如图 2.5-25 所示。

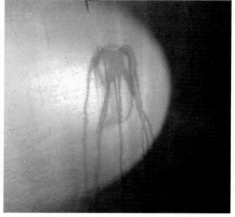

图 2.5-25　罐体酸洗检测图

第 3 章

低温储罐施工技术

目前较大的低温储罐主要为 LNG 接收站、城市燃气调峰用 LNG 储罐，近年来我国在沿海区域建造大型 LNG 接收站，单罐容量多在 16 万～20 万 m^3，用以接收进口天然气，结构形式主要为预应力混凝土全容式低温储罐。各地建造的城市燃气调峰站低温储罐多在 5000～3 万 m^3。结构形式由以前的建造周期长、占地成本高的单容罐向双金属全容罐、三层金属全容罐发展。另外，也有部分化工企业建造低温储罐代替球罐存储丙烷和丁烷等化工品。

本章涵盖了当前常用低温储罐的建造技术，主要介绍了三层（双层）金属全容式低温储罐倒装施工技术及正装法施工技术，预应力混凝土全容式低温罐外罐爬模、内罐正装、钢拱顶气顶升的施工技术。

3.1 LNG三层金属全容罐施工技术

1. 技术简介

基于安全防护、投资规模等诸多因素的考虑，全容式LNG储罐逐步代替单容式LNG储罐成为发展的主流；三层金属全容罐（主次容器不锈钢、外容器碳钢）无须设置围堰，占地面积有效减少，更符合节能减排要求，同时更安全可靠。此结构形式的低温罐广泛应用于城市调峰站及厂区液化天然气储存。

2. 技术内容

（1）施工工艺流程

低温储罐施工工艺流程见图3.1-1。

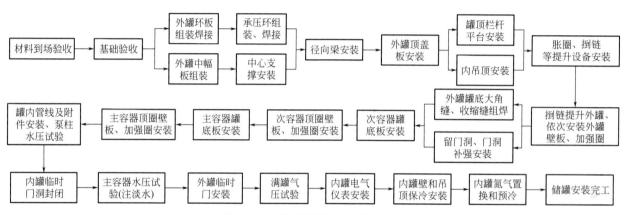

图 3.1-1　低温储罐施工工艺流程图

（2）罐底安装

三层金属全容罐底板分为三层，外容器底板材质为Q345R、主容器及次容器底板材质为S30408，罐底板采用一字形排版，中幅板短缝及边缘板均采用对接焊形式，中幅板长缝采用搭接形式，全部采用手工电弧焊。先进行罐底边缘板铺设焊接，后进行中幅板铺设焊接，中幅板从中心向四周辐射。每层容器罐底板施工完成后进行罐壁施工。工序见图3.1-2。

（a）外容器中幅板安装　　　　　　　　　　　（b）外容器中幅板焊接

图 3.1-2　罐底板施工工序图（一）

(c) 主、次容器边缘板安装　　　　　　　　　　　　(d) 主、次容器边缘板焊接

图 3.1-2　罐底板施工工序图（二）

（3）罐顶施工

三层金属全容罐罐顶为双顶结构，外罐顶为拱顶，内罐顶为平顶，双顶通过吊杆连接。拱顶框架采用径向 H 型钢及轴向角钢组成，主平台下增加斜撑加强；蒙皮板采用碳钢板，瓜皮板通过放样确定。吊顶采用铝合金板，钢板搭接采用氩弧焊，焊接成形美观，烟气小，劳动条件好。罐底板铺设完成后，进行罐体承压环及中心架安装，3 万 m³ 储罐径向梁 60 根，4 台 25t 吊车同时均布安装，梁端分别与承压环及中心环焊接固定，网架安装完进行顶部蒙皮板及铝吊顶安装，铝吊顶直接铺设在罐底板上，上面满焊下面间断焊（待提升后焊接），双顶通过拉杆连接同时提升。罐顶锥板待储罐顶升高度超过扒杆高度后安装，焊接时先焊外侧再焊内侧。罐顶提升前劳动保护措施安装完成，降低后续施工高空作业风险。如图 3.1-3 所示。

(a) 承压环安装　　　　　　　　　　　　　　　(b) 锥板安装

图 3.1-3　罐顶安装施工图（一）

(c) 网壳结构安装

(e) 蒙皮板安装

(d) 网壳结构焊接

(g) 顶棚板组对焊接

(f) 蒙皮板焊接

(h) 顶棚筋板安装

图 3.1-3　罐顶安装施工图（二）

(i) 顶棚板背面焊接

(j) 双顶提升

图 3.1-3　罐顶安装施工图（三）

（4）提升装置及其他技措

三层储罐安装均采用倒装法施工，倒装采用集中控制的 50 台捯链组提升罐壁，扒杆采用无缝钢管，吊梁采用环形槽钢胀圈，单台捯链额定提升载荷为 20t，总提升重量达 1000t，实际提升重量 790t。罐内外设置操作平台，平台采用脚手架搭设，验收合格后施工。见图 3.1-4。

(a) 吊杆安装

(b) 吊梁安装

(c) 内部操作平台

(d) 提升装置控制系统

图 3.1-4　提升装置施工图

（5）罐壁施工

三层金属全容罐壁板分为三层，外容器壁板材质为 Q345R、主容器及次容器壁板材质为 S30408，壁板焊接采用手工电弧焊。罐壁采用倒装法施工，罐底设置马凳，壁板于马凳上组焊，便于人员进出。主次容器壁板焊缝 100％射线检测，焊缝处检测铁素体含量控制在 4％～8％，抑制热裂纹。罐底部设置门洞，主次容器材料均通过门洞进入。见图 3.1-5。

(a)外容器壁板安装

(b) 主容器壁板安装

(c) 外容器壁板焊接

(d) 主容器壁板焊接

图 3.1-5　罐壁施工图

（6）保冷施工

三层金属全容罐绝热层由顶部绝热层、夹层绝热层、底部绝热层组成；顶部绝热层：绝热材料为超细玻璃棉毡，厚度为 1000mm；夹层绝热层：绝热材料为珠光砂加玻璃纤维弹性毯，其中主容器与次容器夹层厚度为 900mm，次容器与外容器夹层厚度为 1000mm（玻璃纤维弹性毯厚度为 250mm，其余充填珠光砂）；底部绝热层：绝热材料为珠光砂混凝土环梁、泡沫玻璃砖和混凝土找平层，泡沫玻璃砖厚度为 800mm，见图 3.1-6。

（7）附件施工

加强圈随罐壁同时安装，罐内管道待罐体安装完成后施工。

(a) 混凝土找平层施工

(b) 沥青毡铺设

(c) 泡沫玻璃砖施工

(d) 混凝土环梁施工

图 3.1-6 保冷施工图

3.2 立式双金属全容式低温储罐正装施工技术

1. 技术简介

液化石油气（LPG）主要是由炼厂气或天然气加压、降温、液化得到的一种无色、挥发性气体，其化学组分为丙烷、丁烷、丁烯类，还有少量戊烯类及非烃类化合物，在经高压力和低温作用下形成可储存和运输的液化石油气。LPG 被广泛用于工业、商业和民用燃料等领域，使用量大，液化石油气的大量存储和长距离运输成为 LPG 应用的关键之一。

本技术介绍的 LPG 低温储罐，为双钢全容储罐，单罐容积 80000m³，罐体主要材质为 ASTM A537 Cl. 2、ASTM A516 Gr. 60、Q370R、Q345R、Q345D 等。采用内外罐双正装、钢拱顶气顶升工艺，优化了低温钢自动焊焊接、拱顶及内顶棚气顶升自动控制、低温罐置换、干燥、预冷等关键施工技术，有效控制双层低温罐现场制作与安装的施工质量，提高了工艺合理性、稳定性。

2. 技术内容

立式双金属全容式低温储罐施工主要包括承台；外罐底、壁板；内罐底、壁板；外罐拱顶及内罐吊顶；防水层（热角保护）；承压环；底部保冷、罐壁保冷、吊顶保冷；泵井管及其他接管附件。

80000m³双金属壁低温储罐分外罐和内罐两步进行制安，先制安外罐，再制安内罐，储罐内外壁板安装采用正装法，外罐拱顶及内顶棚采用整体气顶升安装工艺，内、外罐壁板各预留出入门，作为内罐壁板的转运通道及罐内施工通道。

典型施工工序见图 3.2-1。

图 3.2-1　施工流程图

（1）外罐罐底施工

外罐罐底安装按照先边缘板后中幅板顺序进行，如图 3.2-2 所示。中幅板在铺设过程中，一定要保证搭接量，铺设一块，调整一块，点焊固定一块。中幅板按照放线位置由中心向四周铺设，铺设时保证图纸所要求的最小搭接宽度，在底板铺设过程中禁止利用尖锐的工具直接敲击底板。

在焊接边缘板时，为了防止焊接的变形，每条焊缝设置两块龙门卡。焊接时由外侧向内侧焊接。边缘板焊接完成后进行锚固件的封闭焊接。在焊接底板时，点焊固定后，在底板边缘上放置沙袋以减小角变形。

（2）外罐壁板安装

第一圈壁板开始围板，依次组对，壁板组对后用卡具调好间隙，打上卡码固定，再用销子打入卡具间调整椭圆度，椭圆度合格后用临时斜撑调整壁板垂直度，调整合格后用卡具固定对口间隙，用防变形

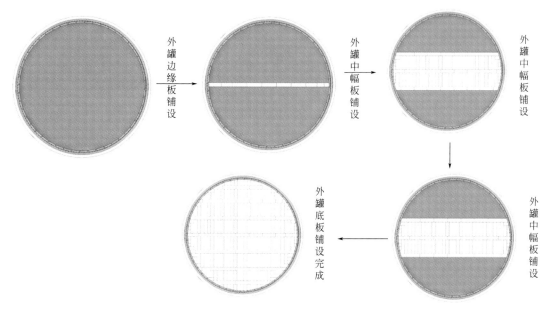

图 3.2-2 外罐底板安装图示

卡具点焊好。第一圈壁板固定方法如图 3.2-3 所示。

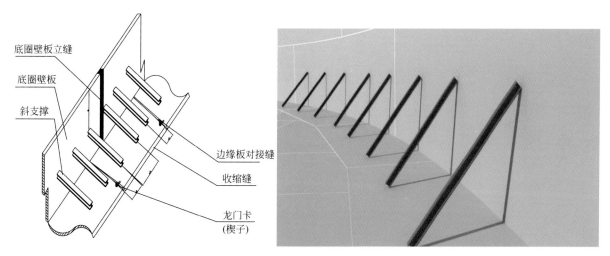

图 3.2-3 底圈壁板的固定

底圈留两张壁板、第二圈留一张壁板不焊接并在相邻壁板上加固，待第三圈壁板施工完成后，移走不焊接的预留壁板，作为材料、机具、人员等的出入门，罐内施工完成后，再进行该壁板的安装并去除加固措施。

内罐出入门可参考外罐底圈的出入口施工方式，与外罐同一位置设置，对称位置可设置小门，用作工机具及施工用电线的通道。待罐壁施工及附件、泵井管施工完成后封闭门洞。

第二圈及以上壁板安装时，利用上一圈壁板内侧上口的标记线作为安装起始位置线，在第三圈壁板安装完毕后，进行大角缝的焊接，由若干焊工均匀分布，从罐内外沿同一方向均布分段退焊。壁板安装采用内"脚手架"（在罐内侧架设临时操作平台）正装法，在壁板环缝下方 1m 处设置操作平台，作为上一层壁板的安装操作平台，可以利用立缝组对间隙消除每张壁板位置误差。

（3）其他

钢拱顶整体气顶升、罐底保冷施工、热保护角施工、内罐罐底施工、内罐罐体施工、压力试验具体施工工艺与本书 3.3 节基本相同。

3.3 预应力混凝土全容式低温罐建造技术

随着国内对天然气需求的增加,近年来 LNG 接收站建设规模越来越大、数量越来越多。其中预应力混凝土全容罐以其单罐容积大、单位库容占地面积小、综合造价低、安全性高的特点成为 LNG 接收站的首选储存设备。预应力混凝土全容罐外罐采用预应力混凝土结构,内罐一般采用 06Ni9 钢,设计和建造要求高,投资大。

大型 LNG 低温储罐施工主要包括土建、安装、保冷三个专业。土建施工包括:承台、混凝土外墙、混凝土穹顶、罐内找平层、预应力工程。安装专业包括:拱顶、墙衬里板、顶棚、内罐、三层底板及罐外配套工程。保冷专业包括:底部保冷、罐壁保冷、顶棚和接管保冷等。

储罐建造过程,三个专业穿插进行,16 万 m³ 储罐典型施工工序如图 3.3-1 所示。

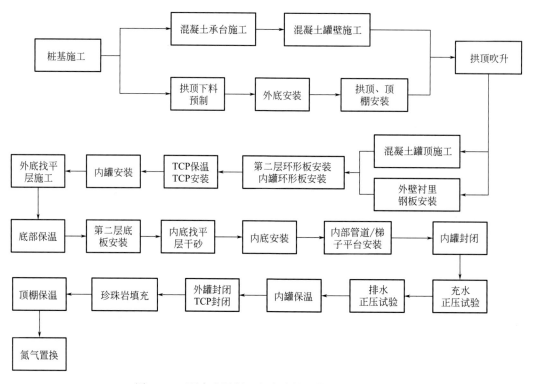

图 3.3-1 预应力混凝土全容式低温罐施工总体流程

3.3.1 混凝土外罐施工技术

1. 技术简介

预应力混凝土全容式低温罐外罐为标准的圆筒体,其中环向和纵向均设置有预应力钢绞线。壁板的施工采用 Doka 爬升模板 150F 和大模板 Top50 体系,混凝土浇筑采用地泵、布料机和塔吊相结合方式,混凝土浇筑前预埋预应力钢绞线套管,混凝土壁板达到一定强度后,进行预应力张拉和预应力套管锚固灌浆。该外罐施工技术机械化程度高,施工组织顺畅,流水清晰,混凝土成形质量较好。

2. 技术内容

(1)罐壁钢筋整体安装

1)墙体一层的钢筋为现场绑扎,临时洞口处钢筋使用连接套筒连接,低温钢筋配低温套筒。

2）墙体二层及以上使用预制钢筋网片模块化吊装，如图 3.3-2 所示。内外侧钢筋网片错开一层浇筑段，罐壁内侧使用低温钢筋，罐壁外侧使用常温钢筋。

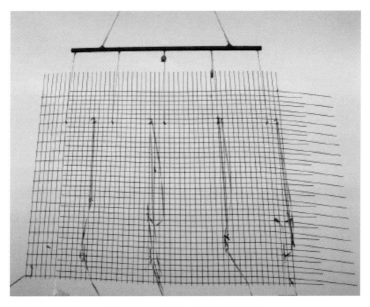

图 3.3-2　钢筋网片吊装示意图

3）切割低温钢筋时在两端涂上油漆以示区别。低温钢筋与普通钢筋分开存放，并用标志牌清晰标志。

（2）外罐罐壁爬模施工技术

外罐壁施工采用 Doka 爬升模板 150F 和大面积模板 Top50，按设计图纸分层爬升，模板与爬架一体，用塔吊进行提升。如图 3.3-3、图 3.3-4 所示。

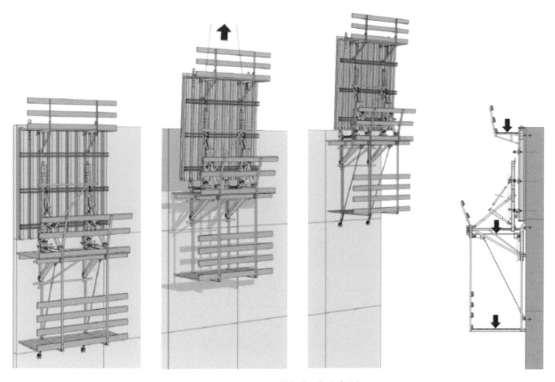

图 3.3-3　Doka 模板提升示意图

图 3.3-4　爬架使用塔吊进行提升

主要性能参数：

1）模板高度可达到 6.0m；

2）3 层工作平台；

3）宽阔的工作平台（1.5m）；

4）较高的承载能力，上层 1.5kN/m²、中层 3.0kN/m²、下层 0.75kN/m²，模板最大可后退 70cm。

（3）预应力套管（波纹管）预埋

预应力波纹管分为横向和竖向两部分，安装时两个波纹管段间以直径稍大的波纹管套筒连接，套筒长度 300mm，波纹管按照相同的螺旋方向拧入。每段波纹管在安装前应在其两端都装上热缩套筒，连接上套筒后再将热缩套滑至接缝处，见图 3.3-5。

图 3.3-5　波纹管横向及竖向预埋

在浇筑前后，整个横向预应力管道全部进行通球试验，在通球的同时，将铁丝预留在管道中。竖向预应力管道在第一层墙体施工中通球后，其他层采用手电照射检查。竖向预应力管道顶部每层施工过程中（除检查时间外）全程盖帽保护。

（4）罐壁混凝土浇筑

浇筑混凝土用地泵＋布料机结合塔吊＋料斗，连续分层浇筑，浇筑过程控制布料速度，使浇筑厚度基本保持一致。每层大约厚 400mm。浇筑时将布料机臂杆端部橡皮管插入已经准备好的 PVC 管内进行浇筑，避免混凝土自由下落高大于 1.8m，同时降低预应力波纹管被碰坏的风险，如图 3.3-6 所示。

图 3.3-6　混凝土浇筑示意图

（5）混凝土穹顶施工

穹顶混凝土以钢拱顶为底模，分为 6 环进行施工，由最外环开始向内一环一环逐圈进行，每环浇筑的混凝土不超过穹顶总体积的 1/5，如图 3.3-7 所示。每环之间使用免拆金属模板隔开，如图 3.3-8 所示。

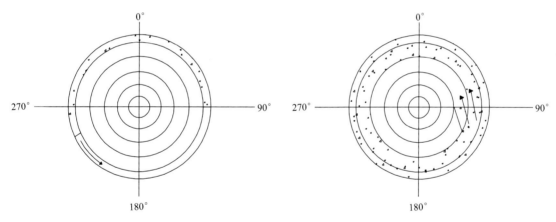

图 3.3-7　穹顶混凝土浇筑顺序

（6）罐壁预应力张拉

1）钢绞线穿束

根据预应力施工图和深化设计后的布设方案，确定每一区段预应力钢绞线长度。编制预应力施工技术参数及备料清单。钢绞线断料长度 $L = L_1$（孔道曲线/直线长度）$+ L_2$（工作长度）。

2）张拉

① 气顶升后，外墙环梁部分浇筑完成，由下至上张拉环梁部分水平预应力钢绞线。

② 对称均匀张拉：对临时施工洞口范围以外的所有竖向预应力钢绞线进行竖向预应力张拉。

③ 由下至上张拉：对临时施工洞口以上的墙体预应力钢绞线进行水平预应力张拉。

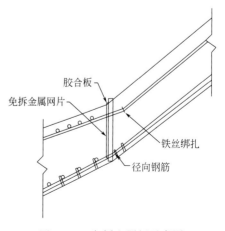

图 3.3-8　免拆金属板示意图

④ 对临时施工洞口区域竖向预应力钢绞线进行竖向对称预应力张拉。

⑤ 对临时施工洞口区域水平预应力钢绞线由下至上进行水平预应力张拉，如图 3.3-9 所示。

⑥ 预应力钢绞线穿束后 28d 内完成灌浆工作，在正式灌浆前做灌浆试验，验证灌浆方法的可行性、灌浆配比稳定性及灌浆的饱满度。灌浆前，对孔道进行冲洗、通球、湿润、吹干积水。

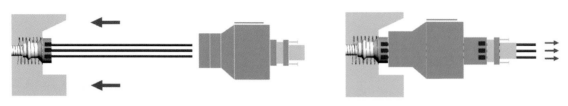

图 3.3-9　钢绞线张拉示意图

3.3.2　钢拱顶整体气顶升技术

1. 技术简介

预应力混凝土全容罐的钢拱顶是外罐混凝土拱顶的底模，目前的施工方法一般为在罐体外分块预制，吊装到罐内组装成整体，待外罐罐壁施工完毕后，将钢拱顶和顶棚一起采用整体提升或气顶升的方法安装到位。其中气顶升技术具有体系较为简单、需要机具少、顶升重量大等特点，适用于大型的 LNG 储罐钢拱顶的提升施工。

2. 技术内容

（1）拱顶分块预制

根据拱顶设计形式的不同，合理划分拱顶块数量，如图 3.3-10～图 3.3-12 所示。

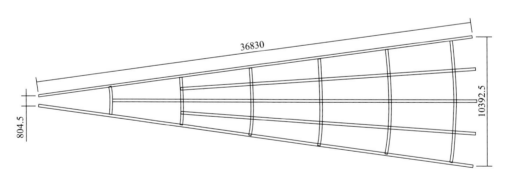

图 3.3-10　12 片大拱顶块形式（单位：mm）

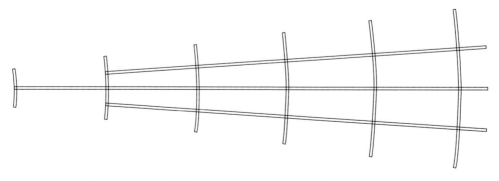

图 3.3-11　12 片小拱顶块形式

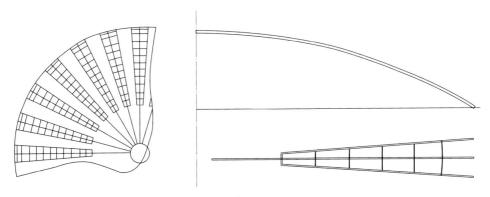

图 3.3-12　24 片小拱顶块形式

（2）拱顶块的预制

拱顶块在预制胎具上预制，如图 3.3-13 所示。严格控制胎具尺寸，定期检查。

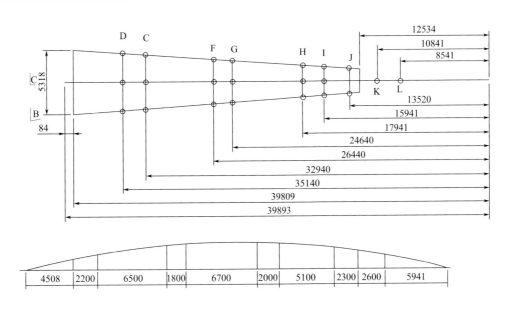

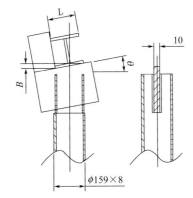

			B-B	0.9279	2.5	
			B-G	1.2244	3	
			B-F	1.3046	3.5	
B-J	0.6111	1.5	B-E	1.5983	4	
B-I	0.8394	2	B-D	1.6998	9	
立柱	4°	ΔH=L× sinθ°	立柱	8°	H=L×3m	备注

图 3.3-13　拱顶预制胎具图（单位：mm）

拱顶块存放在稳固的支架上，支架根据拱顶弧度设置。

（3）拱顶拼装

1）在罐中心设置一个拱顶中心环梁的支撑平台，支撑平台安装在预埋件上。同时在外罐内侧预埋板上设置临时的边缘支撑支架，如图 3.3-14、图 3.3-15 所示。

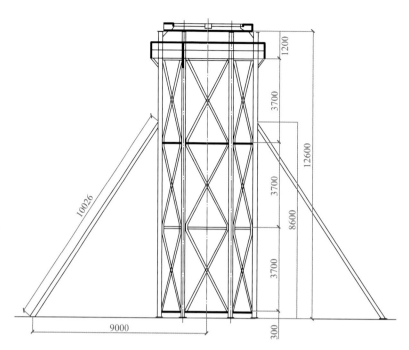

图 3.3-14　中心立柱安装图

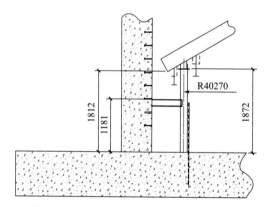

图 3.3-15　边缘立柱安装图（单位：mm）

2）中心立柱安装完成后，安装拱顶中心环。

3）拱顶块的吊装

① 根据吊装重量和吊装形式尺寸，使用单台吊机进行作业。在拱顶块上设置 4 个吊装点，如图 3.3-16 所示。

② 在拱顶块小端使用 1 台 5t 的捯链与钢丝绳连接，用于调节拱顶的平衡。

③ 拱顶吊运期间，在拱顶四个角分别设置缆绳，以保持吊运过程中拱顶的平稳。

（4）顶棚安装

1）拆除中间支撑及中心立柱，将拆除件运输到罐外。

2）在混凝土上根据施工图纸，利用全站仪将顶棚中心线和异形板的外边缘画出。

3）根据放线位置，由中心向外铺设顶棚板（铺设时在中心点位置的顶棚板上开设一个直径 1m 的孔，用于全站仪的放置）。

4）相邻两块中幅板铺设好之后，开始组对焊缝。先焊中幅板长度方向焊缝，再焊中幅板累加起来宽度方向的焊缝。长焊缝由中心向外采用分段退焊的方法焊接，以减少变形。

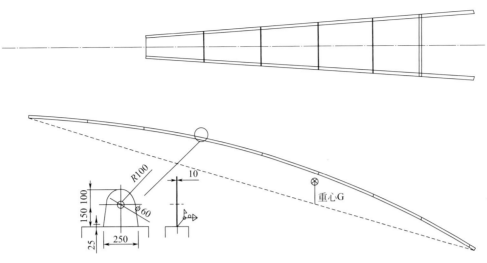

图 3.3-16　拱顶吊耳示意图

5）顶棚板焊接过程使用沙袋沿焊缝放置，减少焊接变形。

6）利用全站仪在顶棚板上放出加强筋的安装位置，组对安装加强筋。

7）在顶棚板铺设之前，开始进行吊杆与拱顶梁的连接，当顶棚板及加强筋安装焊接完成之后，将吊杆与顶棚加强筋连接。

（5）抗压圈安装

在胎具上分段组对抗压圈，使用 75t 吊车进行吊装。先组对抗压环之间焊缝，再组对抗压环与顶部预埋件焊缝，最后组对抗压杆之间焊缝。

（6）钢拱顶气顶升

1）顶升风压的确定

风压需克服的是罐顶自重、风量损失以及考虑罐顶与预应力混凝土墙之间的摩擦力等因素的影响，其计算公式如下：

$$P = p_{升} - p_0 = p_{平} + p_{附} \tag{3.3-1}$$

式中　$p_{升}$——顶升风压（Pa）；

　　　p_0——标准大气压（Pa）；

　　　$p_{平}$——静平风压（Pa）；

　　　$p_{附}$——附加风压（根据现场经验确定，Pa）。

$p_{平}$ 和 $p_{附}$ 又可以分别表示为：

$$p_{平} = G/S \tag{3.3-2}$$

$$p_{附} = (0.10 \sim 0.20) p_{平} = (0.10 \sim 0.20) G/S \tag{3.3-3}$$

式中　G——顶升最大重量（N）；

　　　S——罐体横截面积（m²）。

$$p_{升} = p_{平} + p_{附} + p_0 = (1.10 \sim 1.20) G/S + p_0 \tag{3.3-4}$$

2）风量的确定

风机风量的确定是指在顶升到最后一圈时间内，罐体内腔充满使罐顶顶升、具有一定压力气体的风量；考虑到漏风损失，需对风机风量进行修正。根据气体方程，温度一定的情况下压力与体积的乘积等于恒量，则有：

$$p_0 (V_0 + Q) = p_{升} V \tag{3.3-5}$$

$$Q = (p_{升} V - p_0 V_0) / p_0 \tag{3.3-6}$$

式中 Q——进风量（m^3）；

　　V——顶升后储罐内总容积（m^3）；

　　V_0——顶升前罐顶内的初始容积（m^3）。

考虑到顶升过程中的风量损失，计算进风量 Q 时需要加上一个调整系数 K，即风量的计算式为：

$$Q = K(p_{升}V - p_0V_0)/p_0 \tag{3.3-7}$$

3）风机的选型

风机选型依据上述风压和风量计算公式进行。顶升速率一般为 150～250mm/min，由此确定进风速率和完成顶升行程需要的总时间，进而确定风机的参数。

4）密封系统的计算分析

密封系统的计算主要是对密封材料在施工工况下能否达到密封效果进行校核计算。采用 ANSYS 分析软件对气顶升工艺密封系统的理想状态和偏斜状态进行模拟分析。确定密封系统钢板在内外压作用下保持稳定而不被吹翻。

5）气压升顶前，完成以下工作：

① 清除与气压顶升拱顶无关的杂物及工具。

② 安装平衡导向索具装置，平衡导向索具的数量为 12 组。

③ 安装储罐密封装置，使拱顶以内形成一个相对封闭的空腔。

④ 吹顶动力装置，安装风机（须试车）、风道。

⑤ 安全通道装置，提供吹顶初始时罐内观察人员安全撤出的通道。

⑥ 安装控风系统装置，可以随时观察吹顶时的风压，根据风压高低控制进风量。

6）气顶升设备安装

① 平衡系统

平衡系统是在拱顶上升的过程中保证拱顶的平稳性并有定位调整和导向作用的装置，当拱顶在上升的过程中失去平衡时能够及时、有效地将其调整过来，不至于发生过大的倾斜。平衡系统如图 3.3-17 所示。

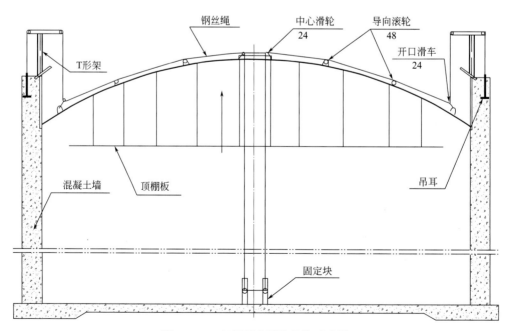

图 3.3-17　气压顶升平衡机构示意图

在标高 600mm 的环向预埋件上设置一个连接钢丝绳的吊耳，如图 3.3-18 所示，用于钢丝绳下端的固定，焊缝 PT 检查。

　　在拱顶上安装 48 个导向滑轮（导向滑轮的位置需标记在拱顶板上，按照标记将导向滑轮底座固定在顶板上），用于支撑钢丝绳，如图 3.3-19 所示。

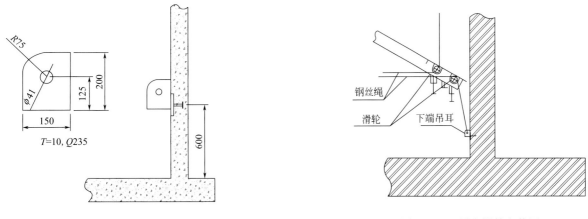

图 3.3-18　底部吊耳图　　　　　　　　　　　　　图 3.3-19　导向滑轮安装图

　　在抗压圈上安装 24 个 T 形支架，张紧平衡钢丝绳。

　　② 风机系统

　　风机系统由发电机、风机、控风闸板和通风管四个部分组成。风机具有控制风量的档位控制器，可根据需要调节风量的大小；通风管一端与罐的临时出入口相连接，另一端与风机排风口相连接；控风闸板是作为紧急情况时使用的挡板。

　　通风管及风道（4 组）把风机出风口通过施工门洞接入罐内，如图 3.3-20 所示。在风道上正确安装控风板（结合紧急截止阀）以控制进入的风量。小门洞安装泄压阀控制罐内压力，设置形式见图 3.3-21。

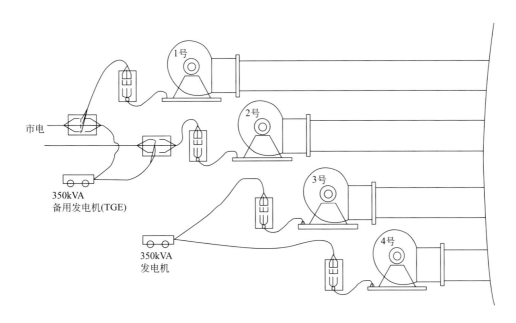

图 3.3-20　风机布置图

　　③ 密封系统

　　密封装置由 U 形夹、铁丝、密封布、胶带四种材料组成。首先根据图纸把 U 形夹焊接在拱顶的内

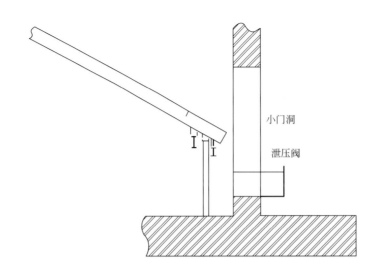

图 3.3-21　泄压阀布置图

侧下边缘，然后把密封布完全贯穿 U 形夹，并把 U 形夹向内侧折弯，用铁丝绑紧。密封布的上侧粘上双层胶带。

④ 平衡配重

根据拱顶的重量分布情况布置配重以平衡拱顶接管造成的拱顶不平衡。配重的重量可根据拱顶的重力分布，按照力矩的基本方法进行。吊顶配重按照同样方法进行。

⑤ 测量系统

罐顶设 6 个测量点，设专人采用对讲机与指挥台联系，协同进行拱顶气升过程中的测量控制。

配备两套 U 形压差计，监控顶升时的空气压力，一套在风机附近，另一套在罐顶现场负责人附近。

7）顶升拱顶

清除与气压顶升无关的杂物，确保拱顶和混凝土墙体之间没有任何的杂物存在，确保拱顶上表面没有未清除的施工垃圾和在吹升阶段可能滑落的物体存在。

顶升按照以下顺序进行：

① 确认每台风机的控风器完全关闭后，依次启动 2 台发电机；

② 依次启动 4 台风机，1 台风机控风器需缓慢打开，1 台风机做调节用，2 台风机做紧急情况备用；

③ 当密封层附着在 PC 墙上及罐内压力上升后，需对照计算，检查罐内压力；

④ 检查拱顶脱离状态下，控风板的开度角；

⑤ 在平均速度为 100mm/min 的条件下，拱顶缓慢上升到 200mm；

⑥ 将拱顶维持在 200mm 的提升标高下，检查平衡压力、控风板开度角。如果拱顶倾斜度大于控制值，需将拱顶维持在当时所处的位置，调查问题因素并采取适当措施；

⑦ 以 200mm/min 的平均速度，连续吹升拱顶，直至到达最后 1000mm；

⑧ 以 100mm/min 的平均速度吹升拱顶，直至到达最后 500mm；

⑨ 在拱顶接触到环板之前稳住拱顶；

⑩ 将拱顶板焊接到顶部环板上，拆开密封设备，将拱顶构架（罐内部）焊接到环板内侧。

3.3.3　内罐正装法施工技术

1. 技术简介

大型双层罐的内罐正装法是利用外罐预留门洞将内罐钢板运至罐内，在罐内利用吊车和悬挂于钢拱顶下环行轨道上的捯链,逐层吊装内罐壁板,内罐壁的组装采用双层悬挂平台正装。内罐的焊接可以灵活使用手工焊、埋弧横焊等技术。内罐的安装在罐底保冷和热保护角施工完成后,按照罐底环形板、中幅板、罐壁板的顺序安装。内罐正装法施工技术有效地利用了拱顶的承载能力,具有布置灵活、施工空间大等特点,适用于大型的双层储罐施工。

2. 技术内容

(1) 罐底保冷施工

罐底保冷施工流程:罐底混凝土找平层施工→环梁下二层高承压泡沫玻璃砖预制安装→混凝土环梁浇筑→环梁两侧泡沫玻璃砖铺设→热角保护区泡沫玻璃砖铺设→罐底中心区域保冷施工。

外罐底板上进行混凝土找平层施工,找平层任何 10m 的圆周范围内偏差在 ±3mm 以内;在整个找平层边缘最大允许偏差为 ±6mm。罐底泡沫玻璃与混凝土找平层之间、两层泡沫玻璃之间、泡沫玻璃与混凝土环梁之间铺设防潮层。最顶层沥青防潮层采用搭接,搭接宽度大于 25mm,搭接处用低温胶粘接牢靠;其余层的沥青防潮层对接紧密无缝,不得重叠,对接处采用沥青胶带密封。根据罐底边角保冷层施工范围,在衬里板及泡沫玻璃砖的内表面和砖的接缝处涂上胶粘剂。

(2) 热保护角施工

热保护角施工流程:第二层混凝土找平层→热角保护层底板铺设焊接→次容器壁与热角保护壁板之间二层泡沫玻璃砖铺设→热角保护壁板安装焊接→泡沫玻璃砖上保温棉填充(沉降试验满液位安装)→热角保护顶封盖安装焊接(沉降试验满液位时安装)

1) 热角保护边缘板及中幅板施工

第二层混凝土找平层施工完成后,铺设热角保护边缘板及中幅板,中幅板焊缝 100%PT 检测(NB/T47013,I 级合格)及真空箱检漏(−55kPa),边缘板焊缝 100%RT 检测,(NB/T47013,II 级合格)及真空箱检漏(−55kPa)。

2) 热角保护壁板与次容器壁板间泡沫玻璃砖铺设

底板完成后安装热角保护边缘板上的下封板,铺设热角保护壁板与次容器壁之间的二层泡沫玻璃砖,次容器壁与第一层泡沫玻璃砖及第一层泡沫玻璃砖与第二层泡沫玻璃砖间隙使用低温胶粘接。

3) 热角保护壁板施工

壁板采用倒装方式进行安装,壁板与壁板间的对接焊缝采用垫板单面焊双面成形,热角保护下封板与边缘板角焊缝及壁板焊缝按 NB/T47013.5—2015 进行 100%PT 检测,I 级合格,并用真空箱检漏(−55kPa)。

4) 玻璃棉填充

沉降试验满液位时,在泡沫玻璃砖上部填充玻璃棉,玻璃棉压缩到原有体积的 50%。

5) 热角保护顶封盖施工

沉降试验满液位时,顶封盖施工,次容器壁板与顶封盖角焊缝处采用垫板焊接,单面焊双面成形,角焊缝处按 NB/T47013.5-2015 进行 100%PT 检测,I 级合格,并用真空箱检漏(−55kPa)。

(3) 环形板的铺设焊接

混凝土环梁和找平层按照标准和图纸检查和验收后,进行第二层底板环形板安装。第二层底板环形板安装、焊接完成并经检查合格后,进行锚固带套筒和 TCP 板的安装焊接工作。

(4) 中幅板、异形板的安装

1) 根据图纸在混凝土找平层上用粉线将底板铺设的区域完全的划分出来。区域划分图如图 3.3-22 所示。

2) 区域 1 内混凝土找平层完成验收后,可以进行区域 1 的第二层底板安装。使用 25t 吊车停靠在

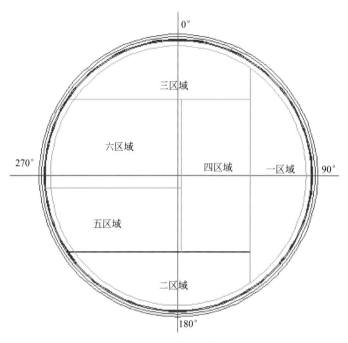

图 3.3-22 底板铺设区域划分图

区域 4 内完成区域 1 的第二层底板的铺设工作，并根据要求完成焊接、检验。

3）完成区域 1 的第二层底板后，进行其上部的平整混凝土工作，铺设此区域的内罐底板。

4）依照以上方法完成其他区域的第二层底板和内罐底板的安装工作。

（5）第一圈内罐壁板安装

1）利用全站仪放出第一圈内罐壁板的安装半径（考虑到焊接变形，半径放大 10mm）。

2）内罐壁板安装前，在内罐壁板上焊接通孔方铁。

3）使用吊车和捯链配合将内罐壁板吊装到安装位置。在壁板两端和中间位置用正反丝杠的角钢与底环板连接。利用正反丝杠调整壁板垂直度。

4）施工门洞预留壁板应临时安装，使用卡具进行固定。

（6）其他圈内罐壁板安装

1）在上一圈壁板上安装施工平台。

2）在壁板上焊接通孔方铁，使用捯链吊装。

3）顺时针方向安装内罐壁板，起点以上一圈壁板上的 1/3 板长标记为准。

4）内罐壁板吊装到安装位置后，将间隙片塞到壁板之间，并用销子固定。

5）环缝使用背杠固定，如图 3.3-23 所示。

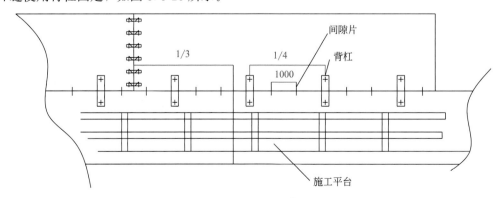

图 3.3-23 壁板安装图

（7）门洞封闭

1）施工门洞壁板随着第 1 圈壁板进行安装，使用挡板和卡具进行固定。临时安装施工门洞壁板时按照图纸要求保持间隙。

2）第 2 圈壁板安装完成后将小施工门洞壁板拆除，大施工门洞壁板直到第 3 圈壁板安装完成后才可拆除。

3）拆除施工门洞壁板前按照图纸安装施工门洞壁板临时加强筋。

4）水压试验前拆除临时加强筋，安装正式壁板。

（8）内罐壁板加强筋安装

1）壁板加强筋应在相应的区域纵缝和环缝焊接完成，且纵缝 RT（射线无损检测）结束后方可安装。

2）在壁板上画出加强筋的安装位置。

3）使用卡具固定加强筋并调整水平度和焊缝间隙。

3.4　双层不锈钢双拱顶乙烯储罐施工技术

1. 技术简介

双层拱顶结构低温储罐与其他低温储罐的平顶结构差异较大，外罐顶为非承重结构，罐顶无轨道小车，增加了内罐的施工难度。本技术首创储罐内罐壁板吊装装置，成功应用于内罐部件吊装运输，缩短了工程的施工周期，减少大量密闭空间脚手架的搭设工作，解决狭窄空间材料吊运及组装难题。

采用现场发泡填充技术，在珠光砂填充前采用氮气进行气体置换，保持珠光砂填充过程中罐内干燥，能够有效保证罐体保冷施工质量。

2. 技术内容

（1）工艺流程

施工准备→基础验收→外罐底板安装→外罐第一圈壁板安装→包边角钢安装→罐顶临时支撑安装→罐顶板安装→顶升装置安装→下一圈壁板安装至最后一圈→预留通道开设→机具撤离→罐底保冷安装→内罐底板安装→内罐第一圈壁板安装→罐顶压缩环安装→顶升装置安装→罐顶临时支撑安装→罐顶板安装→临时轨道安装→顶升下一圈壁板安装至最后一圈→机具撤离→接管安装→临时通道封闭→罐体试验

（2）内罐施工技术

1）本工程钢制双层保冷储罐为双拱顶结构，内罐材料、机具的吊运困难，且外罐拱顶无压缩环，最上一层钢板厚度为 8mm，因此无法在外罐顶部设置吊装运输装置，为满足内罐施工条件，在内罐压缩环处设置吊装运输装置。

2）吊装装置主要包括主体框架、滑移装置及吊装装置。主体框架呈弧形，弧度与内罐顶弧度一致，由无缝钢管制作，桁架支撑点分别位于罐顶中心圆点及轨道中心点；滑移装置包括小型电动机组、轨道、链条传动机构以及两套滑轮（电机与轨道小车通过链条进行连接，可以使吊装装置在罐顶自由滑动）；吊装装置包括卷扬机、$\phi 8mm$ 钢丝绳以及滑轮组。

3）内罐材料进入罐内由 25t 汽车吊配合完成，先将钢板吊运至临时通道处，再通过罐内吊装装置接入罐内，同时内罐材料的倒运及罐体的组装都必须通过吊装装置进行，吊装装置的设置极大地方便了内罐的施工。材料进入罐内运输及吊装装置的设置如图 3.4-1、图 3.4-2 所示。

（3）罐体保冷施工技术

1）罐底保冷

① 施工顺序

施工准备→材料验收→外罐罐底找平→外罐罐底泡沫玻璃砖施工→均压板施工→内罐施工。

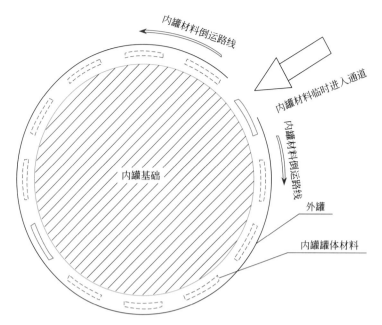

图 3.4-1　内罐材料运输示意图

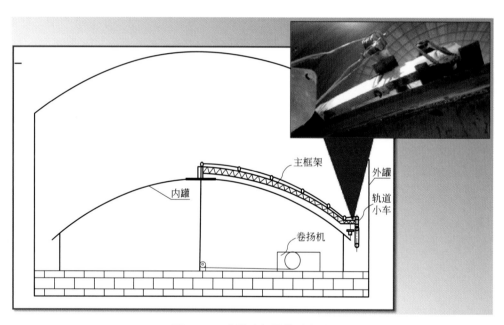

图 3.4-2　内罐壁板吊装示意图

② 罐底板保冷结构，如图 3.4-3 所示。

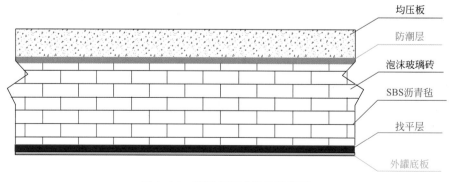

图 3.4-3　罐底板保冷结构示意图

③ 主要材料设计参数符合表 3.4-1 的规定。

泡沫玻璃砖性能参数　　　　　　　　　　　　表 3.4-1

名称	抗压强度	抗折强度	导热系数	容重	规格
泡沫玻璃砖	≥0.7MPa	≥0.5MPa	≤0.065W/(m·k)	140～200k	620mm×460mm×125mm

混凝土均压板（轻质混凝土）物理性质应满足表 3.4-2 的要求。

混凝土均压板性能参数　　　　　　　　　　　　表 3.4-2

抗压强度(四周后)	热传导系数	烘干密度	坍落度	湿密度
≥21N/mm²	0.59W/(m·K)	≤1.8kg/L	13～18cm	≤1.95kg/L

④ 素混凝土找平层施工

外罐罐底与最下面一圈壁板焊接完毕后，并经真空检测合格。

由于罐底均为搭接缝，且焊接过程中存在一定的焊接变形，罐底泡沫玻璃砖铺设前，用素混凝土进行找平，如图 3.4-4 所示。

图 3.4-4　罐底找平示意图

⑤ 外罐底泡沫玻璃砖保冷施工

泡沫玻璃砖块之间应紧密；相邻两层泡沫玻璃砖长宽方向应成 90°布置或错缝不小于砖长的 30%；当日未铺设完的泡沫玻璃砖应在下班前及时返库，以免造成丢失或损坏；施工过程中严禁穿钉鞋或硬底鞋，防止对泡沫玻璃砖造成损伤。

结合泡沫玻璃砖的尺寸进行罐底保冷施工放线，确定每块砖的准确位置。放线误差 1000mm 内不应大于 0.5mm，放线采用不褪色非水溶性颜料进行，以免施工中由于线痕迹消失造成失误，同时在施工过程中禁止非工作人员进入。

放线检查合格后进行第一层泡沫玻璃砖的铺设及温度计的设置，铺设完毕后进行检查。经检查合格后继续下一层泡沫玻璃砖的铺设，泡沫玻璃砖之间采用胶粘剂进行连接，层与层之间不采用胶粘剂粘接。

每一层施工完毕后进行停点检查，验收合格，并填写好隐蔽工程施工记录后，方可进行下道工序的实施。

为满足内罐施工需求，外罐施工完成后预留内罐施工通道，在罐底保冷施工及内罐施工时，为避免底板保冷层受潮，需对临时通道增设防雨措施，在每天收工后及时将罐接口、施工通道用防雨布封堵。

相邻两层泡沫玻璃砖之间采用 SBS（厚度 3mm）沥青毡作为防潮层（图 3.4-5），最后一层泡沫玻璃砖铺设完毕后，经验收合格，在上层涂一层玛琋脂（厚度 5mm）作为防潮层。

图 3.4-5　罐底保冷施工图

泡沫玻璃砖与罐壁之间、泡沫玻璃砖遇到温度计接管开槽的缝隙采用玻璃纤维棉填塞，在施工过程中预留一道伸缩缝，如图 3.4-6 所示。

图 3.4-6　保冷预留伸缩缝示意图

⑥ 均压板施工

均压板使用特殊配方的高强度 C60 防冻抗裂混凝土。混凝土物理性能需经第三方检测，满足设计要求，确保内罐罐底基础在 −106℃ 超低温状态下的防冻抗裂效果，C60 防水抗冻混凝土配方及配合比见表 3.4-3、表 3.4-4。

C60 防水抗冻混凝土配方　　　　　　　　　　表 3.4-3

序号	名称	型号
1	水泥	P·Ⅱ 52.5
2	粉煤灰	Ⅱ级
3	砂	中砂
4	石	5～20mm 连续级配
5	外加剂	JM-PAC

C60 防水抗冻混凝土配合比　　　　　　　　　　表 3.4-4

材料名称	水	胶结料		砂	石		外加剂	砂率
		水泥	粉煤灰		10～20mm	5～10mm		
每 m³ 用量(kg)	155	500		646	1099		5	37%
		400	100		659	440		
配合比	0.31	1		1.29	2.2		0.01	
		0.8	0.2		1.32	0.88		

　　根据图纸尺寸,均压板的外径为 $\phi33000$mm,找出储罐的中心点,进行画线制模。混凝土搅拌完毕至入模浇筑完毕应不超过 20min,入模后 20min 内应振捣完毕。浇筑后表面应覆盖塑料薄膜养护,养护时间不应少于 36h。均压板施工如图 3.4-7 所示。

图 3.4-7　均压板施工图

　　2) 罐壁保冷珠光砂施工技术

　　① 施工工序为充氮置换→珠光砂填充→振实→密封。珠光砂现场发泡填充流程图如图 3.4-8 所示。

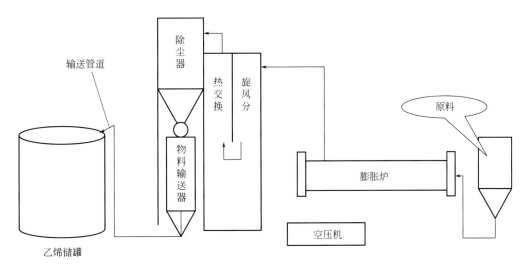

图 3.4-8　珠光砂填充工艺流程图

　　② 珠光砂生产过程控制见表 3.4-5。

珠光砂生产过程控制　　　　　　　　　　　　　　　　表 3.4-5

序号	控制要素	控制手段	控制方法	备注
1	投料量	螺旋定量供给器	通过集控室计算机界面进行调频控制	自动控制
2	预热时间	可控式调频调速器	通过集控室计算机界面进行调频控制	自动控制
3	膨胀温度	射流式燃烧器	通过集控室计算机界面进行温度、供油量控制	自动温区显示、调整、控制
4	成品温度	集料器引风机 散热器鼓风机	计算机界面显示、风量调控开关调整	自动显示、人工调整
5	输送效率	空气稳压调压器 PLC 电控系统	由 PLC 预置程序设定,通过集控室计算机界面设置、调整	自动控制 层流脉冲输送

续表

序号	控制要素	控制手段	控制方法	备注
6	沉降率	电磁震动振实器	通过沿罐体高度分层、错位进行机械式强制电磁震动、沉降后补充方法,直至3h内沉降高度小于10cm,然后补充至设计高度	人工操作

③ 填充珠光砂之前充氮气,将罐内空气排净,防止珠光砂受潮,充氮部位如图3.4-9所示。

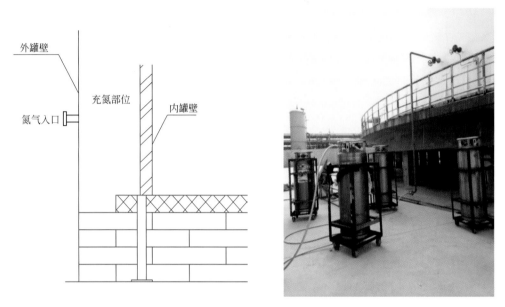

图3.4-9　充氮置换示意图

通过外罐壁底部4个氮气入口对保温夹层进行充氮置换,充氮过程中保证罐顶接口为开启状态,同时在罐顶采用气体检测仪检测氮气浓度,保证夹层内空气彻底置换。

④ 珠光砂采用现场发泡生产,通过移送生产管道向罐内进行充装,珠光砂的填充高度根据投料口进行测量,1次填充高度控制在8m以内,根据填充高度调整填充时间,从2次填充开始,珠光砂填充高度调整为3～4m内,珠光砂填充如图3.4-10、图3.4-11所示。

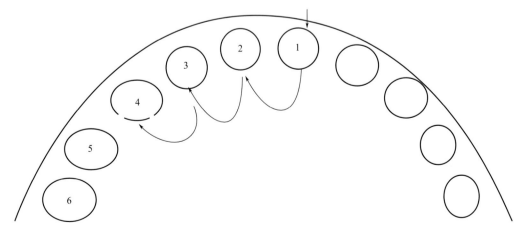

图3.4-10　珠光砂填充示意图

⑤ 珠光砂填充高度接近内部罐顶高度时停止充填作业,通过填充口测定每个填充高度,达到设计填充高度时,开始对珠光砂进行振实。

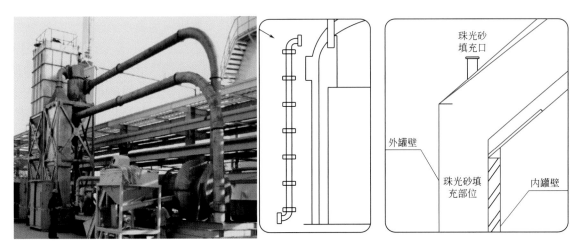

图 3.4-11　现场发泡设备及管道布置图

从第二圈外罐壁板采用电磁振动振实器依次往上逐圈振实，振实点应沿罐壁均匀分布，每点振动时间不小于 2h，振实器的安装位置应避开焊缝 500mm 以上，振捣后形成的空间应再次填充珠光砂，再从振实位置开始往上振捣，最后达到设计高度，电磁振实器安装位置如图 3.4-12、图 3.4-13 所示。

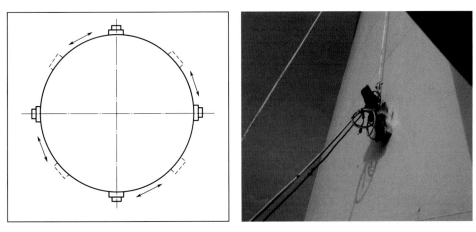

图 3.4-12　电磁振实器安装方位示意图

区分	0°	90°	180°	270°	45°	135°	225°	315°
8段	◎	◎	◎	◎	◎	◎	◎	◎
7段	◎	◎	◎	◎	◎	◎	◎	◎
6段	◎	◎	◎	◎	◎	◎	◎	◎
5段	◎	◎	◎	◎	◎	◎	◎	◎
4段	◎	◎	◎	◎	◎	◎	◎	◎
3段	◎	◎	◎	◎	◎	◎	◎	◎
2段	◎	◎	◎	◎	◎	◎	◎	◎
1段								

图 3.4-13　振实位置分布

⑥ 珠光砂密实度控制。珠光砂为白色、粒状松散材料，无法通过取样方式检测其填装密实度，通常采用电磁振实器不断进行振实，产生沉降后再次进行填装振实，最终将珠光砂填充的实际量与罐体的净填充空间进行比较，两者比值大于 1.6 视为填充密实度达到要求。

第 **4** 章

球形储罐施工技术

钢制球形储罐（以下简称球罐）具有占地小、受力情况好、承压能力高的特点，是炼化厂液化气等产品储存常见的容器。球罐的施工关键主要体现在组装、焊接和整体热处理。球罐组装要确保外形尺寸精度；球罐焊接主要需要解决减小焊接应力及避免厚板焊接缺陷；整体热处理工艺主要是采用内燃法，处理过程符合热处理曲线，同时使球壳板热处理温度均匀。

4.1 球罐分片组装技术

1. 技术简介

根据球罐的大小不同，球罐的组装可分为半球法（400m³ 以下）、环带组装法和分片组装法（400m³ 以上），较大的球罐都采用分片组装法。球罐分片组装技术采用单片散件组装，先安装下段支柱，后安装带支柱的赤道板，以减少支柱上下段在地面组装时的多次倒运，缩短组对时间，大大减少了施工场地的占用。有支柱的赤道板和没有支柱的赤道板采用卡具活动连接。调整赤道带几何尺寸时，无应力附加在球壳板上，上下极带纵缝焊接根据组装曲率和棱角确定焊接顺序，有效控制了焊缝变形。

2. 技术内容

（1）钢制球形储罐组装工艺流程

主要组装工序：支柱组对→赤道板组装→下极板组装→上极板组装，钢制球形储罐整体示意图，如图 4.1-1 所示。

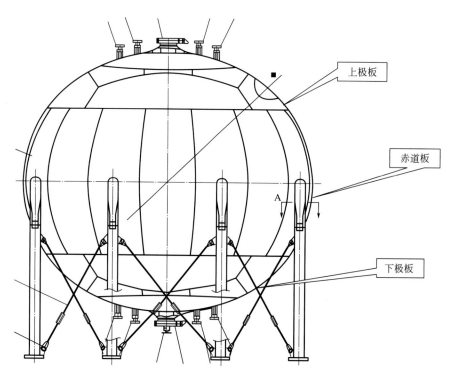

图 4.1-1　钢制球形储罐整体示意图

在地面上，将带赤道板的上支柱与下支柱组焊成一体。在地面上安装好临时挂架和工装卡具，然后将相邻两片带支柱的赤道板竖立在基础上粗找垂直度，并用缆风绳临时固定。将已竖立的相邻两片带支柱赤道板的中间插入不带柱腿赤道板并粗调组对间隙。完成后再按不带柱腿赤道板、带柱腿赤道板、不带柱腿赤道板的顺序依次安装并粗调组对间隙等，直至赤道带组装完。再以赤道带上、下口为基础，按照先下极带板、后上极带板、先极边板后极侧板、极中板的顺序进行组装。

（2）组装前技术准备

1）基础检查验收

按设计图纸，用钢卷尺、盘尺、直尺及水准仪测量基础各部位尺寸，允差符合表 4.1-1 规定。

基础检查验收允差　　　　　　　　　　　　　　　表 4.1-1

序号	检查项目	允差(3000m³)
1	基础中心圆直径 D_1	±9mm
2	基础方位	1°
3	相邻支柱基础中心距 s	±2mm
4	支柱基础上表面的标高	−6mm
5	相邻支柱的基础标高差	3mm
6	单个支柱基础上表面的水平度	2mm

2）零部件的检查和验收

对制造单位提供的产品质量证明书等技术质量文件进行检查，主要包括下列内容：

① 压力容器质量安全临检机构出具的产品临检证明书；

② 零件出厂合格证；

③ 材料代用审批证明；

④ 材料质量证明文件及有关的复验报告；

⑤ 钢板、锻件及零部件无损检测报告；

⑥ 球壳板周边及坡口无损检测报告；

⑦ 焊接接头无损检测报告（包括检测部位图）；

⑧ 产品焊接试板试验报告；

⑨ 球壳板、零部件焊接记录；

⑩ 球壳板几何尺寸检查记录；

⑪ 排版图。

3）球壳板的检查

检查球壳板的结构形式是否符合设计要求，检查球壳板外观是否有裂纹、气泡、结疤、折叠和夹杂等缺陷。抽查球壳板厚度，数量为球壳板数量的20%，每带不少于2块，上下极不少于1块。每张球壳板的检测不应少于5点，抽查若不合格，加倍抽查；若仍有不合格，对球壳板逐张检查。

安装前对球壳板进行全面积超声检测抽查，抽查数量不少于11块，且每带不少于2块，上、下极不少于1块，Ⅱ级合格，若发现超标缺陷，应加倍抽查，若仍有超标缺陷，则应100%检验。

4）球壳板外形尺寸检查

使用焊接检验尺、直尺、钢卷尺、样板、细钢丝等对球壳板的外形尺寸逐张检查。

球壳板曲率用2m弦长的样板检测，允许间隙 $e \leqslant 3mm$，参数详见表4.1-2。

球壳板允许间隙　　　　　　　　　　　　　　　表 4.1-2

球壳板弦长 L	应采用样板弦长	任何部位允许间隙
$L \geqslant 2000mm$	$\geqslant 2000mm$	$e \leqslant 3mm$
$L < 2000mm$	不得小于球壳板弦长	$e \leqslant 3mm$

球壳板几何尺寸允差应符合表4.1-3规定：

球壳板几何尺寸允差　　　　　　　　　　　　　表 4.1-3

检验项目	允差
长度方向弦长	±2.5mm
任意宽度方向弦长	±2mm

检验项目	允差
对角线弦长	±3mm
两条对角线间的距离	≤5mm

5）坡口

坡口表面平滑，清除干净熔渣与氧化皮，不能有裂纹和分层。坡口表面粗糙度 $Ra<25\mu m$，角度允差为 $\pm2°30'$，钝边厚度允差为 $\pm1mm$。

（3）支柱组对

出厂前支柱的上段与赤道板组焊一体，现场组装下段支柱时，用枕木支垫把带支柱的赤道板侧立放在地面上，用吊车把下段支柱吊起，通过龙门架上捯链调整支柱的径向和轴向直线度，合格后进行定位焊和正式焊接。球罐支柱组装示意图如图 4.1-2 所示。

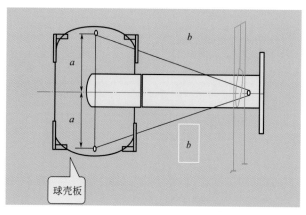

图 4.1-2　球罐支柱组装示意图

采用线坠、直尺、角尺、卷尺等测量工具对所有的支柱进行检查。支柱全长长度允差为 $\pm3mm$。支柱与底板焊接后应保持垂直，其垂直度允差为 $\pm2mm$，上段支柱与下段支柱拼接后，支柱全长的直线度偏差应小于 10mm。具体详见图 4.1-3、图 4.1-4。

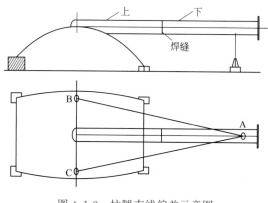

图 4.1-3　柱腿直线偏差示意图

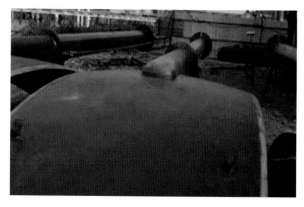

图 4.1-4　支柱组对

（4）赤道板组装

1）布板和准备

根据支柱与管口方位图将支柱和球壳板进行编号；按支柱编号顺序，把拼对焊好支柱的赤道板吊运布置到基础附近。吊装前基础需经验收合格，预先捆扎在支柱上的拉杆要牢固。在每块支柱赤道板两纵缝边，利用焊接的定位块安装三角挂架，至少两块钢跳板捆系在三角挂架上，三角挂架上安装双护栏，形成临时挂架平台（图 4.1-5），检查合格后方可起吊。

2）等外脚手架下半部搭设完成后，进行赤道带的吊装，赤道带吊装顺序如图 4.1-6 所示。

图 4.1-5　支柱赤道板临时挂架平台栏杆图

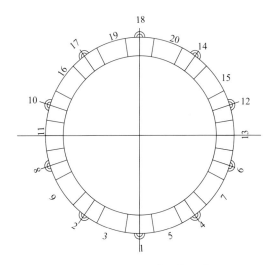

图 4.1-6　赤道带吊装顺序示意图

3）吊装第一块带有支柱的赤道板，慢慢放于基础上，找正调好垂直度，用缆风绳固定，并将底板与预埋板点焊好，支柱螺栓拧紧。

4）吊装第二块带有支柱的赤道板，方法与第一块相同。

5）吊装第三块无支柱的赤道板，插入第一块与第二块有支柱的赤道板之间，用龙门卡具固定。

6）然后每吊一块有支柱的赤道板，再吊另一块没有支柱的赤道板，依次吊装直至闭合，吊装最后一块赤道板前，先检查合口间隙尺寸和赤道板尺寸是否吻合，否则应调整好后再吊装。

7）赤道板组对成环后，立即找正，并调整柱间拉杆，使装配尺寸达到要求。调整的项目为间隙错边、椭圆度、上下口的齐平度等，组装时防止强制装配，以避免附加应力的产生。

（5）下极板组装

利用吊车、卡具调整的办法按照先组装下极带边板、下极带侧板，再组装中板的顺序进行。

先吊装 4 块极边板，利用极边板外侧的定位方铁做吊点进行吊装，极边板下端用卡具固定在赤道板上环口，调整好尺寸后，按同样要求吊装第二至第四块极边板。调整间隙、错边、棱角度，使其达到规范要求。调整结束后，进行点固焊。

边板吊装完以后，吊装 2 块侧板和 1 块极中板，利用极侧板上的定位方铁做吊耳进行吊装，极侧板下端用卡具固定在极边板上环口，调整好尺寸后，按同样要求吊装第二块极侧板。

按图纸找出接管安装方位，并保护好接管、人孔、法兰面，最后吊装极中板。

调整间隙、错边、棱角度及法兰面水平度，使其达到规范要求。

（6）上极板组装

上极板可以直接利用吊车进行组装，安装方法与下极带板的安装方法类似。通过与赤道板之间的定位块，进行卡具的固定，调整间隙、错边及角变形、法兰面水平度，使其达到规范要求，调整好后，按规定要求进行点固焊。

因赤道板、下极板、上极板在组装过程中，都需要定位块，所以事先准备好调整球壳板安装所用的定位块，材质与球壳相同。球壳板安装、调整所用方铁间距为 700～800mm，安装位置为：下极带纵缝、横缝方铁均布置在罐内侧，其他焊缝均布置在外侧。定位块拆除时，采用砂轮打磨，并不得伤及母材；切除后应打磨平，并进行磁粉探伤，如图 4.1-7 所示。

（7）钢制球形储罐的调整及定位

调整及定位焊顺序：赤道带纵缝→上下极板纵缝→赤道带环缝→上下极板环缝。

调整方法：利用球体外侧龙门卡等卡具调整焊缝的根部间隙、错边量、角变形等，调整时不得采用机械方法进行强力组装，如图 4.1-8 所示。

图 4.1-7　临时焊接部位磁粉检测

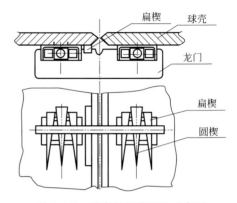

图 4.1-8　球壳板间隙调整示意图

调整及定位焊必须对称配置作业人员，用对称法进行工作。定位焊时以赤道板为基准，赤道带下方由上向下的顺序进行，赤道带上方由下向上的顺序进行，如图 4.1-9 所示。

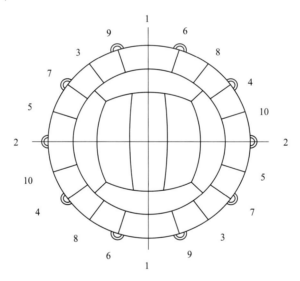

图 4.1-9　赤道带定位焊顺序示意图

调整合格后由铆工画出定位焊位置线，由持证焊工进行定位焊，并采用评定合格的焊接工艺。定位焊在内侧进行，采用两层焊道，定位焊长度不小于 50mm，间距宜为 250～300mm，焊肉厚度大于 8mm。T 形焊缝、Y 形焊缝必须全封 150mm 长，并焊牢。引弧和熄弧均应在坡口内，严禁在球皮上和 T 形焊缝、Y 形焊缝的交合处进行。

支柱垂直度调整：松开地脚螺帽及拉杆，进行支柱垂直调整。调整及定位焊结束后，进行球体几何尺寸检查。

1）对口间隙：允差值 2±2mm。

2）对口错边量：允差值 3mm

3）棱角度：允差值 7mm，测量方法如图 4.1-10 所示。

（8）整体组装质量检查

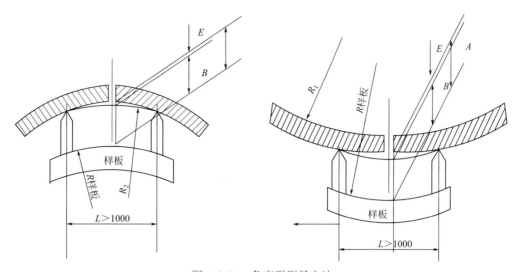

图 4.1-10 角变形测量方法

$E = A - B$；R—样板弧度；R_1—球罐设计外径；R_2—球罐设计内径

组对定位焊结束后对球罐整体焊缝组装质量进行一次全面的检查。检查的内容见表 4.1-4。

组装检查验收允差 表 4.1-4

序号	项目	验收标准	备注
1	棱角值（mm）	≤7mm	
2	支柱垂直度（mm）	≤15mm	含径向和轴向
3	最大与最小直径之差	≤50mm	
4	组对间隙	2±2mm	焊条电弧焊 SMAW
5	错边量（mm）	≤3mm	
6	赤道线水平误差	≤2mm	每块赤道板
		≤3mm	相邻赤道板
		≤6mm	任意赤道板

4.2 球罐焊接施工技术

1. 技术简介

球罐经常用于存储易燃易爆原料，安全性能要求高。同时球罐罐壁采用的多为低合金钢板，壁厚较厚，其焊接工序复杂，焊缝质量要求较高。

球罐焊接技术，组装定位焊时先调整焊接纵缝，后调整环形焊缝，避免环形焊缝的焊接应力，采用焊工均布、分段、均速退焊法避免不均匀收缩应力。采用多层、多道焊接，控制了焊接线能量过大现象，提高了焊接接头的力学性能。在坡口处涂刷可焊性涂料，在减少坡口打磨工作量的同时保证焊接质量，防止坡口生锈，避免二次打磨。球板焊前预热、焊后后热采用远红外线电加热装置，避免了燃气法作业区域环境和大气污染，改善了施工环境。采用自动控制系统，温度控制在±5℃范围内，确保预热后热温度在工艺规定值内。球罐焊缝探伤采用 TOFD 技术，磁粉探伤采用焊缝表面涂刷增强对比涂料，免去焊缝表面打磨工作，减小了劳动强度，大大提高了工作效率。

2. 技术内容

(1) 焊接材料的管理

焊条的选用：球壳对接焊、定位焊等 Q345R 钢板之间的焊接用 CHE507 焊条。

用于球罐焊接的 CHE507 焊条，在使用前由安装单位根据质量证明书，按批号对其焊缝金属的扩散氢含量进行复验，复验标准按《熔敷金属中扩散氢　测定方法》GB/T 3965—2012 执行，烘干后的实际扩散氢含量应≤3mL/100g。

(2) 焊接方法

采用焊条电弧焊，对称退焊法。先焊大坡口侧，内侧采用碳弧气刨进行清根，气刨的刨槽要直、光滑、深浅和宽窄一致（有缺陷处可深刨，消除缺陷为止）并经砂轮打磨，露出金属光泽并进行着色检查，检查合格后方可进行焊接。碳弧气刨的工艺参数见表 4.2-1。

碳弧气刨工艺参数　　　　　　　　　　　　表 4.2-1

电流	电弧长	压缩空气压力	气刨速度
400~500A	1~2mm	0.4~0.6MPa	0.7~1m/min

(3) 预热和后热

采用液化气火焰加热，焊件的预热在球罐焊接面的背面坡口处进行。首先在预热区一侧安装加热器，位置必须准确。加热器采用喷头在弧形管凹面上的形式，在球壳外侧预热，见图 4.2-1。

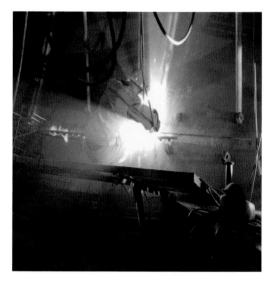

图 4.2-1　焊前预热和焊后后热

(4) 焊接工艺参数，见表 4.2-2。

焊接工艺参数　　　　　　　　　　　　表 4.2-2

焊接位置		平焊(1G)	立焊(3G)	横焊(2G)	仰焊(4G)
焊接电流(A)		170~195	150~170	170~190	140~160
焊接电压(V)		25~27	23~25	25~27	23~25
焊接速度(cm/min)		9~13	7~11	11~14	8~12
焊接层次	大面	8	8	8	8
	小面	4	4	4	4
焊条直径(mm)		$\phi4$	$\phi4$	$\phi4$	$\phi4$

焊接位置	平焊(1G)	立焊(3G)	横焊(2G)	仰焊(4G)
焊条型号	07MnNiMoDR：LB-65L、Q370R：E5515RH			
焊接电源极性	直流反接极			

（5）焊接线能量控制

在施焊过程中应采用窄焊道多层焊，每一焊道宽度不应大于焊芯直径的 4 倍，每一焊道的厚度不超过 3.5mm。焊接线能量应控制在 12～36kJ/cm 范围内，见表 4.2-3。

各种位置下的焊接线能量（kJ/cm）　　　　　　　　　　　　　表 4.2-3

平焊	立焊	横焊	仰焊
12～35	12～35	12～30	12～35

（6）焊接顺序

1）焊接赤道带纵向外焊缝→上、下极带边板纵外缝→上、下极带侧板中心板间纵外缝→赤道带纵向内焊缝→上、下极带边板纵内缝→上、下极带侧板中心板间纵内缝→赤道带上环外缝→赤道带下环外缝→上极带环外缝→下极带环外缝→赤道带上环内缝→赤道带下环内缝→上极带环内缝→下极带环内缝。

2）各类焊缝外缝焊完后，内侧焊道及时清根，并经渗透检测合格后再焊内部焊缝。

（7）焊接过程

1）所有焊缝第一层焊道均采取分段退焊法，纵缝焊接时各层填充与第一层运条方向一致，焊条摆动不能超过焊条直径的 4 倍。环缝焊接时，各层焊道施焊时不作摆动，采用压道焊，注意层间清理要彻底。

2）每层焊道引弧点应依次错开 50mm 以上，焊道始端应采用后退起弧法。

3）纵向焊缝的焊道延至环向焊缝的中心，并在环向焊缝焊接前将收弧点磨光，消除缺陷。纵焊缝焊接时，每层焊接表面应填平或呈凹形，层次之间的接头错开，填充和盖面宜采用多道焊接。为了尽可能地使应力均布，纵缝的焊接应交叉进行，每隔一条缝对称施焊，采取 10 名焊工同时同步焊接。焊接时要采取防风措施如图 4.2-2、图 4.2-3 所示。

图 4.2-2　球罐外焊缝焊接图

图 4.2-3　球罐焊接防风措施

4）单侧焊接后应进行背面气刨清根，去除第一层焊肉的缺陷。刨槽要直、光滑，坡口形式应一致。清根后用砂轮修整刨槽，磨除可能存在的渗碳、黏渣与铜斑等缺陷和修整刨槽深浅不均、宽窄不等的现象，并采用渗透检测检查。如有缺陷，继续打磨和渗透检测，直到缺陷彻底除净为止。

5）每条焊缝在单面焊完后，立即进行后热处理，双面焊完后，再进行一次。后热的方法是停焊后，立即利用焊接预热装置继续加热焊缝区。后热温度 200～250℃时，保持 0.5～1h。

6）焊道因故中断焊接时，需立即进行加热缓冷处理，再行施焊前除按规定进行预热外，还应将原焊道的弧坑部分打磨掉，确认无裂纹后，方可按原工艺要求继续焊接。

（8）接管、柱腿及人孔环缝焊接

接管及柱腿与球罐之间的焊接接头应由球壳板制造厂完成。如因特殊原因，须在现场焊接时，应采用分段焊。每层焊道要焊成封闭的环形焊道后，方可进行下一层焊道的焊接，当球壳板较厚或开孔较小时，宜适当增加预热温度或扩大预热范围。层间焊道的要求及运条要求同环焊缝焊接。焊脚高不低于图纸上的要求尺寸。

厚壁管与球壳板之间的角接接头应确保全焊透。DN80 及以上的接管应进行 100％超声检测，以符合《承压设备无损检测　第 3 部分：超声检测》NB/T 47013.3—2015 中的 I 级为合格，超声检测技术等级不低于 B 级。

垫板应于球罐热处理前与球壳板组焊，同时应与球壳紧密贴合，焊后应进行 100％磁粉检测，按《承压设备无损检测　第 4 部分：磁粉检测》NB/T 47013.4—2015 规定的 I 级为合格，并与球罐一起热处理。

4.3　球罐整体热处理技术

1. 技术简介

为减小、消除焊后残余应力，球罐焊接完成后要进行整体热处理。球罐整体热处理技术采用高压柴油雾化内燃法，利用轻柴油作燃料经特制的喷嘴在高压和超音速条件下雾化、燃烧，在球罐内部形成具有一定高度和直径的火焰作热源，通过对流和热辐射作用，将球罐金属均匀加热至规定温度，并在规定条件下恒温和降温，从而达到消除焊接残余应力、提高焊接区金属的韧性及其抗应力腐蚀能力的目的。相对于传统的液化气内燃法，取消了多台空压机和液化气罐，减少了设备投入和运输费用，避免了液化气易燃易爆的不安全因素。同时在球罐内增设燃气罩，使球壳板热处理温度更加均匀。

2. 技术内容

（1）球罐焊后整体热处理整体流程，见图 4.3-1。

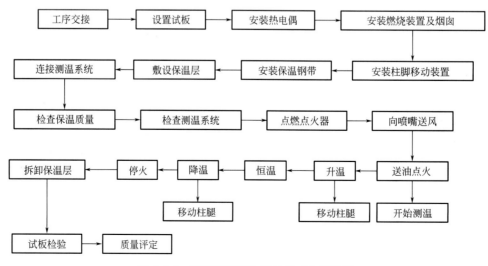

图 4.3-1　球罐焊后整体热处理工艺流程图

（2）热处理前的准备

1）球罐安装后会同当地压力容器监察部门对其质量进行检验。

2）产品焊接试板由施焊球罐的焊工在与球罐相同焊接条件和相同焊接工艺的条件要求下进行焊接，把产品试板布置在球罐热处理的高温区，并与球壳板贴紧。

3）将与热处理无关的接管用盲板封堵。

4）做好防风、防雨、防停电等措施，确保热处理过程不中断。

5）松开拉杆和地脚螺栓，在支柱地脚底板部放置柱腿移动装置。移动装置采用两个钢框架固定在球罐基础上，由螺旋千斤顶一端支在框架上，一端顶支柱下支耳板使支柱移动，见图 4.3-2。

6）准备充足的液化气、柴油和压缩空气。

（3）罐体保温：保温材料选用耐高温、对球壳无腐蚀、密度小、导热系数小的超细保温棉，保温厚度不得小于 60mm，热处理时保温层外表温度不得超过 60℃。球罐的人孔、接管、连接板及从支柱与球壳连接处算起向下至少 1m 长度做保温。保温层与球壳板紧密接触，球罐保温见图 4.3-3。

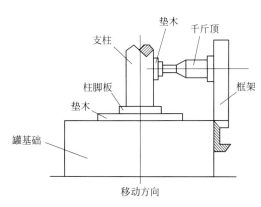

图 4.3-2　支柱移动装置图

图 4.3-3　球罐热处理保温示意图

（4）测温系统的安装：球罐表面测温用的热电偶固定方式如图 4.3-4 所示，热处理前用开口螺母和螺栓将其固定于球罐外壁，测温点设置 23 点，赤道带圆周上分三层均布设置 18 点，在距上、下人孔 200mm 处各设 1 点，位于高温区的 3 块产品试板上各设置 1 点。测温记录仪采用连续长图记录仪，见图 4.3-5。

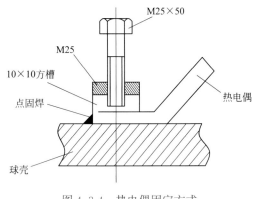

图 4.3-4　热电偶固定方式

图 4.3-5　热处理控制设备

（5）热处理工艺曲线

按照规范制定热处理温控曲线，保温时间为 2h，恒温温度为 625±25℃。热处理 300℃以下不控制升降温速度。300℃以上时升温速度控制在 60～80℃/h，降温速度控制在 30～50℃/h。详见温控曲线示意图（图 4.3-6）。

（6）操作步骤

1）点火前将烟囱翻板置于全开位置，恒温时逐渐关闭。

2）首先开启压缩空气阀，用柴油雾化器对球罐内部吹扫。

3）开启点火器阀，点燃点火器，如图 4.3-7 所示。

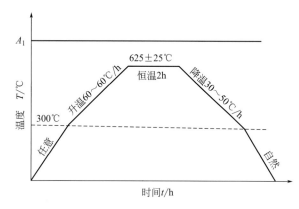

图 4.3-6　钢制球形储罐热处理温度示意图

图 4.3-7　球罐热处理点火实景

4）向雾化器送压缩空气和燃料油，并适当调节压缩空气和柴油压力。

5）恒温时将油压和气压适当调整，以控制恒温温度在要求范围内，恒温结束后，可降低油压和气压，根据实际情况可以关闭油压泵，停止输送燃料油，采用自然降温，或使用压缩空气鼓吹球罐使其温度降低。但降温速度一定要控制在规定范围以内。

6）降温阶段结束后，如果仍然在使用燃料油控制温度，则首先关闭燃料油阀，再关闭压缩空气阀，最后关闭点燃器阀。

7）操作过程中，如果雾化器点燃后，出现火焰脉动或爆燃声音至熄火，则说明燃料油或压缩空气中含水量过大，首先排除燃料油和压缩空气中的水分，或者将燃料油加热后再继续使用。

8）熄火后，再次点火升温时，首先用压缩空气对球罐内部进行吹扫，保证球罐内部无残留物和燃料油后，方可点火，防止火焰反喷伤人。

（7）柱腿移动

球罐热处理时，由于升温和降温过程引起球罐膨胀和收缩，为避免球罐支柱上部与球壳板相贯处产生过大的应力，球壳温度上升时，支柱应向外移动，冷却时向内移动，常温时恢复原位，温度每上升 100℃移动一次，移动量数据见表 4.3-1。

柱脚移动量数据表　　　　　　　　　　　　　　　　　　　表 4.3-1

温度区间	室温～100℃	100～200℃	200～300℃	300～400℃	400～500℃	500℃～恒温	合计
Δs（mm）	6	6	7	7	7	6	39

第 5 章

特殊类别储运工程施工技术

除了通常的新建油品、化工品、LNG 储运设施外，还有一些较为特殊的储运设施工程，包括狭窄洞库储罐（洞库和覆土储罐）、城市调峰用高压储气设施、气柜设施以及在用储罐检修过程中进行的更换储罐罐壁、罐顶、增加接管等工作。其中洞库储罐施工环境较为特殊，常规设备无法使用，需要做好通风和采取特殊技术措施。高压储气设施工作压力较高，小管道接口采用非焊接方式，可靠性要求高，需严格控制安装精度。气柜为现场制作，需严格控制预制、组装及焊接过程中的变形。储罐维修改造中要考虑在局部拆除情况下原储罐中应力变化造成的变形，以及在生产区施工的安全防护。

5.1 狭窄洞库施工技术

5.1.1 洞库工程通风施工技术

1. 技术简介

洞库一般较深且为盲洞，无烟囱效应，自然通风方式无法解决现场爆破烟气扩散、罐室喷浆支护扬尘、焊接烟气扩散等现场空气污染问题。本通风技术选择多点送风、多点排风的方案，稀释与汇集排放有害物质相结合的方法，有效改善洞库内空气质量，确保施工人员健康。

通过焊接散发的烟气量计算得出稀释焊接烟气所需新鲜空气的总量；计算换气次数与烟气扩散比，确定换气的时间，通过换气的时间确定换气所需要的风量。通过多点位送风克服烟气在洞室内的紊流状态，隧道对旋风机将新风送入罐室后围绕罐壁周围布置，向每个焊接工位输送新风。采用焊接面烟气汇集排风，在焊接时将多名焊工产生的烟气汇集在固定的部位统一排放出巷道外。

根据洞库特点选用内衬钢丝夹网布风管及护套接驳方式，风管耐压、阻燃，遇外力时可产生弹性形变自动恢复到原形态，护套接驳可快速拆卸，方便安装修补，见图 5.1-1。

采用隧道对旋式风机，两叶片方向相反对旋旋转，在风机尾部形成高负压送风排风，风压较大，满足了长距离送风需求。风机尾部安装微穿孔板离心玻璃棉消声器降低了大功率风机运行噪声。

图 5.1-1　内衬钢骨架隧道用尼龙伸缩软通风管

2. 技术内容

（1）本技术适用于长距离密闭空间隧道爆破送排风、焊接作业通风。主要包括罐室内有害气体产量的计算确定，通风风量的确定，罐室送风系统阻力计算、风管选型、布置，洞库罐室内排风系统规划，风管布置，风机选型与风管材质选型。

（2）焊接通风、爆破通风风量计算流程及选型要点

1）罐室焊接全面通风的换气量确定

$$G = \frac{\rho M}{C_y - C_j} \tag{5.1-1}$$

按照消除焊接烟气的换气量与散发有害物质的换气量计算。

式中　G——稀释有害物质的换气量（kg/h）；

M——室内有害物质散发量（mg/h）；

C_y——室内有害物质最高允许浓度（mg/m³，烟尘成分）；

C_j——进入空气中有害物质浓度（mg/m³）；

ρ——空气密度（kg/m³）；

根据公式得出换气量 G

M——根据 J427 焊条取 16800mg/h；

C_y——烟尘成分，国家卫生标准为 6.0mg/m³；

C_j——选用 J427 焊条焊接，焊接烟气含量为 48.12mg/m³；

ρ——取 1.29kg/m³。

根据公式得出每名焊工工作需要的换气量 G kg/h；计算得数 514.5kg/h，换算为风量为 398.8m³/h，多名焊工需要的换气量数量以此累计。

2）爆破作业通风风量及沿程阻力计算：

需要供风量计算。

根据洞室爆破的施工程序、方法、施工设备配置及通风方式，确定满足施工人员正常呼吸的空气量。计算冲淡机械废气、稀释有害气体的最大通风量，并依据计算结果选择通风设施。以下分别以储油洞室爆破开挖及施工巷道、连接巷道开挖为施工前提，进行通风量计算并根据计算结果来选择通风机。

① 储油罐室开挖通风量计算

（a）满足最多施工人员所需风量

$$Q = qmk \tag{5.1-2}$$

式中　q——洞内每人所需新鲜空气量，一般按 3.0m³/min 计；

m——洞内同时工作的最多人数；

k——风量备用系数，取用 1.25。

（b）爆破散烟所需风量

稀释爆破有害气体所用风量，爆破后通风时间 30min，稀释至允许范围。

$$Q = \frac{7.8}{t}\sqrt[3]{AS^2L^2} \tag{5.1-3}$$

式中　A——每次爆破用药量（kg）；

L——稀释区长度（m）；

S——开挖断面（m²）；

t——通风时间（min）。

（c）按洞内最小风速所需风量

$$Q = 60vS \tag{5.1-4}$$

式中　v——开挖允许最小风速（m/s）；

S——开挖断面。

（d）洞库内使用挖掘机、装载机柴油机械时的通风量

挖掘机柴油机械排出有害气体的烟气量与柴油机类型、保养状况、作业点高程、燃油种类、柴油耗量、负荷状况以及是否配有净化装置等因素有关，目前尚无准确计算方法。下面根据冲淡、稀释柴油机械产生的有害气体，计算所需通风量：

$$Q = n_1 q_1 + n_2 q_2 \tag{5.1-5}$$

式中　n_1——挖掘机机械台数；

q_1——每台挖、装机械每马力排出废气量，一般为 2.16m³/min HP；

n_2——同时工作的运输车台数；

q_2——每台运输车每马力排出废气量，一般为 0.84 m³/min HP。

施工通风必须满足施工人员的正常呼吸需要，并能满足冲淡、排除爆破及施工机械所产生的有害气体和粉尘，按公式分别计算出各自需要的通风量，然后选用其中的最大值。除应满足洞内容许最小送风量，还应该考虑风管的漏风量。

② 储油洞室支巷道开挖通风量计算

（a）满足最多施工人员所需风量

$$Q = qmk \tag{5.1-6}$$

式中　q——洞内每人所需新鲜空气量，一般按 3.0m³/min 计；

　　　m——洞内同时工作的最多人数；

　　　k——风量备用系数，取 1.25。

（b）爆破散烟所需风量

稀释爆破有害气体所用风量，爆破后通风时间 30min，稀释至允许范围。

$$Q = \frac{7.8}{t}\sqrt[3]{AS^2L^2} \tag{5.1-7}$$

式中　A——每次爆破用药量（kg）；

　　　L——稀释区长度（m）；

　　　S——开挖断面（m²）；

　　　t——通风时间，取 30min。

③ 施工巷道爆破开挖通风量计算

（a）满足最多施工人员所需风量

$$Q = qmk \tag{5.1-8}$$

式中　q——洞内每人所需新鲜空气量，一般按 3.0m³/min 计；

　　　m——洞内同时工作的最多人数；

　　　k——风量备用系数，取用 1.25。

（b）巷道爆破散烟所需风量

稀释爆破有害气体所用风量，爆破后通风时间 30min，稀释至允许范围。

$$Q = \frac{7.8}{t}\sqrt[3]{AS^2L^2} \tag{5.1-9}$$

式中　A——每次爆破用药量（kg）；

　　　L——稀释区长度（m）；

　　　S——开挖断面（m²）；

　　　t——通风时间，取 30min。

（c）按洞内最小风速所需风量

$$Q = 60vS \tag{5.1-10}$$

式中　v——开挖允许最小风速（m/s）；

　　　S——开挖断面。

（d）使用柴油机械时的通风量

$$Q = n_1q_1 + n_2q_2 \tag{5.1-11}$$

式中　n_1——挖、装机械台数；

　　　q_2——每台挖、装机械每马力排出废气量，一般为 2.16m³/min HP；

　　　n_2——同时工作汽车台数；

q_2——每台汽车每马力排出废气量，一般为 $0.84\text{m}^3/\text{min HP}$。

根据通风原则，施工巷道所需最大风量工况为①＋④。

3）摩阻计算

① 漏风系数

隧道通风系统设计要考虑的因素很多，综合考虑国内外通风系统的设计、管理水平，选择优质的风管和风机，取通风管道的百米漏风率＝0.55%，漏风系数为：

$$P_L=1/(1-L\times P_{100}/100) \tag{5.1-12}$$

② 风机风量计算

确定了工作面所需风量和漏风系数后，就可以计算出风机的风量。

$$Qj=PL\times Q \tag{5.1-13}$$

③ 通风系统风压计算

整个通风系统要克服通风阻力（包括沿程摩擦阻力和局部阻力）并保证风管末端的风流量具有一定的动压，由通风机产生的风压来克服这些阻力，以维持气流的连续流动。

（a）风管的摩擦风阻

$$R_f=(6.5\times\alpha\times L)/D \quad (\text{N}\cdot\text{S}^2/\text{m}^3) \tag{5.1-14}$$

$$D=\frac{2ab}{a+b} \tag{5.1-15}$$

式中　α——风管的摩擦阻力系数（kg/m^3）；

　　　L——通风管道长度（m）；

　　　D——风管直径（m）。

（b）局部阻力系数

$$R_x=\xi/D_4(\text{N}\cdot\text{S}^2/\text{m}^8) \tag{5.1-16}$$

（c）通风管沿程阻力损失：

$$P_m=0.0105\times\nu^{1.925}\times De^{-1.21} \tag{5.1-17}$$

（d）风机全压

$$H_t=H_f+H_d \tag{5.1-18}$$

罐室爆破、焊接全面通风的风压的确定。

风压的确定参数包括风管的沿程阻力损失，风管所有的弯头三通、风管变径以及空气中含湿量对风压的影响，含湿量越大需要的风压越大。

$$P_m=0.0105\times\nu^{1.925}\times De^{-1.21} \tag{5.1-19}$$

计算风管的总压力损失要考虑到风管在固定时有部分折弯，每个折弯处存在较多的沿程阻力损失，同时考虑三通和变径压力损失及管连接处漏风的压力损失。

根据各型号通风风管直径对应的单位比摩阻确定罐室焊接全面通风风管选型。

（2）爆破、焊接通风系统风机布置与选型

在洞口部位安装一台隧道用对旋式风机向顶板与底板焊接的洞库进行送风。罐室气流组织条件在通风过程中处于紊流状态，在布置完新风后，对现场的气流流向进行测试，检测罐室内气流是否处于正压，新风能否流入主巷道，让罐室内部成为一个系统循环。

罐室内空气气流组织与气流流向。当送风进入罐室时需要考虑罐室内的气流组织，避免在罐室内形成短路循环，及新风送入罐室后立刻被排风系统抽出，达不到气流组织换气效果。

在罐室入口处设置一台轴流风机与送风风管相连接，在罐室入口处加压向罐室内送风，保证罐室内有足够的新风。在进入罐室时设置一个三通向罐室两侧分开送风，将送风分散。

排风风管标高设置在距罐室底部一定高度位置，每隔 2m 设置一个风口，风管开口向上，主要排出焊接上部的烟气，排风风管立式安装，不影响围板升罐。送风风管设置在罐室下部一定高度位置，风口开口向下，风口开口位置与排风风口相错开，在升板焊接区域形成流动的空气，满足多个焊工同时施焊的要求。

罐室内部在焊接的过程中亦会聚集部分烟气，为保证罐室内部焊接条件，在罐室内部上顶盖处预留透光孔不进行安装，在透光孔处增加一台 5.5kW、7000m³/h 风量轴流通风机，将罐室内的烟气排出罐室，让罐室与洞库形成对流循环，使烟气能够排出储罐。

5.1.2　洞库储罐施工技术

1. 技术简介

洞库储罐工程和覆土罐工程施工方式均为先建成外罐室，后进行储罐安装，由于场地及巷道狭窄，无法使用常规方法运输和吊装。本技术采用改进车辆进行预制场至巷道罐室的钢板运输，特制钢轨滑动吊运机构进行主巷道与支巷道钢板的转弯运输，采用围板提升专用装置将运输到位的钢板提升进行组装，实现了洞库储罐高效流水作业，可以广泛应用于洞库和覆土罐工程。

2. 技术内容

（1）特种运输技术

1）特种钢板运输拖车

洞库巷道一般为拱形，高度和宽度都较小，普通平板车无法直接进入进行钢板运输，必须使用特种的运输车进行。本技术特种钢板运输拖车由动力装置、小回转半径超低底盘、专用支架组成。平板两端根据钢板弧度设置支架，此部分支架可支起或放下，由插销进行支架固定。支架支起时起到胎架作用，用来保证钢板弧度，放下时可用来运输平板。

2）特制钢轨滑动吊运机构

主巷道到支巷道的转弯半径较小，钢板若采用平铺运输方式，则钢板会与巷道边缘接触造成巷道被覆损坏，同时造成钢板变形。必须采用特制钢轨滑动吊运机构。

特制钢轨机构轨道由型钢拼装而成，轨道两端设置限位挡板。轨道安装在钢结构支架下，钢结构支架采用钢管及钢板拼接而成，钢结构支架共四组，由主巷道至洞室内分别设置。

钢轨滑动吊运机构使用前进行试吊，满足要求后进行提升及运行，运行至钢轨端头时防止滑轮与端头挡板接触。

3）洞室内运输及钢板摆放

由特制滑动小车进行罐室内钢板的分散运输，特制滑动小车由两组轮子及钢板固定支架组成。

钢板运输到位后直立在被覆旁，采用 L 形钢筋进行固定，防止钢板倾倒，造成损伤。

（2）移动小车围板提升技术

由于洞内无法使用吊车，壁板的围板需使用移动小车围板提升装置，提升小车采用两个相同的支架，支架为门形支架，每个支架安装一台小型卷扬机，小车位置由施工人员根据吊装位置调整，小车主体采用方钢，与罐壁、罐顶接触的 4 个支腿采用尼龙轮，以便于移动，支架与罐顶人孔采用钢丝绳连接，防止提升小车坠落，示意图见图 5.1-2、图 5.1-3。

围板提升装置使用时应先将小车就位，提升前先进行试吊，壁板离开地面后存在向罐壁靠近的力，施工前应对操作人员进行交底告知，实施过程中防止因此受伤害。壁板就位后及时用楔铁将钢板固定，防止钢板倾斜伤人。

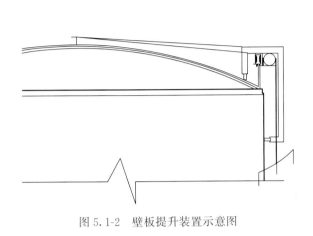

图 5.1-2　壁板提升装置示意图

图 5.1-3　壁板提升装置卷扬机图

5.2　高压天然气储配施工技术

5.2.1　高压天然气地下储气井施工技术

1. 技术简介

天然气的储存一般采用高压容器地面储存和地下储气井储存两种方式。地面储存采用高压容器，对城市的土地使用、安全、消防等都将造成一定的影响，而选择地下储气井的方式进行高压天然气储存，则解决了这一问题，目前，储气井压缩天然气（CNG）经减压后用作城市调峰和应急气源已在许多地区应用。

本技术采用石油钻井工艺进行储气井的钻井施工，施工工艺成熟、质量有保障，安全可靠；由套管连接而成的筒体作为储气的压力容器，深埋地下，其连接方式采用螺纹连接，施工方便；施工时使用专用钻机，占地面积小，同时不需要太多操作人员，不需要其他大型机械设备配合施工，节约人工、机械等费用；钻井时使用的钻井液和固井用水泥浆都进行回收利用，钻井及洗井产生的泥浆，经沉淀后可做回填处理，减少对环境的污染。

2. 技术内容

高压天然气储气井是利用石油钻井工艺成果，按石油钻井规程"钻井、下套管、固井"等操作流程来完成施工过程。储气井采取钻井下套管的方式将气井井身埋于地下，套管上、下底封头与套管采用管箍连接，封头采用优质碳素钢材，套管底封头腐蚀裕量大于 5mm，套管与井底、井壁空间用水泥浆固井；储气井井口设进、出排气口；为排除井内积液，从井口下排液管至井底，通过气压排液，地下储气井的结构见图 5.2-1；经脱硫、增压、深度脱水后的天然气从井口进气端输入井内，从井口排气端输出，充装 CNG 汽车，储气井应用流程见图 5.2-2。

以塘沽天然气储配站工程为例，该工程合计钻井 75 套，总储气量为 20 万 m³，单井水容积 9.3m³，井深 243.5m，设计压力 27.5MPa，最高工作压力 25MPa。

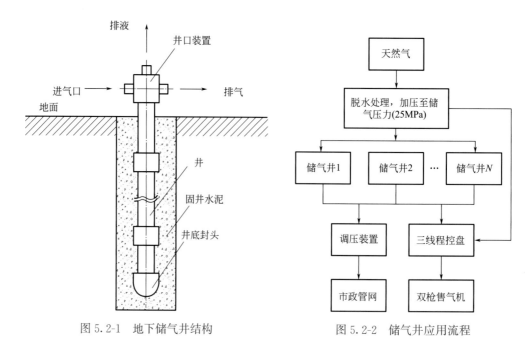

图 5.2-1　地下储气井结构

图 5.2-2　储气井应用流程

（1）施工流程（图 5.2-3）

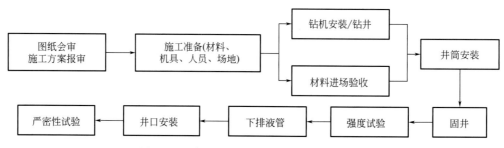

图 5.2-3　高压天然气储气井施工工艺流程图

（2）操作要点

1）套管材料检验

储气井的主材套管到货后，按照设计和《高压气地下储气井》SY/T 6535—2002 的要求，配合业主、监理及当地技术监督局对套管进行严格的检验，经验收合格后方可进场使用。

套管钢级应为 TP80CQJ，一般选用 N80 级油气田开采上用的石油套管。套管的连接采用 API 标准螺纹扣。

井底和井口封头使用 30CrMo 或 35CrMo 锻件加工而成，也可采用 1Cr18Ni9Ti，但要求疲劳循环次数应不小于 2.5×10^4 次，封头材料的实际抗拉强度不应小于 880MPa，实际屈服强度比不超过 0.90。

对所有进场的套管、封头、连接附件、阀门等按照压力容器程序文件进行验收和存放。

2）钻机安装、钻井

根据设计要求对储气井区进行井口定位，在储气区两侧修建坚实的钻机平台基础，钻机放在平台上，以保证钻机的平稳，见图 5.2-4。

钻井方法及钻具搭配：

① 用 171/4″钻头钻过表面疏松层至有一定硬度的地层，约 20m，下 ϕ377 的表管至硬地层，用水泥封固 ϕ377 表管与土层间隙，用 121/2″钻头继续开孔，转速控制在 60～80r/min。井身结构见表 5.2-1。

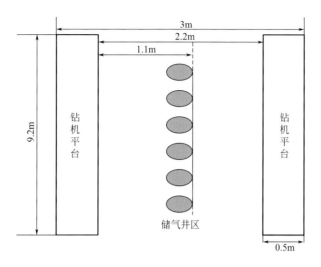

图 5.2-4　单套钻机平台示意图

井身结构表　　　表 5.2-1

井眼尺寸(mm)	井深(m)	套管尺寸(mm)	下入井深(m)	备注
444	0~20	377	0~20	做表管
311	250	244.47	243.5	

② 钻具搭配。第一次开钻使用 $17 1/4''$ 钻头＋$8''$ 钻铤＋$5''$ 钻杆＋108 方钻杆；第二次开钻使用 $12 1/2''$ 钻头＋$8''$ 钻铤＋$7''$ 钻铤＋$5''$ 钻杆＋108 方钻杆。钻头及钻井参数见表 5.2-2。

钻头及钻井参数表　　　表 5.2-2

钻头尺寸(mm)	钻头型号	数量	钻压(t)	转速(r/min)	排量(L/s)	泵压(MPa)
311	P2	2	0.5~3	65	45	0.6

③ 钻井施工时，用 $17 1/4''$ 钻具钻过表面疏松层至有一定硬度的地层（0~20m，第一次开钻），下 $\phi377$ 表管至硬地层，用水泥封固 $\phi377$ 表管，用 $12 1/2''$ 钻头开孔（第二次开钻），转速控制在 60~80r/min，如遇漏层还需要加大一级钻具结合。

④ 钻机设备钻井过程，要加大钻铤刚度及重量（钻铤的长度要保证在 15m 左右），保证井身的垂直度，井斜≤2°。

⑤ 调整好钻井液用量，达到井口无溢流和不漏失。

3）井筒安装

井筒安装即下套管，是储气井施工的重点工序。

下套管前应用原钻具进行下钻通井，通井到底应畅通无阻，按设计要求进行洗井，设专人观察振动筛处岩屑返出情况，判断井壁是否稳定。

下套管时应按岗位分工做好劳动力组织工作，明确各岗位职责及操作要求。

入井套管应使用标准通径规格逐根检查，清洗螺纹，丈量长度，施工人员应分别校核，确定入井套管的直径、钢级、壁厚、螺纹类型及长度无误。

套管在场地内应将丝扣清洗干净，母扣均匀涂抹好密封脂（耐压强度为 80MPa），公扣要上紧护丝。严禁在井口擦洗套管丝扣和涂抹密封脂，井口套管要用套管帽盖好，严禁落物掉入套管内或环形空间，套管上钻台时必须戴好套管帽，绳套要牢实。

套管下放速度应缓慢、均匀。在易漏井下套管时，严格控制下放速度，每根套管均匀下放速度小于 0.5m/s。

下套管中途遇阻、卡时，在套管强度安全系数内慎重处理，不能猛提、猛放，更不能卡上卡瓦进行强转套管，应轻提慢动，活动试下，方钻杆不得进入转盘。

下套管过程中注意事项：

① 应定岗负责观察钻井液出口，密切注意钻井液环循环池液面变化情况，如有异常，要及时分析研究，如因故检查设备，保持套管慢慢下放。

② 紧扣要适当，对扣时套管应扶正后开始旋合，转动应慢，如发现错扣应卸开检查处理。按扭矩达到 12270N·m 上紧后，外露扣不得超过 2 扣，否则视为报废，必须更换新套管。

③ 应缩短静止时间，如套管静止时间超过 5min，应活动套管，套管活动距离应不小于套管柱伸缩量的两倍。

④ 随时检查备用套管根数及编号，确保下套管串根数准确无误。套管下完的深度达到设计要求，复查套管下井与未下井根数是否与送井套管总数相符。

4）井筒灌浆固定（固井）

采用水泥浆自下而上的灌注工艺，水泥浆将整个井筒外壁包覆并与井壁紧固成一体，以使井筒固定稳定、可靠，提高井筒的强度、耐腐蚀性和储气的安全性，延长其使用寿命，降低维护工作量。

① 前期准备

（a）121/2″裸眼井段要留足比套管长 3～5m 的裸眼井段（即口袋）。

（b）表层套管须封闭砾石层和易垮塌层段。

（c）全井无大漏情况。

（d）根据情况做水泥浆初凝试验，要求初凝时间保持在 24h。

② 固井施工

（a）采用 G 级油井水泥，不加任何添加剂制成水泥浆，水泥浆配制密度控制在 $1.6～1.8g/cm^3$，水灰比为 7：3（体积比）。

（b）使用一根专用管道作为水泥浆的输送管下至井筒内，由下而上的注入水泥浆，以水泥浆返回地面为准或按照理论计算内容积注入相应的水泥浆。

（c）按照井眼容积注入约 $7m^3$ 的水泥浆，水泥浆须从井管外环返回地面，回收洗井液。

（d）水泥浆凝固后，需补灌密度为 $2.0g/cm^3$ 以上的水泥浆至地面。

5）强度试验

储气井强度试验采用水压，试压使用洁净的自来水，打压设备为 40MPa 以上的专用试压泵。塘沽天然气储配站工程地下储气井最高工作压力为 25MPa，试验压力为工作压力的 1.5 倍即 37.5MPa。试压时，首先向套管内注入清水，试压泵缓慢加压到 20MPa，稳压 15min，观察压力表压力降情况；再加压至 37.5MPa，稳压 4h，观察压力表；泄压至 27.5MPa，稳压 15min，检查压力表，无渗漏为合格。

6）气密性试验

① 首先利用压差排水方法将井筒内存留的水排净。把试压用的空气压缩机与进气口连接，打开进气口阀门，缓慢升压至 1MPa，打开排液口阀门进行排液，目视无水雾结束，关闭排液口阀门，稳压检漏，检查所有的井口连接接头、阀门、仪表及排污阀等是否漏气，然后继续升压。

② 升压至 25MPa，关闭进气口阀门，稳压 8h 待井内气体温度降低到恒定常温后，开始观察压力降情况，稳压检查 24h，压降≤1% 为合格。

③ 经监理、业主、当地技术监督局检查合格，在试验记录上签字确认，气密性试验结束。

5.2.2 高压不锈钢管道卡套施工技术

1. 技术简介

高压天然气储存系统压力通常为 25MPa，试验压力达到 37.5MPa，在储气分配系统中存在较多的小管径（＜DN40）不锈钢管。该部分管道可采用氩弧焊连接，也可以采用高压卡套连接，其中小管径不锈钢卡套接头以其具有连接牢靠、耐压能力高、耐温性、密封性和反复性好、安装检修方便、工作安全可靠等特点得到较多的应用。

本技术不锈钢卡套连接的密封及稳定性的实现主要依靠双卡套的运用。连接的原理为前卡套用于形成与接头本体之间的密封和卡套管外径的密封，后卡套通过旋转螺母沿轴向推进前卡套，沿径向施加一个有效的卡套管抓紧，从而达到密封及防止管道脱开的效果。

本技术与常规焊接连接技术相比具有施工简单，加工制作设备小巧，省时省力等特点，提高了施工效率，同时在安装过程中扭矩不会传送到卡套管，使用间隙检测确保了在首次安装即能充分紧固。

2. 技术内容

（1）施工流程（图 5.2-5）

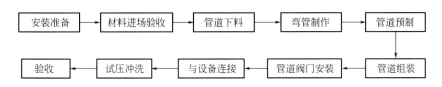

图 5.2-5　高压不锈钢管道卡套连接施工工艺流程

（2）操作要点

1）管道下料

① 台钳固定：采用平口台钳结合紫铜板（2～3mm 厚）作为夹持工具，保证管子与钳口之间不存在硬性接触，避免在切割时管子转动产生划痕。

② 采用管道切割器下料

下料前先确定下料长度、检查管刀洁净度、检查管材口径、确认无问题后开始切割。

（a）将管子置于滚轮和切割刀片之间。

（b）转动手柄直到刀片接触到管子。

（c）将手柄再前进 1/8 圈（参考点为手柄球形把手上 1/8 圈增量的间隔）。

（d）绕着管子转动割管器。在每一个第二次转动后，前进手柄 1/8 圈，重复直到管子被割断。过大进刀量和压力会造成管子的变形与异常凸起。

③ 切割钢锯下料：采用钢锯下料要保证管壁不被划伤、管口垂直、平整。采用锯管导向器，将其安装在台钳上固定牢固；将管道放入导向器，将切割线对准导向槽，旋转固定柄将管道锁定；将钢锯插入导向槽进行切割管道（图 5.2-6、图 5.2-7）。

④ 下料完成后，使用专用工具进行毛刺清除及管口整理，确保卡套管穿过螺母和卡套并抵住接头本体的肩部，防止毛刺脱落并损害系统中的其他部件（图 5.2-8）。

图 5.2-6　管道切割器　　　　图 5.2-7　锯管导向器　　　　图 5.2-8　毛刺清理器

2) 管道弯管

① 标记弯管尺寸：在卡套管端部开始测量处做一个基准标记。从基准标记开始测量，并在卡套管上距离等于所需弯长的位置做一个测量标记。从测量标记开始为所需弯曲角度测量弯曲扣减距离，并在卡套管上做一个弯曲标记，见图 5.2-9。

（a）如果弯曲扣减距离为正，则朝基准标记方向做弯曲标记。

（b）如果弯曲扣减距离为负，则在与朝向基准标记相反的方向做弯曲标记。

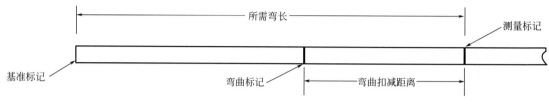

图 5.2-9　弯管计算示意图

② 将设备调整好后，慢慢把卡套管插进弯模内，使管端越过夹臂（卡套管端部必须越过夹臂右边缘，以防止弯管过程中损坏卡套管），对齐卡套管上的弯曲标记与弯模上的基准标记。

③ 顺时针转动滚轮支架操作杆，直到滚轮支架组件止动器接触到支架柱止动器，见图 5.2-10。

④ 握住卡套管，顺时针转动滚轮旋钮，使 G 滚轮和 D 滚轮都与卡套管接触，拧紧滚轮旋钮。注意：滚轮可能会需要压在较小直径的卡套管上。

⑤ 确保 D 滚轮与弯模夹臂之间有大约 10mm 的间隙（调整间隙的方法是逆时针转动滚轮旋钮，同时慢慢顺时针转动手摇曲柄并保持卡套管平直），见图 5.2-11。

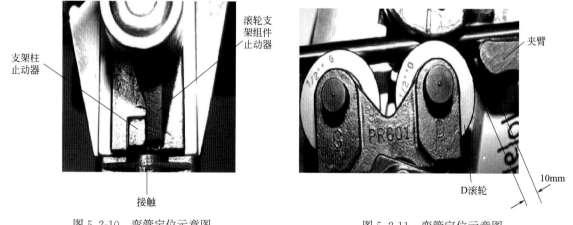

图 5.2-10　弯管定位示意图　　　　　图 5.2-11　弯管定位示意图

⑥ 慢慢转动手摇曲柄，直到卡套管开始偏转或弯曲，保持手摇曲柄静止，把弯曲角度轮转到零。

⑦ 转动手摇曲柄，直到弯曲指示轮指示比所需弯曲角度小 5° 的数值（例如 85°），防止因弯曲过度而导致的安装废料。

⑧ 沿与弯曲卡套管时相反的方向转动手摇曲柄；同时轻轻逆时针方向推滚轮支架操作杆，直到滚轮脱离卡套管并能够从弯管机上取下卡套管，从弯管机上卸下卡套管，测量卡套管弯曲角度。这个测值可能与弯曲角度轮的指示值不同，因此将其记下来（例如 88°）。

⑨ 重新把卡套管装到弯管机上，把弯曲标记与基准标记对齐。

⑩ 转动手摇曲柄，直到弯曲角度轮指示第⑦步时指示的角度（85°），见图 5.2-12。

⑪ 保持手摇曲柄静止，转动弯曲角度轮，使其指示第⑧步记下的测值（88°）。这样，就通过将其设置为指示产生的实际弯曲角度而校准了弯曲角度轮，见图 5.2-13。

⑫ 继续转动手摇曲柄，直到弯曲角度轮指示所需弯曲角度，见图 5.2-14。

⑬ 从弯管机上卸下卡套管，测量卡套管弯曲角度。

  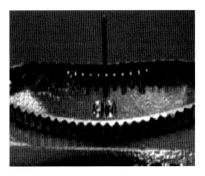

图 5.2-12　第一次弯管角度　　　　图 5.2-13　校正弯管角度　　　　图 5.2-14　最终弯管角度

3）卡套件预组装安装

为保证施工质量及加快施工进度，可结合实际情况进行卡套件与管道的预组装，预组装是依靠专用设备将卡套件与该管道组装在一起，增加卡套与管道的结合质量。

① 模头安装

（a）用定位环尖嘴钳将定位环从液压腔上取下，见图 5.2-15。

（b）从液压腔上取下之前安装的模头。

（c）选择尺寸合适的模头。

（d）在将模头插入液压腔之前通过按压模头的活塞来检查其是否能正常动作。

（e）将选好的模头装在液压腔上，并对准模头上的切口和液压腔上的定位销（用眼睛检查定位环是否已经全部插入液压腔），见图 5.2-16。

（f）用定位环尖嘴钳将定位环重新装在液压腔上。

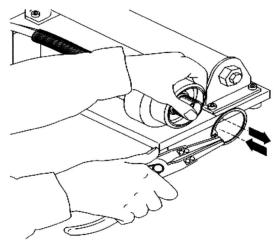 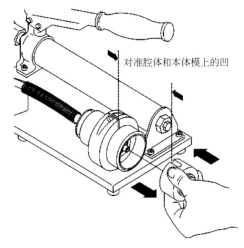

图 5.2-15　定位环的拆除/重新安装　　　　图 5.2-16　本体模头拆除安装

② 卡套预安装

（a）逆时针旋转手柄至少 1/2～1 圈以上打开泵旁通阀。

（b）对卡套管段进行去毛刺。

（c）将管子插入需要预装的接头。将接头上的螺母拧开，使螺母和前后卡套套在管子上。螺母、后卡套和前卡套的朝向必须如图 5.2-17 所示的顺序安装。

（d）将管子插入模头直至牢牢抵住活塞的肩部。拧紧螺母直至手紧并且模上所有螺纹均被螺母盖住。

（e）向前按压指示按钮直至其"咔"的一声就位，按钮肩部需和液压腔平齐。

（f）顺时针转动手柄直至停止，从而将泵旁通阀关闭至手紧位置。

（g）在保持管子抵住活塞肩部的同时通过手动泵增加液压压力直至指示器按钮被释放。

（h）在螺母的后部给管子做记号。

（i）逆时针转动手柄1/2圈或1圈以打开旁通阀。

（j）拧松螺母并将预装后的组件从腔体上取下。

（k）检查卡套管端面看是否有径向凹痕状触底标记（图5.2-18），这种凹痕表明管子在MHSU中被正确地插到底。如果没有可见的凹痕，该预装后组件不能使用。（MHSU一次只能预装一组卡套。如果卡套没有被足够预紧，它们应该被废弃，并且用一组新的卡套重新进行预组装。）

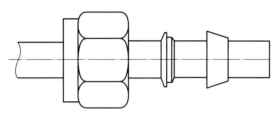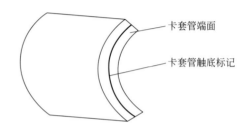

图5.2-17　部件安装顺序　　　　　　　　　　图5.2-18　卡套管触底标记

4）管段连接

① 预组装管道组装

（a）管径大于DN25的卡套管接头必须采取润滑措施，本体的螺纹上涂抹少量的润滑剂，在后卡套的后表面上涂抹相同剂量的润滑剂。

（b）将预装后的组件装在接头本体上，将螺母拧在接头本体上直至手紧，见图5.2-19。

（c）在螺母的6点钟位置做记号。固定住接头本体，用扳手拧紧螺母1/2圈，见图5.2-20。

图5.2-19　预装后的组件组装　　　　　　　　图5.2-20　用扳手拧紧螺母

② 非预组装管道组装

DN25以下的卡套管接头可不进行预组装，只需要用手动工具便可以进行快速和可靠的安装，见图5.2-21。

（a）选择规格材质与不锈钢管匹配的配件，按照螺母、后卡套、前卡套的顺序依次将其安放在管道上。

（b）卡套管紧靠卡套管接头本体的肩部，用手指紧固螺母，把螺母紧固至管子无法用手转动或无法

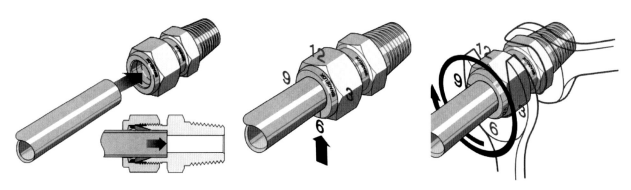

图 5.2-21　非预组装管道组装过程示意图

沿轴向在接头内移动。

（c）在 6 点钟的位置给螺母作标志。

（d）将接头本体固定，将螺母紧固 $1\frac{1}{4}$ 圈使其停在 9 点钟位置，对于 2、3 和 4mm 的卡套管接头，将螺母紧固¾圈以停在 3 点钟的位置。

5）与非卡套阀门、设备的连接

① 当需要不锈钢卡套管与焊接连接的管道进行焊接连接时，可采用焊接套管转换接头（图 5.2-22）进行转换。

注意：焊接碳钢接头时，热量往往会去除螺纹上的保护油。因此应注意补充螺纹润滑剂。

② 当需要不锈钢卡套管与内螺纹设备、阀门连接时，可采用外螺纹套管转换接头（图 5.2-23）进行转换。

③ 当需要不锈钢卡套管与法兰阀门及设备法兰连接时，可采用卡套管法兰转换接头（图 5.2-24）进行连接。

图 5.2-22　焊接套管转换接头

图 5.2-23　外螺纹套管转换接头

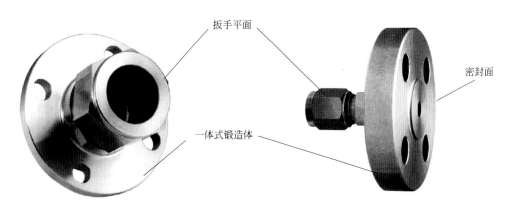

图 5.2-24　卡套管法兰转换接头

6）管道检测

① 安装过程检测

将 MHSU 间隙检测规放入螺母和本体六角之间的间隙，见图 5.2-25。如果检测规不能进入间隙，则接头已充分紧固；如果检测规能进入间隙，则表示还需要进一步紧固。安装后效果见图 5.2-26。

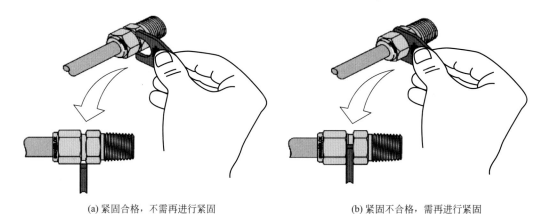

(a) 紧固合格，不需再进行紧固　　　　　　　　(b) 紧固不合格，需再进行紧固

图 5.2-25　紧固检测示意图

② 压力试验

（a）准备工作做好后，开始注水排气。开启电动试压泵向系统内注水，设专人观察各个管道末端出水排气情况，见图 5.2-27。

图 5.2-26　卡套连接效果图

图 5.2-27　试压系统及防护措施

（b）末端加封堵。为使系统内空气快速排除干净，将每条管道末端均作为排气口。当管道末端水流中不夹杂空气时，用管堵进行封堵。

（c）逐级升压，用干燥纸巾检漏。末端封堵后，系统内试验压力缓慢上升，升至试验压力的 30％时应保持 15min 进行检查，用干燥纸巾擦拭每个管道接口。若干燥纸巾保持干燥，则说明管道接口无渗漏。有湿润现象时需进行详细检查，若有渗漏现象，则需泄压进行修理，确认无渗漏无异常情况后方可继续升压。压力升至试验压力的 60％后，应停止升压，保持 15min 进行检查。无泄漏现象后按试验压力的 10％逐级升压，每级应稳压 3min 并检漏，合格后继续升压至试验压力，关闭系统关断阀。

（d）试验压力下稳压检漏。压力升至试验压力后保持 30min，观察压力表读数，30min 内压力保持不变的情况下，打开系统关断阀，将系统内试验压力降至设计压力，用干燥纸巾检查每个管道接口，若纸巾保持干燥，不被浸湿，说明管道无渗漏，强度试验合格。

（e）系统强度试验合格后，打开系统关断阀，使系统内的压力泄至常压。

（f）每个系统按此步骤进行试验，全部试验完毕，拆除电动试压泵等设备，强度试验完毕。

③ 气密性试验

（a）系统气密性试验应具备的条件：管道系统已经强度试验及吹洗合格，系统封闭完成，各种施工记录齐全，并已按设计和规范要求对管道系统进行检查确认；

（b）按照系统设置分包进行气密性试验；

（c）气密性试验仍使用强度试验所用的试压装置，但试压泵改为压缩机，压缩空气的入口不变；

（d）准备工作做好后，关闭泄压阀，开启空压机向系统内充气，压力升至 0.2MPa 后，保持 10min，用肥皂水逐个检查管道接口，确认无渗漏无异常情况后方可继续升压。

（e）检漏过程中若发现试验管道接口处泄漏，则关闭空压机，开启泄压阀将系统内压力泄至常压后方可进行维修，不得带压进行维修操作。

（f）当压力升至试验压力的 50％时，稳压 10min 进行全面检查，未发现异状或泄漏后，按试验压力的 10％逐级升压，每级稳压 3min，直至试验压力；然后稳压进行全面巡回检查，重点检查所有管道组成件的法兰接口、阀门填料函、螺纹连接口、放空及排凝阀等部位，以肥皂水检验不泄漏为合格。

（g）严密性试验合格后，缓慢开启泄压阀，泄放系统内的压力至常压，拆卸阀门、压力表等临时设施，将管道和设备进行正式连接。

5.3 大型气柜安装技术

气柜是一种大型气体储罐，分为湿式和干式两种，一般由钢材焊接而成，广泛应用于化工气体和城市煤气的贮存。湿式气柜用钢量少，与干式气柜相比机械加工构件少，施工难度低，但由于存在水封装置，柜体易锈蚀，维护费用较高。干式气柜是借助内部大面积活塞升降来恒定及调节输出压力，气柜安装精度及构件加工精度高，施工难度大，但占地面积小，贮存压力高，稳定性好，使用寿命长，节省钢材，环境污染少。

湿式气柜分直升式和螺旋式两种，大型湿式气柜均为螺旋式。湿式气柜的安装方法有多种，如水浮正装法、机械提升倒装法等。干式气柜通常采用传统的威金斯干式气柜模式，施工方法主要有提升法和浮升法两种，对于大型干式气柜大多采用浮升法。

本章具体介绍了湿式气柜水槽壁板大拼板安装技术、干式气柜提升法和浮升法安装技术。

5.3.1 湿式气柜水槽壁板大拼板安装技术

1. 技术简介

大拼板安装技术是根据水槽壁板周长及钢板实际尺寸，将水槽壁板竖向分为大致相等的若干块大拼板，每块大拼板包括自顶圈至底圈的各圈壁板各一块。在地面用自动埋弧焊将小块壁板焊接成大拼板后，把水槽立柱和相应长度的水槽平台也组焊在大拼板上，见图 5.3-1，最后将大拼板吊装就位，进行立缝焊接。

大拼板安装技术可用于钢制湿式螺旋气柜水槽壁板的施工，容积自 20000m³～200000m³，此施工技术亦可用于大中型储罐壁板的施工。

大拼板安装技术加大了地面预制深度，减少了高空作业量及机械台班；环缝的焊接全部为自动埋弧焊，减轻了劳动强度，提高了焊缝质量，有效控制了壁板的焊接变形，缩短了施工工期。

2. 技术内容

（1）施工程序

施工准备→凹、凸胎具预制→小块壁板下料→喷砂除锈防腐→在凸胎上组装大拼板→自动埋弧焊焊接外侧焊缝→吊运翻转至凹胎→碳弧气刨清根→埋弧焊焊接内侧焊缝→吊至切边胎上切边、切坡口→组焊水槽壁柱→组焊水槽平台→大拼板吊装就位→整体检测调整→立缝焊接→无损探伤→水槽壁板刷面漆→水槽试水、基础沉降观测。

（2）操作要点

1）绘制排版图

将水槽壁板沿圆周方向展开，根据其总长、总高和现场钢板实际来料尺寸，将整体水槽壁板分为若干块大致相等的大拼板。

2）胎具制作

胎具制作是大拼板施工技术的一道重要工序。应根据大拼板的长宽尺寸制作相应大小的凹、凸胎具，胎具底部用铰座固定，旁边立扒杆并挂 5t 捯链，以调整胎具在大拼板焊缝施焊时埋弧焊机保持水平。凸形胎具如图 5.3-2 所示。

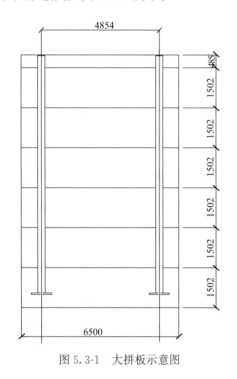

图 5.3-1 大拼板示意图

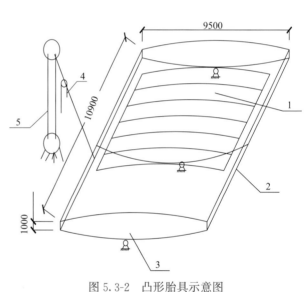

图 5.3-2 凸形胎具示意图
1—大拼板；2—凸形胎具；3—铰座；4—捯链；5—扒杆

3）下料、卷弧

根据排版图，在施工平台上用半自动切割机下壁板料，每块壁板长度和宽度允差为±1mm，对角线之差不大于 2mm，并切割所需坡口。

若大拼板中的小块板需拼接时，用自动埋弧焊机进行双面焊。下料时，考虑焊接收缩余量及壁板收活口量。

下料后的钢板用滚圆机制成所需的弧度，用 2m 长弧形样板检查，其偏差不大于 5mm。

4）大拼板制作

用吊车将弧板逐张吊至凸形胎具上，进行大拼板的组装、点焊。采用自动埋弧焊焊接外侧焊缝。如相焊的两层钢板不等厚，在坡口组对时保持凸面平齐。

外侧焊缝焊完后，起吊翻转大拼板到凹胎，用碳弧气刨清除焊根，用自动埋弧焊施焊内侧焊缝。由于在凹面施焊时焊口有 2~5mm 错口（板厚不等造成），熔化金属向低侧流动，易造成焊缝外观成形不良，因此，需要将凹形胎具上大拼板薄的一侧适当垫高，使自动焊焊缝表面两条熔合线基本处于同一平面内，使焊缝成形更美观，更易保证焊缝余高符合要求。

焊接内、外侧焊缝时，利用挂在扒杆上的捯链随时调整凹凸胎具，使自动埋弧焊始终在水平状态进行。

起吊翻转大拼板至切边胎，放线切割，调整半自动切割机割嘴角度切割出坡口。

确定水槽壁上立柱、平台位置线，组装、焊接立柱和平台，并按其安装位置编号。按规范检查大块壁板的制作质量，合格以后放在指定地点的胎具上，存放点应不影响施工作业和交通。

5）大拼板安装

① 在底板上确定大拼板的安装位置线。

② 组装：通过外侧吊耳起吊大拼板，第一块就位以后，通过手拉葫芦将内侧拉绳端部固定在底板中部，外侧拉绳固定在外侧锚点上，第一块大拼板必须内外各由 2 根缆风绳固定，稳固以后方可撤去吊钩。

通过手拉葫芦调整大拼板铅垂度，当铅垂度小于其高度的千分之一时，即可吊装下一块大拼板。

第二块大拼板紧靠第一块就位。就位以后调整立缝间隙、错边量及铅垂度，符合要求以后用弧形卡板与第一块板固定，内外各拉上一根缆风绳稳固，然后撤去吊钩。

用同样的方法按排版图依次安装其余各块大拼板。当安装达到全圆周的 1/4、1/2 及 3/4 时，应分别测量其上、下圆周周长，偏差值小于 ±10mm 为合格。

吊装最后一块大拼板之前，应精确测量已安装好的壁板外圆周上、下口的实际总长度，并根据测量结果，计算出最后一块板需要的弧长，加上 200mm 收活口余量，然后下料切割。

同时应测量已装好的大拼板全部立柱处的铅垂度和半径差，并将超差处调整到符合要求以后，方可按前述方法吊装最后一块大拼板。

③ 整体检测调整：壁板全部吊装就位以后进行对口错边量的调整。错边量超差小的部位可用打楔子的方法调整，错边量超差大的部位可结合凹凸度的修正并用增加弧形加强板的方法纠正。

两柱间的壁板凹凸度超差部位要用工字钢加门形卡校直。

测量所有立柱处壁板的铅垂度，通过缆风绳和手拉葫芦进行调整。

④ 立缝焊接：大拼板全部组装完毕并经检测确认符合要求后，即可进行立缝的焊接工作。水槽立缝采用手工电弧焊，由若干名焊工在圆周均匀分布同步作业，并采用相同的焊接工艺参数施焊。第一道焊缝焊完后间隔一道焊缝焊下一道焊缝。第一层焊缝采用自上到下的分段退焊法进行分段施焊，每段长度为 600～800mm。每条立缝最上一段 300mm 暂不焊，待水槽平台全部安装结束后再施焊。

立缝的焊接过程：焊外侧焊缝 2/3 厚度→内侧气刨清根→内侧焊接→外侧焊缝盖面。

⑤ T 形角焊缝焊接：水槽壁的立缝焊接完毕以后必须对圆弧度及铅垂度进行调整，合格后进行壁板与底板间 T 形角焊缝焊接工作。

焊工在圆周上对称均匀分布，采用分段跳焊法，3000mm 左右为一跳焊区段，内外 T 角缝交替焊接，其焊角尺寸应符合设计要求，且焊接时每侧不少于 3 道。

6）水槽注水试验

水槽完工验收合格后，方可进行注水试验。进水前水槽内所有杂物均须清理干净。注水过程中应严格执行分级进水、以逐渐增加水槽负荷。注水同时应密切观察所有焊缝及连接处，要求无渗漏现象。做好基础沉降观测记录。

5.3.2　湿式气柜中节、钟罩安装技术

1. 技术简介

湿式气柜主要由立式圆筒形水槽、一个或数个圆筒塔节（中节）、钟罩及导向装置组成。钟罩是一个有拱顶的底面敞开的圆筒结构。在水槽和钟罩之间是圆筒状的活动塔节。气体管道穿过水槽底板和水

槽中的水进入钟罩，实现气体的输入或排出。上下相连的塔节间用水封挂圈连接并实现密封：当向气柜压送气体时，钟罩上升，其下部挂圈从水槽中取水；钟罩升至一定高度时，钟罩下挂圈与塔节上挂圈连接，第二塔节上挂圈立板插入钟罩下挂圈水封，第二塔节即被提起，如此依次提起各塔节。在输出气体时，钟罩和塔节的动作过程相反。钟罩及塔节依靠导轨和导轮保证升降平稳，见图5.3-3、图5.3-4。

图 5.3-3　湿式气柜示意图

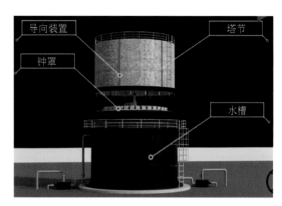

图 5.3-4　湿式气柜各组成结构示意图

2. 技术内容

（1）塔体画线

根据事先确定的中心，利用盘尺和拉力计（拉力统一）在同一气温条件下画出各塔下水封内、外圆在底板上的垂直投影弧线，画线时要考虑底板的坡度，并进行复核。

利用精度为1～2级的光学经纬仪复测十字中心线和基准圆弧线的角度是否准确，十字线相交是否为直角。

塔体底部垫梁的安装既要与十字基准线保持正确的关系，又要呈放射形均布，并且要求保持等高。因此需要用经纬仪精准测出角度，画出各放射线方位，然后利用钢盘尺加弹簧称量取半径，确定垫梁的安装位置。

（2）垫梁的安装

根据画线确定的安装位置，先将垫梁垫板粗找平，并焊接在底板上，然后安装垫梁，利用垫铁找平，控制垫梁相对标高误差不大于5mm，垫梁本身水平度误差不大于1mm，每根垫梁的标高测量外、中、内三点，以最高点为基准。

（3）塔体的安装

垫梁安装完毕后，进行各塔体的安装，其安装顺序由外向内，即先进行塔1的安装，然后依次进行塔2、塔3、塔4等的安装，最后安装钟罩。每个塔体安装顺序为：下挂圈安装→下挂圈盛水试漏→立柱及上挂圈安装→导轨及垫板安装→菱形板安装。

根据塔体的结构特点，采取分段吊装方案。当进行导轨的几何尺寸检测和调整、菱形板组装和焊接等作业时，可在塔体立柱的适当高度上铺设跳板，作为作业平台，供工人操作活动。

1）上、下挂圈分段预制

根据塔体立柱和导轨数将各塔上、下挂圈预制成若干段组合件，各段组合件的理论长度应当相等，且可以互换。由于实际制作中存在误差，为了避免某一区段误差积累过大，保证导轨、立柱的安装孔距均匀分布，预制时应采取如下措施：

① 测量各段上、下挂圈圈板的实际长度。各段长度叠加并加上各段挂圈圈板的组装间隙，应与设计的理论长度相一致。

② 预制上、下水封时应对立柱和导轨上螺栓孔的位置及孔距进行复测，确认无误后方可进行安装。

③ 挂圈板上螺孔位置的准确程度将直接影响到立柱与导轨安装工作能否顺利进行，尺寸必须符合

要求，方可交付安装。

2）导轨预制

① 螺旋导轨胎具制作

螺旋导轨呈螺旋形状，螺线导角为 45°，由于形状特殊，加工难度较大，一般应借助特制的导轨胎具进行加工。为了便于安装，应将导轨与导轨垫板在胎具上焊接成一体，组成导轨组装部件。

胎具放样时，必须注意相邻两塔节的螺旋方向相反，允许以第一、第三两塔节的平均直径作一胎具两节共用，以第二、第四两塔节的平均直径作另一胎具两节共用。

② 螺旋导轨预制

螺旋导轨加工一般分两步进行，即初步加工：利用胎具，采用热煨加工或利用辊床以 45°角放入导轨反复轧制，使其基本符合线形；然后进行第二步加工——矫形，即将初步加工后的导轨放在胎具上进行局部矫形，直至符合导轨胎具线形要求。

导轨需要对接时，钢轨头部采用 U 形坡口，腹部采用 X 形坡口，底部采用 V 形坡口。接头部分（两侧各 150mm 左右）焊前要预热，预热温度为 300℃，焊后立即加热至 300～400℃保温，缓慢冷却。焊条采用 J506 或 J507。

导轨与导轨垫板的焊接须在导轨接头焊接完毕后进行，搭接焊缝，采用两面交错间断焊，导轨端部间断焊焊缝长为 200mm，导轨接头附近为 300mm，导轨与垫板两端搭接焊缝在安装定位后再进行焊接。

3）下挂圈安装

安装下挂圈前，应在垫梁上按各塔直径的理论位置线点焊内挡板，在确定挡板位置时应扣除圈板厚度。

各塔上、下挂圈安装时，必须保证圈板上螺孔的间距应与设计尺寸相一致。不管圈板的纵缝间隙状况如何，首先要保证立柱与立柱之间、导轨与导轨之间的间距准确，其误差不得大于±2.5mm。

4）立柱与上挂圈的安装

为了减少高空作业，保证安装质量，在地面将各段上挂圈（或两段组合件）与立柱用螺栓预先紧固连接成"门"形组合件，然后将其吊起适当高度，封焊挂圈圈板上的螺孔。

① 采用经纬仪随时检测立柱的轴向垂直度确保第 1 榀上挂圈立柱组合件的安装位置准确。立柱的径向垂直度误差可借助于水槽平台上的基准圆，用磁力线坠吊线配合测量。第 1 榀组合件安装完毕，用型钢将其与水槽平台或前塔的上挂圈连在一起。

② 上挂圈各段之间的组对间隙、误差控制及注意事项同下挂圈。

③ 吊装组合件时，应采取防变形措施。吊装组合件采用铁扁担，铁扁担两端各挂 2t 捯链 1 个，用以调整立柱高度，便于螺栓穿入。

5）导轨安装

导轨安装在塔体上、下挂圈组装完毕后、连接焊缝施焊前进行。安装前，复查上、下挂圈的半径偏差，并根据设计图纸在挂圈上准确地标出导轨端部的位置。根据塔体的实际周长并以基准线为准，准确定出各导轨位置，然后焊好定位角钢。

① 导轨吊装时，利用卡扣将钢丝绳拴在导轨垫板的安装孔上，或者用钢丝绳捆扎在导轨上。吊点位置应在导轨的中心偏上，以便导轨斜穿插入各塔上挂圈空挡内。

② 导轨吊装就位后，立即用螺栓将其与下挂圈圈板紧固好，再进行上挂圈圈板与导轨螺栓的连接，最后进行导轨垫板与立柱间的连接。

③ 将导轨分成若干等份，并做好标记（图 5.3-5），以此测量其平行度和突出度。导轨就位后应调整其位置。

④ 导轨平行度和径向突出度检查：

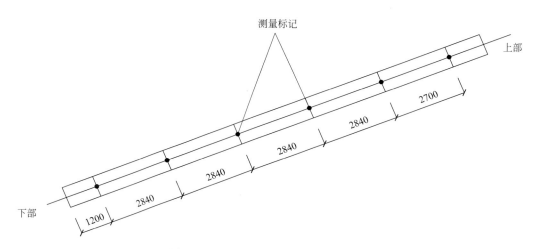

图 5.3-5　150000m³ 气柜导轨分段标记

采用盘尺测量导轨平行度。利用钢盘尺和弹簧测力计检查相邻导轨之间的水平间距，如图 5.3-6 所示。同一挡内的 L_1、L_2、L_3、L_4、L_5、L_6 长度误差不得大于 5mm。每挡导轨平行度测 6 点，测点应符合下列要求：其一，各测点应位于导轨的中心线上；其二，导轨间相应两点必须位于同一水平面上。

导轨径向突出度的测量：导轨径向突出度如果控制不好，在气柜升降过程中导轨会将导轮向外拉出或者向内压进；如果径向突出度误差超过导轮结构所允许的轴向串动量，则会产生导轨与导轮间严重挤压甚至产生脱轨现象。测量导轨径向突出度的方法是在导轨上、中、下挂线坠，借助于基准圆线测量径向误差（图 5.3-7）。

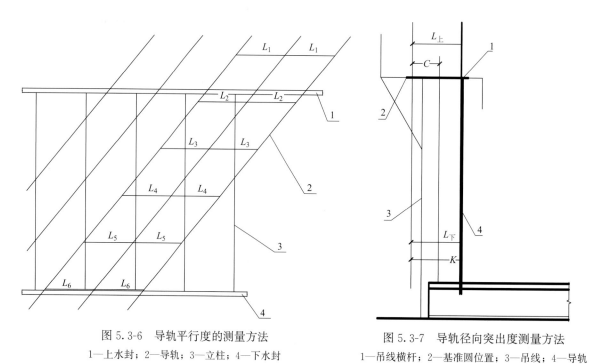

图 5.3-6　导轨平行度的测量方法

1—上水封；2—导轨；3—立柱；4—下水封

图 5.3-7　导轨径向突出度测量方法

1—吊线横杆；2—基准圆位置；3—吊线；4—导轨

6）菱形板的安装

塔体骨架安装完成并在几何尺寸复测无误后，方可进行菱形板的安装。

菱形板的吊装按图 5.3-8 所示的方法进行。菱形板安装时，要使其与上、下挂圈板紧贴并确保其板面不产生皱褶或鼓包。焊接菱形板时按以下顺序进行：导轨垫板上、下两端与挂圈的对接焊接→菱形板与挂圈的搭接焊缝→菱形板与导轨垫板的搭接焊缝。焊工应沿气柜周边均匀分布，并沿同一方向对称施焊。

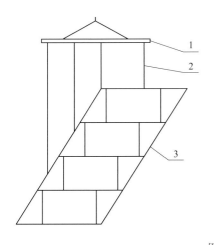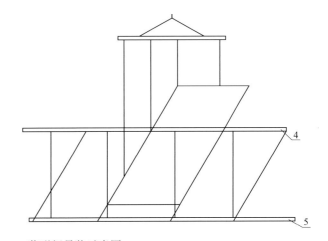

图 5.3-8 菱形板吊装示意图

1—扁担；2—钢丝绳；3—菱形板；4—上水封；5—下水封

（4）钟罩、拱架和顶板的安装

1）拱架安装

① 拱架预制

将拱架单件在地面组焊成若干榀主拱架组合件（指两根主向梁及其间的环向梁、次径向梁、斜杆等组成之组件）及次拱架组合件（指两榀之间的环向梁与斜杆的组装件）。预制时，主拱架上的连接件事先焊好，以减少拱架吊装后的高空焊接工作量。

② 拱架安装

（a）拱架安装前，对施工用中心胎架（图 5.3-9）的垂直度和实际高度进行复验。中心胎架顶圈应根据拱架直径大小比设计标高提高 50～200mm。

中心胎架是拱架安装的必备设施，要有必要的强度和刚度，以防变形，并在其顶部设置操作平台。安装时，应先将钟罩中心环固定在胎架上部。

（b）拱架安装无论采用正装法还是倒装法，均宜事先组装好罩顶边环的包边角钢。大型气柜包边角钢刚度不足时，应将钟罩上部加强圈用足够强度的型钢与各塔的上挂圈及水槽壁板相连接，以防止钟罩加强圈在顶架安装时发生径向变形而成椭圆。

（c）拱架吊装：拱架构件的吊装顺序应先吊装主径向梁及环向梁的组装件（主拱架），再吊装两榀之间的环向梁与斜杆的组装件（次拱架），最后吊装次径向梁及环向梁散件。组装件要对称地进行吊装并用螺栓固定，使之连成整体，待几何尺寸调整合格后再进行焊接。拱架吊装顺序如图 5.3-10 所示。

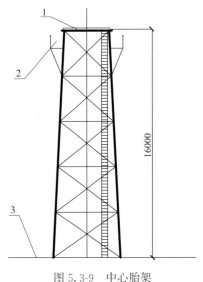

图 5.3-9 中心胎架

1—中心顶圈；2—操作平台；3—水槽底板

2）顶板安装

顶板安装采用由下而上的方法进行施工，即先铺设边环板，然后逐圈向上安装各圈中幅板，最后安装顶圈盖板。

顶板对称地进行吊装。为防止顶板下凹，采用临时支撑予以加固。顶板吊装结束后，将临时点焊固定处铲除，按排版图尺寸找正就位，正式点焊固定。

顶板焊接顺序：先焊径向焊缝，再焊环向焊缝，顺序是由内向外，最后焊边环板，以减小焊接变形；中间薄板若为条形板，则先焊短边后焊长边，最后焊接与边环板连接的环缝。

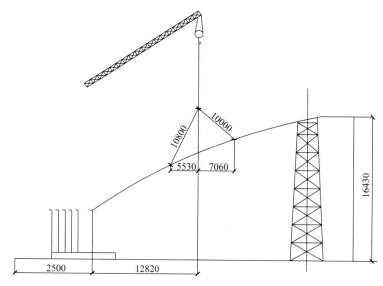

图 5.3-10　拱架吊装顺序

（5）导轮安装

1）导轮安装前，各塔体以及顶板等的焊接工作应全部结束。除各塔挂圈上每根导轨附近的夹紧调整螺栓保留不动以外，其他施工中的辅助构件应基本拆除。

2）根据水槽及各塔节验收时的测量数据，换算出每根导轨上、中、下三点相对理论圆柱面的误差，作为安装导轮的参考依据。

3）导轮安装时，轮轴应调整到两侧均有串动余量的中间位置。轮缘凹槽和导轨的接触面应有 5mm 的间隙，导轮的径向位置应满足导轨升降时任何一点均能顺利通过导轮的要求。经复测符合要求并通过升降试验后，即可将导轮底板焊牢。

4）为避免塔体温度差影响测定，同一塔节上全部导轮的安装就位及测量工作宜选择在气柜各处温差较小的时机进行（早晨或傍晚）。

（6）斜梯安装

斜梯先在平台上预制好，然后吊装就位。按十字基准线确定好各塔斜梯的安装位置，注意斜梯位置不能与内塔导轨相碰。用经纬仪找正，确认无误后方可焊接固定。

（7）升降试验

1）水槽充水前准备工作

① 仔细检查挂圈、立柱与垫梁以及其他各部位临时点固焊是否铲除。

② 所有妨碍升降的因素应予以清除。

③ 水槽内所有杂物、泥土及垃圾均应清扫干净。

④ 升降试验若在冬天进行，要采取措施保证水温在 0℃ 以上。

2）充水试验

① 设专人负责值班，检查水槽有无异常变形和渗漏现象。如发生渗漏，则应放水，使水面降至缺陷部位以下进行修补，合格后继续充水。

② 充水试验时应对基础进行沉降观测。

3）升降试验

① 各塔气压值计算和风机选择

升降试验时，各塔内的气压按下式计算：

$$P = Q/F \qquad (5.3\text{-}1)$$

式中　Q——上升塔体的总重（包括挂圈的水重，kg）；

　　　F——上升塔体的截面面积（m^2）。

根据上述公式可以计算出升降试验时各塔的气压值，其中包括气柜升降的最大气压值和最小气压值。风机全压应大于计算的最大气压值（不计风量泄漏）。

② 升降速度

升降试验时，由于要进行各项数据的测量、各塔外壁油漆涂刷或补刷、焊缝涂肥皂水试漏等工作，因此，第 1、2 次升降试验速度可以控制得慢一些，第 3 次升降试验可以进行得快些。升降速度见表 5.3-1。

气柜升降速度表　　　　　　　　　　　　　　　表 5.3-1

升降次数	上升速度（m/h）	下降速度（m/h）
第 1 次升降试验	2～3	7～8
第 2 次升降试验	2～4	7～10
第 3 次升降试验	5～6	10～12

③ 试验方法

（a）试升降。用鼓风机向罐内充气，使塔体徐徐上升。沿四周观察导轮与导轨接触情况及导轮运转情况，并加以记录。气柜升至最高位置后，打开阀门塔体渐渐下降，继续观察压力变化及导轨运转情况。

（b）借助罐顶上的 U 形压力计观察压力变化情况，检验塔体上升的性能。

（c）用涂肥皂水的方法检验塔体的气密性，如有泄漏应予补焊。

（d）塔节全升起后，如压力计指示的压力和设计压力偏差过大，则应调整配重块。

4）保压试验

气柜升降试验完成之后，进行 7 昼夜的保压试验。将气柜约 85% 的容积充满空气，按照热力学原理将初始储气量与经过 7 昼夜后的储气量换算成标准容积，其标准容积差就为泄漏量。

气柜在充气密闭后，要准确测量柜内的平均温度相当困难，因此保压试验初始值和最终值测量应选在阴天的早晨或傍晚，在外部气温变化较小的气温条件下进行。

柜内储气量的标准容积可用下式进行换算：

$$V_0 = V_t \frac{273(B - P_{蒸汽} + P)}{760(273 + t)} \tag{5.3-2}$$

式中　V_0——0℃、760mmHg 时干燥空气的标准容积（m^3）；

　　　B——气柜 1/2 高度处测定的大气压力（mmHg）；

　　　P——柜内空气的相对气压值（mmHg）；

　$P_{蒸汽}$——柜内蒸汽分压（mmHg）；

　　　t——柜内空气的平均温度（℃）。

计算出的空气泄漏量应换算成煤气泄漏量，其煤气泄漏量不得超过初始量的 2%。

5）主要验收标准

① 塔体所有焊缝和各密封接口均无泄漏。

② 导轮和导轨在升降过程中无卡轨现象。

③ 各部分无严重变形。

④ 安全限位装置准确可靠。

5.3.3 干式气柜提升法安装技术

1. 技术简介

干式气柜提升法安装技术是通过在柜体立柱顶上设置提升装置，用手摇卷扬机将柜顶系统整体提升至设计安装位置。这种技术的主要特点是有效地解决了干式气柜因活塞表面刚性较差，不宜采用活塞浮升法施工的问题，避免了因强制采用浮升施工而导致施工成本提高。这种技术的主要施工程序是：首先进行气柜底板、活塞板的安装，其次是在柜底上组装柜顶系统，然后安装立柱、侧板。在立柱、侧板安装过程中，以每层环形走道为施工平台。待气柜立柱、侧板、环形走道安装结束后，整体提升柜顶系统，最后安装活塞密封装置等活塞系统及附属装置。

由于这种技术柜顶系统提升时为半机械化作业，因此劳动强度较大，但与采用柜顶系统高空散装相比有巨大的优越性。

2. 技术内容

（1）工艺流程

工艺流程见图 5.3-11。

（2）实施过程

1）基础中间交接时必须有详细资料，内容包括柜基础中心坐标、高程、直径、柜基础周边各点标高、混凝土强度、柜基础表面曲率及外观质量。各立柱基础面标高允许误差±5mm，环周各点相对标高误差不超过±10mm，基础凸面各点标高误差±1mm。

2）底板安装采用吊车在基础上铺设钢板，以中幅板的中心为基准，呈十字状铺排，测点定线，临时点固，全面检测无误方可焊接。

3）组装活塞时，首先安装活塞支衬板然后安装活塞板，活塞板的安装方法与底板铺设相同。按图纸要求确定混凝土坝的位置、中心和标高，浇筑混凝土坝。

4）柜顶系统在地面组装时，首先按图示组装中间部分，然后组装周边环梁，并且安装好施工用的中央支架、门形支柱及各种临时支架，测定中心线、定位线、标高等控制点，做好标记，最后安装柜顶梁、柜顶板以及各种附件。

5）在柜体立柱安装前，首先复查立柱基础标高、基础中心直径、相邻两柱间距，并配置相应的垫板。气柜的立柱可组合吊装，在第一段立柱安装完后，应在每根立柱上投点，作为各个柱的标高基准点。

6）在组装、焊接第一段柱的侧板时，应留下一跨侧板暂不焊接（但须找正），待其他侧板焊接完之后将此侧板拆下，作为柜内构件的进口，待活塞系统安装完毕后再进行恢复、焊接、加固。

7）待第一段柱和侧板安装结束后，继续进行下一段的柱、侧板安装。

8）待立柱和侧板、走道平台全部安装结束后，便可进行柜顶系统的提升。提升时，用"2-2"滑轮组及手摇卷扬机牵引。在柜顶设 2m 短柱，为了减小手摇卷扬机的牵引力，可设置配重达到整体提升的目的。柜顶系统提升应慢速平稳，且分三个区段进行，以便于检查提升高度。待将柜顶提升到设计位置后，将其调整固定。

9）在柜内用吊车进行 T 形挡板及活塞支架安装，然后用手摇卷扬机安装橡胶布帘密封装置。在吊车进入柜内时应增设吊车行车过桥，以防损坏基础侧壁。

10）进行附件安装。气柜在调试前需进行气密性试验，合格后方可进行活塞调试，在调试过程中如发现有异常情况必须及时处理。

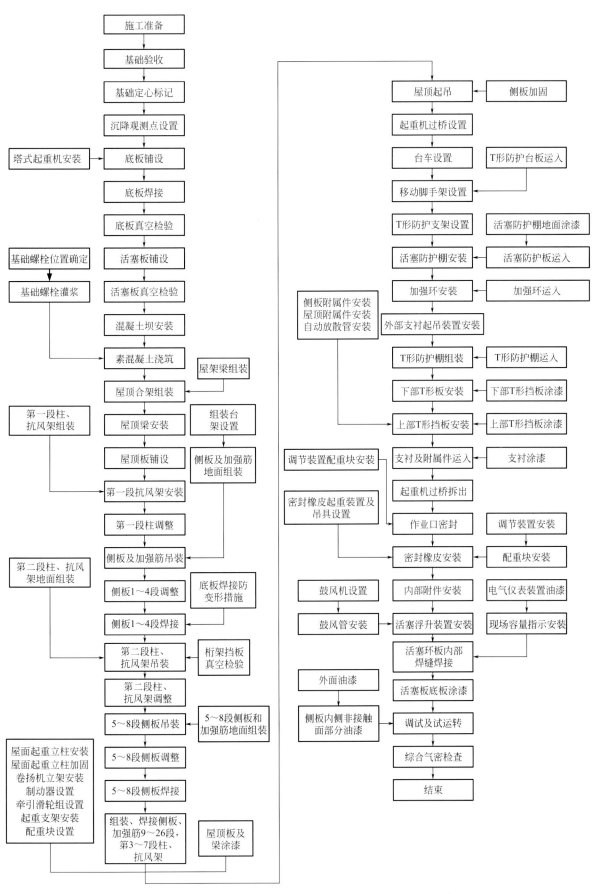

图 5.3-11　橡胶布帘密封干式气柜提升法施工流程（80000m³）

5.3.4 干式气柜浮升法安装技术

1. 技术简介

干式气柜浮升法安装技术主要是利用干式气柜自身结构的特点，以活塞为浮排，在活塞和气柜底板之内充入空气，使活塞慢慢浮升，并带动柜顶、柜顶吊车和双层活动脚手架，逐层安装立柱、侧板及其附属装置。

采用这种技术安装气柜，在活塞浮升过程中需要水或油进行密封，且活塞的表面刚性必须能够带动柜顶系统，因此该技术在稀油密封干式气柜安装时得到广泛的应用。

2. 技术内容

（1）工艺流程

工艺流程见图 5.3-12。

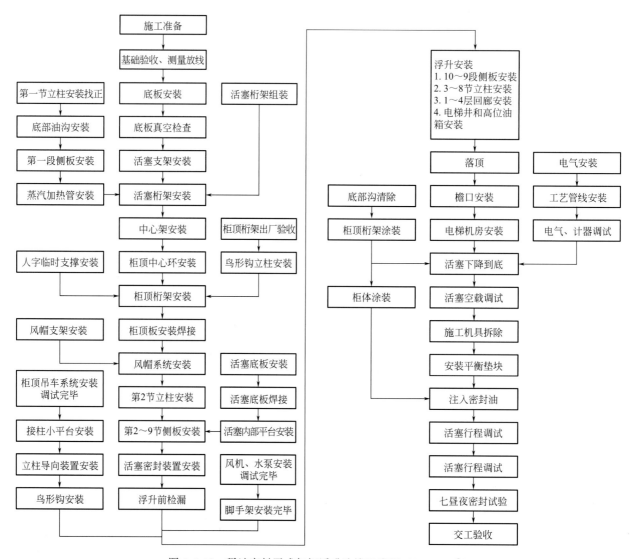

图 5.3-12　稀油密封干式气柜浮升法施工流程（150000m³）

（2）操作要点

1）基础验收

根据土建专业提供的基础中间交接资料及其现场标志，对基础复测验收，技术要求如下：

① 底板基础允差：±15mm；

② 油沟基础允差：±10mm；

③ 地脚螺栓位允差：±10mm；

④ 预埋件位置准确。

2）为了确保气柜安装精度，在安装前用经纬仪、水准仪和钢盘尺，对基准点的中心和标高进行测量、标记。

3）底板铺设

采用搭接焊接。底板从中央开始向外铺设，每块铺设后，先点焊 3～4 点，底板铺完，测量水平度，合格后，按底板焊接工艺焊接。焊接完毕后，再一次测量平整度，允差为±40mm。每条焊缝经外观检查后，再进行真空检查。

4）第一节基柱安装

① 基础复测，垫板坐浆。垫板长 570mm，宽 60mm，斜度 1：40，每柱 4 组，具体要求按规范执行。

② 螺栓先放在预留孔内，就位基柱。

③ 调整中心标高、水平和垂直度。

④ 用螺栓临时固定。

⑤ 用水准仪测柱顶标高。

⑥ 用经纬仪测量柱子垂直度，分区对称检测。

⑦ 用钢板尺测量其平面位置。

⑧ 处于对角线位置的立柱顶部距离用钢盘尺测量。

⑨ 用柱距测量工具测量柱距。

⑩ 上述各项结束后，拧紧地脚螺栓。

其技术要求可见设计方面提出的"气柜验收要求"。在第一节基柱安装后，可安装第一段侧板，留一段暂不装，留作出入口。

5）底部油沟安装

底部油沟由底板、侧板、挡板组成，用来贮存密封油和水。在第一节立柱安装后先安装、焊接底部油沟，后安装沟内活塞临时支架、煤气进出口管、集油箱口、鼓风机风管接管、沟内蒸汽加热管等。

6）活塞系统安装

活塞系统包括：桁架、活塞底板、密封装置、上下导轮、活塞平台、防溅油板等。因活塞桁架体积大，应在工厂预装后散件出厂，考虑底板焊接收缩，桁架下弦预留 50mm 余量。

① 在气柜底板上，放出各基柱中心线，安装底部油沟内的临时支架，高度允差调至±1mm，安装中心垫环。

② 按图组对桁架成片，总长度不允许有负偏差。

③ 利用吊车或扒杆对称安装桁架，留出未安装侧板的一跨暂不安装桁架。

④ 活塞底板从中央向外逐层安装，每片先点焊 3～4 点固定，从中央向外逐层对称焊接，电流大小、焊接速度均应相同，减少焊接变形。

⑤ 活塞密封滑板等设备安装前必须认真检查，不符合设计的要剔除。密封件非常零散，件数多，必须妥善保管。

在活塞系统安装时，上述第①点和第⑤点可在柜顶系统施工后安装。

7）柜顶系统安装

柜顶系统包括顶桁架、中心环、换气装置（风帽）、檐口、观察窗、顶板、吊笼及传动装置、平台等。柜顶桁架在工厂组对成片出厂，中心环分四块出厂。

① 在活塞桁架上架设中心架，用来临时支撑柜顶中心环。

② 为了安装析架，在活塞桁架上（鸟形钩立柱处）设置一临时支架，其上放两台10t千斤顶，以便调整桁架标高，鸟形钩立柱及人字斜撑安装后，将支架移走去安装另一榀桁架，如图5.3-13所示。

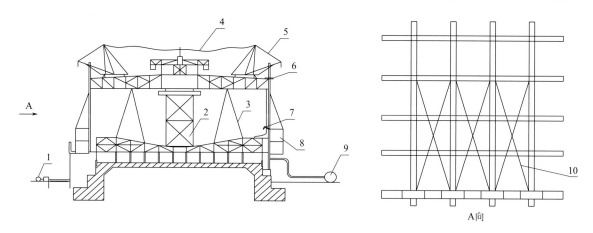

图5.3-13 柜顶吊车及桁架安装示意图

1—空压机；2—中央台架；3—支撑；4—溜绳；5—吊车；6—鸟形钩挂板；7—鸟形钩；
8—脚手架；9—风机；10—调节螺丝

③ 柜顶桁架按0°、90°、180°、270°的顺序对称安装。

④ 顶板从外围向中央方向铺设，焊接时分四个区，从外向内逐层对称焊接，保证均匀收缩。

⑤ 风帽安装应先在平台上组对。在桁架安装的同时，进行风帽、吊笼内部平台、导向筒、传动装置的安装。

8）第二节立柱及侧板安装

① 第二节立柱和第一节立柱先用螺栓连接，用专用调节螺栓找正，作径向、切向垂直度检查，用2m钢板尺靠紧两柱结合面处，检查间隙，不准向内倾斜。垂直度允差：第二节柱为$h/1500$，第一节为$h/5000$。

② 每根基柱安装找正后，用专用检测工具测柱距，分上、下两处进行。

③ 侧板安装前检查侧板几何尺寸及变形情况，高度不允许有正偏差，每块侧板与基柱各有5个连接孔，安装时先用锥子上下止住，中间三个用M12螺栓临时固定，待上一段侧板安装找正后，再与下一段板点焊3～4点（长度方向）。一圈侧板安装完后，应检查侧板的标高及错边量。上下两段侧板错边量不大于1mm。在侧板安装过程中，若出现侧板和基柱孔错位，封堵圆钢穿不进去，可用铰刀铰板上的孔，不允许割孔。

④ 侧板安装后，进行第一、二两节基柱接口焊接，由两名焊工对称焊一根立柱，焊接时边焊边测量柱垂直度，若发现问题及时纠正。

⑤ 侧板焊接采用多名电焊工同步对称焊，先焊横缝后焊立缝。横缝从侧板中间向两端退焊，尽量减小变形。

9）施工专用机具安装

① 柜顶吊车是浮升法安装气柜的专用吊具。两台对称布置，可沿柜顶圆周移动，包括车架、车轮、塔架、吊臂、变幅机构、提升机构和行走机构、走道、溜绳等。柜顶吊车在浮升前必须安装就位，并进行试吊。在回转半径为4.5m时，吊车性能应达到可吊2.5t。

② 施工用双层活动脚手架24个，每个长7000mm，吊杆长5600mm，双层平台宽900mm，两层平台可转动，内侧吊杆下段可拆卸。双层活动脚手架安装时柜顶外沿（每根基柱两侧）安装悬挑梁，挑架上横装两根梁，吊杆挂在上面，双层活动脚手架随活塞浮升而上移。

③ 鼓风机是浮升安装的必需设备，要求风量大，风压高，常选用风量为 19360m³/h、压力为 10635Pa、功率为 110kW 的鼓风机。风机基础由土建专业根据风机底尺寸施工。在浮升前，鼓风机及其接管必须安装调试完毕。

10）浮升前的准备工作

浮升前，完成以下工作：

① 柜顶接柱小平台安装完。

② 基柱导向装置安装完。

③ 施工用鼓风机及其接管安装完。

④ 煤气进出口管盲板安装完。

⑤ 密封帆布加油，活塞油沟内注水。

⑥ 施工用水泵及配管安装完。

⑦ 柜内照明及通风设施安装完。

⑧ 底板、第一段侧板和活塞底板气密试验完。

11）活塞浮升

各项准备工作做完后用鼓风机将空气送入活塞板和气柜板之间。当压力达到一定程度时，活塞将带动柜顶上升（速度 0.1~0.2m/min）。每次浮升行程为 810mm，安装一段侧板。为了挂鸟形钩，每次先升 840mm，挂钩后，再下降 30mm。如此循环作业。浮升前检查内容如下：

① 侧板安装、焊接情况。

② 柜顶吊车对称布置。

③ 浮升体和周围无连接。

④ 导向轮、导向装置和立柱接触情况。

⑤ 鸟形钩挂钩板方向是否正确，螺栓是否全部拧紧。

⑥ 密封滑板和侧板、立柱接触情况，有无杂物。

⑦ 鼓风机出口阀门开关是否灵活，出口压力计是否准确。

⑧ 对讲机频道一致，统一指挥，指定人员在四周观察上升情况。

上述检查完毕后，方可送风浮升。

12）落顶

浮升安装完侧板后，将柜顶和基柱连接成一体的过程，即为落顶。其安装步骤和要领如下：

① 先浮升 30mm，使鸟形钩和挂钩板能够脱离，关闭风机出口阀门，同时拆除挂钩板。

② 停风机，开启风机出口阀门，使柜内空气经风机外溢，活塞慢慢下降，在柜顶桁架和立柱连接最佳位置处，关闭阀门，安装挂钩板，再一次将活塞吊挂住。

③ 柜顶桁架和基柱用高强度螺栓连接，对称的基柱同时安装。

④ 高强度螺栓连接完后，柜顶和立柱已成为一体，这时不急于落活塞，要利用活塞调整内部吊笼，涂装柜顶桁架。

13）活塞下落到底

落顶工作完成后将施工用脚手架拆除完即可放落活塞。

① 向柜内送气，达到浮升活塞压力时，关闭风机出口阀门。

② 逐个拆除鸟形钩立柱和柜顶桁架的连接螺栓，对称地拆除鸟形钩挂板，留 0°、90°、180°、270°方向四处不拆。

③ 再一次确认柜内压力，若低于浮升活塞压力，则向柜内送气，同时拆除 0°、90°、180°、270°四处挂钩板。

④ 停风机，逐渐开启出口阀，使活塞下落到底。

⑤ 在活塞徐徐下降的过程中，在立柱表面涂上黄油。

14）活塞空调试

用施工鼓风机向柜内送气，使活塞在无平衡配重的情况下全程上下两次。检测活塞运行情况。

15）附属装置安装

在活塞空载试验结束后，便可按图纸设计要求进行附属装置安装。

16）涂装

柜体最后一道面漆，采用吊笼，利用回廊喷涂。

17）柜顶吊车拆除

柜顶吊车及其轨道系统拆除须在安装工作全部完成后进行。利用一台吊车拆另一台吊车。后一台可在柜顶设一人字桅杆，用卷扬机、手拉葫芦配合拆除。

18）平衡配重块安装

平衡配重块为混凝土块，全部铺在活塞平台上。安装平衡配重块时，首先拆第二段两块侧板，且在被拆两块侧板处外侧搭一平台，用吊车将平衡配重块放在平台上，再进行安装。平衡配重块要轻放，对称安装，不能使活塞倾斜。平衡配重块安装后，及时将拆除的两块侧板恢复。

19）活塞油沟注油

活塞行程调试前，须向油沟注油。

① 注油前再一次检查密封装置是否完好，密封油布全部更换。

② 油沟内必须干净，无杂物。

③ 油面深度以设计深度为准。

20）活塞行程调试

采用正式风机送风，使活塞在工作压力下，以 0.2～0.5m/min 的速度上、下运行两次，再以 0.5～1.0m/min 的速度上、下运行一次。调试过程中，检查确认以下内容：

① 活塞无阻碍，无跳动，无不正常声响，上、下导轮均能自由转动，受力均匀。

② 检查活塞倾斜度：阴天为 $D/1000$，晴天为 $D/1500$（D 为活塞直径）。

③ 油泵启、停均衡，排油正常，油泵每天累计工作时间不超过 5h。

21）整体气密试验

气密试验时，每天定时检查压力、温度并做好记录。

5.4 维修/改建储运工程施工技术

5.4.1 立式储罐底圈壁板更换技术

1. 技术简介

老旧储罐项目在进行检修时，可能存在需要更换壁板的情况，此时，罐区已封闭，施工区域受限，同时拆除旧壁板更换新壁板过程中，会出现应力变化和应力集中的问题，可能引起罐主体变形，甚至造成内浮盘无法使用。因此更换储罐壁板时防变形控制要求高。

本技术以某工程 5000m³ 内浮顶储罐底圈壁板更换为例，通过针对性的焊接方案和严密的技术保障措施，有效避免了罐体变形。

2. 技术内容

壁板更换施工流程见图 5.4-1。

图 5.4-1　壁板更换施工流程

（1）钢板检测

采用超声波探伤方法确认换板区域，见图 5.4-2。

（2）备板下料、预制

综合考虑新增纵焊缝与边缘板对接焊缝、盘梯支架垫板焊缝的距离关系等，将换板长度定为 3000mm。预制时采用相同材质、相同型号的备板，按储罐的曲率半径进行滚弧，净宽取 1980mm，板长度取 3000mm，按原设计图纸要求开坡口。

（3）原壁板拆除

1）在储罐待拆除区域钢板上画出拟替换钢板的轮廓线，在轮廓线内侧 3mm 处画出实际的切割线，见图 5.4-3 中虚线部分。切除区域尺寸为 1.98m×3m，其中裂纹处纵缝距离切割线 0.1m。

图 5.4-2　罐内钢板超声波检测

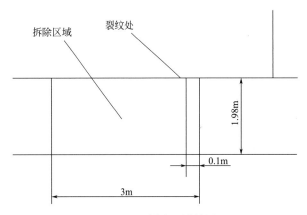

图 5.4-3　拆除区域简图

2）切割前在上层壁板靠近环缝切割线 100mm 处焊接弧形板固定，该弧形板的长度不得小于 4000mm，在两条纵向切割线外侧 100mm 处用∠100×10 角钢作为靠背固定好两端的钢板，在罐内侧安装 4 根 DN100 钢管斜撑，避免钢板垂直度发生变化。角钢下端与罐底板点焊固定，角钢上端应跨过环缝并连接上面的弧形板，该角钢的长度约 2100mm，见图 5.4-4。切割时从储罐外侧向内侧切割，尽量使切割时的热量扩散范围减到最小，轮廓线与切割线之间的区域为热作硬化区，在钢板切割结束后用角向磨光机打磨去除该热作硬化区，使其边缘与轮廓线重合。再将环焊缝上原来超过母材的余高打磨去除至与母材平齐，之后将钢板的纵向和环向坡口打磨出来。

3）原壁板拆除时必须是无风或微风天气并具备施焊条件下进行，环缝、大角缝切割须先在近焊缝处先用碳弧气刨刨开，再用角向磨光机进行打磨，纵缝切割用氧气乙炔火焰法进行。

4）拆除后进行切边修正，焊缝处修齐，其水平度满足施工规范《立式圆筒形钢制焊接储罐施工规范》GB 50128—2014 的要求，以保证安装壁板的质量，同时将壁板边缘按图纸要求开好坡口，见图 5.4-5。

（4）新壁板组装

在罐内原环缝和大角缝位置预先各焊接 5 块定位板，保证备板安装位置与原钢板位置一致。拆除原有∠100×10 角钢，再将卷制好的钢板运送至储罐附近，用起重机吊装上去。考虑到后期壁板焊接时四周钢板均已固定，焊接应力无法有效释放，同时焊接过程也会产生一定的收缩量，因此新壁板组装坡口间隙按如下要求控制：纵缝间隙控制在 1～2mm 范围内，环缝间隙控制在 1mm 以内，避免后期焊接收缩造成应力过大。钢板的错边量纵缝控制在 0.3mm 以内，环缝控制在 0.5mm 以内，新装钢板垂直度控制在 5mm 以内，局部凹凸度控制在 8mm 以内，点焊长度为 30～50mm，间距不大于 100mm；点焊厚度大于板厚的 2/3 以上；在每条纵缝内侧点焊 2 块弧形板。

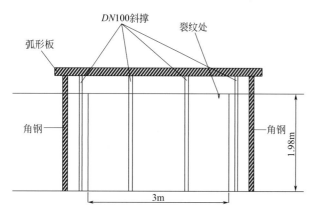

图 5.4-4　拆除壁板防变形措施简图

图 5.4-5　壁板拆除完毕

控制壁板弧度常规方式为使用胀圈，但现场已不具备安装胀圈条件。为防止新壁板变形，焊接前应在新壁板上距离纵缝 100mm 处各点焊一条∠100×10 角钢作为备杠。同时为保证焊口组对质量和新壁板安装位置，应在储罐外壁每条焊缝上焊接三块定位板，见图 5.4-6～图 5.4-9。

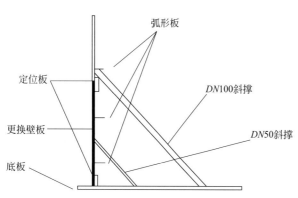

图 5.4-6　储罐内壁组对防变形措施侧视图

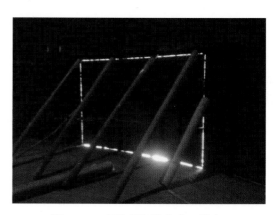

图 5.4-7　新壁板组装完成（罐内）

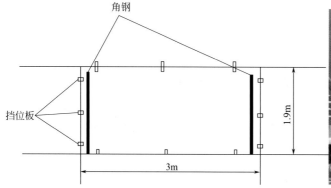

图 5.4-8　储罐外壁组对防变形措施简图

图 5.4-9　新壁板组装完成（罐外）

（5）新壁板焊接

新壁板焊接时，因四周钢板均已固定，焊接应力无法有效释放，同时焊接过程也会产生一定的收缩量，因此新壁板焊接顺序按如下要求控制：纵缝、环缝先焊内侧后焊外侧，大角缝先焊内侧后焊外侧；先焊纵缝后焊环缝，最后焊大角缝，焊接前应对焊缝进行清根；两条纵缝焊接均采用分段焊接方法打底，每焊 200mm 间隔 200mm，盖面可采用连续施焊法，内侧清根打磨合格后进行封底焊；焊接过程采用细焊条，小电流。

环缝的焊接顺序为：

1）先焊外侧焊缝，全部结束后在环缝内侧用角向磨光机进行清根，清除缺陷后再进行环缝内侧的焊接；

2）环缝焊接打底焊时必须沿一个方向采用分段焊的方法施焊，要求每焊 300mm 间隔 300mm；

3）打底焊全部结束后方可进行第二层焊接施工，第二层焊接可以采用连续焊接的方法施工，其焊缝接头与打底焊时的接头错开 300mm 以上；

4）环缝外侧焊接完成后在内侧用角向磨光机进行清根，要求清根的磨槽宽度和深度都均匀一致，打磨时必须清除可见缺陷；

5）打磨合格后进行环缝内侧的焊接；

6）所有换板部分的纵焊缝和环焊缝施工时采用细焊条、小电流进行焊接；

7）纵缝与环缝焊接完毕后，最后焊接大角缝。焊接大角缝时，先焊内侧焊道，再焊外侧焊道，以防止边缘板外侧翘起。

5.4.2 常压拱顶储罐罐顶板更换施工技术

1. 技术简介

本技术采用"补位"替换方式更换顶板，确保了罐顶安全施工空间，提高了施工的安全性。罐内脚手架顶层平铺钢板，便于筋板、顶板焊接施工，同时脚手架又可以为新、旧罐顶做支撑，减少了措施用料的使用。采用二次就位调整的方式，即新顶板在吊装就位时，先对单块顶板位置进行调整，然后在四至五块瓜皮板就位后，再次进行位置调整，减少了安装过程中的位置偏差，提高了施工质量。

2. 技术内容

（1）施工流程图（图 5.4-10）

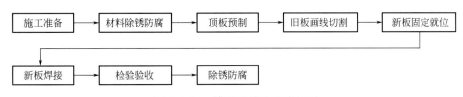

图 5.4-10 罐顶改造施工流程图

（2）罐顶板预制

1）根据设计要求及现行规范的规定，绘制罐顶排版图，对罐顶板进行实际的尺寸计算，单块顶板本身的拼接，采用对接焊。

2）顶板的纵、横加强筋应在顶板下料结束后，放在专用胎具上与罐顶板组对，组对时应确保罐顶的成形弧度。用弧度样板检查其最大间隙不大于 10mm。

（3）罐顶更换施工

1）顶板更换前，确认以下条件已具备：

① 清罐蒸罐工作已完成，并验收合格，具备施工条件。

② 储罐内外脚手架均已架设完成并且通过验收，操作面已布置架板，具备使用条件，见图 5.4-11、图 5.4-12。

③ 脚手架搭设完毕，且罐顶支撑已架设完成，且合理避开切割缝和新板焊缝。

图 5.4-11　储罐外壁脚手架搭设

图 5.4-12　储罐内脚手架、平台及罐顶支撑

2）根据改造图纸确定瓜皮板预制的尺寸，结合旧罐实际情况，对旧罐顶板进行拆除板块放样，优先考虑腐蚀严重的部位开始，尽量两道原有焊缝中间划分为一块，并进行编号，如图 5.4-13 所示。

3）对编号为 1 的瓜皮板进行切割，切割时沿放样线用等离子机进行切割。切除钢板应比新顶板瓜皮宽 40～60cm，以便于新顶板的调整及安装，见图 5.4-14。

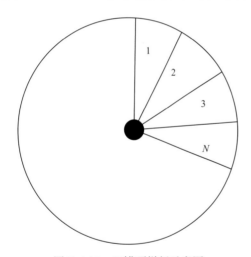

图 5.4-13　旧罐顶样板示意图

图 5.4-14　罐顶板切割拆除

旧罐顶边缘拆除时应注意原包边角钢的保护，拆除完成要对包边角钢进行打磨，确保包边角钢表面光滑，具备组对焊接条件。切割完成后，根据现场实际情况，选择使用塔吊或吊车将其吊下，放置到废料区，统一处理，见图 5.4-15。

4）新板安装前，首先检查八字筋板的半径偏差，要求任意点半径偏差不得超过±13mm。无问题后，将新的瓜皮板吊至其原来位置，调整至合适位置，然后点焊固定，见图 5.4-16。

新罐顶板布设时，利用旧顶中心顶板做中心支撑，进行排布。

5）对其余瓜皮板依次进行更换，当完成 3、4 片瓜皮板后，对新安装这几块板进行调整，点焊牢固并进行间断焊接，见图 5.4-17。

6）完成最后一块瓜皮板的更换后，对中心顶板用吊车进行固定，然后对中心顶板进行切割，将其割除后用吊车将其吊至地面，换上新的中心顶板，并进行焊接，见图 5.4-18。

图 5.4-15　第一块顶板拆除

图 5.4-16　顶板更换

图 5.4-17　顶板位置调整

图 5.4-18　顶板焊接

5.4.3　利旧储罐改造密闭动火施工技术

1. 技术简介

某项目炭黑生产线利用码头附近原有原料油储罐作为原料油供油罐，需要在两台旧储罐重新开设管口。每台储罐顶部新增回油管口 3 个，罐壁新增出油管口 2 个。储罐内为乙烯焦油，其熔点为 −15～10℃，沸点大于 200℃，闪点为 66～100℃，不溶于水，遇高温明火可燃，由于罐体开口属于改造作业，罐内储油为易燃物品，同时属于密闭空间，罐体内部原料油无法清理干净，高温天气容易产生易燃易爆气体，其作业属于高危作业，需要采取特殊技术措施。

由于储罐内残油在常温状态为黏稠状，采用蒸汽冲洗后再利用化学试剂清理，对整个工程施工工期及费用产生很大影响，本技术采用钢板焊接小型工具，将需要动火的区域与储罐隔离成密闭空间，对封闭区域进行动火作业开孔，节省了大量的费用及施工时间，保证了施工的安全性。

2. 技术内容

（1）罐顶管口开孔方法

由于储罐顶部有原料油残存，无法进入罐体内部进行清理，同时原料油中的轻油组分会挥发至罐体顶部，如动火作业，会产生爆炸危险，同时，由于罐顶管口不承受过大动力，可采用螺栓进行管口连接，故原料油罐顶的开孔采用 $\phi 8mm$ 钻头密钻开孔，顶部开孔边缘不再进行打磨处理。开孔方法如图 5.4-19 所示。

（2）罐顶管口连接

罐顶短管与罐顶部采用螺栓进行连接，罐体顶部厚度为5mm，加强板选用δ＝10mm的钢板，采用M10的螺栓进行连接，在罐顶进行攻丝，连接方式如图5.4-20所示。

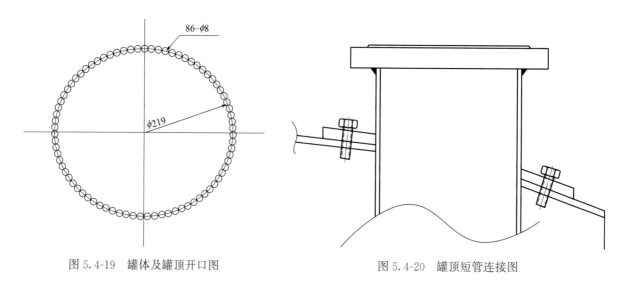

图5.4-19　罐体及罐顶开口图

图5.4-20　罐顶短管连接图

（3）罐壁管口开孔方法

由于罐壁内部有大量原料油附着，无法大面积的清理干净，为避免动火时使内壁附着的油点燃，需要采用工业洗涤剂清理干净开孔周围1000mm范围内的油污，并制作防护罩（图5.4-21），防护罩采用δ＝6mm钢板制作，五面封闭，一面与罐壁紧密贴合，罐壁内径为14900mm，板厚10mm，防护罩制作时以罐体内径放样下料，圆滑过渡，并用胶水将石棉绳黏贴在与罐壁接触的防护罩边缘，在罐壁钻孔，用通丝制作丝杠，将防护罩与罐体紧密贴合（图5.4-22），并在切割范围内钻两个φ10mm小孔用氮气对防护罩内的气体进行置换（图5.4-23）。

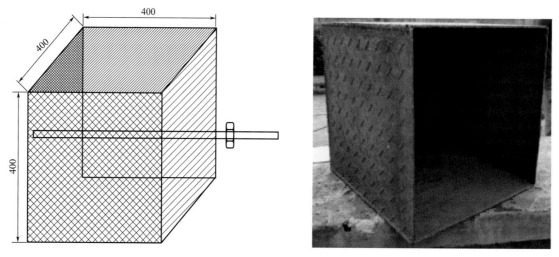

图5.4-21　防护罩制作示意图

（4）罐壁管口连接方法

罐壁管口必须和罐体焊接，不能仅与加强板焊接，罐体管口的焊接必须严密做好焊接防护措施，防止焊渣进入罐内，焊接采用单面焊接双面成形的焊接方式进行焊接。

焊接前对短管进行预制，避免罐内动火，预制要求如图5.4-24所示。连接要求如图5.4-25所示。

图 5.4-22 密封罩与罐壁连接

图 5.4-23 在密闭空间内充入氮气进行置换

图 5.4-24 接管预制

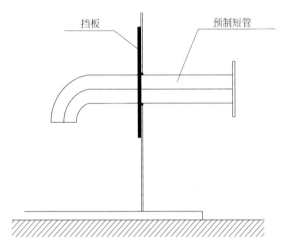

图 5.4-25 罐体接管连接示意图

　　根据接管直径，采用 $\delta = 10mm$ 钢板制作相应规格的加强圈，压制成罐体同等规格弧形，将加强圈焊接在管口内侧接管位置处，接管外部法兰暂时不焊接，接管在罐壁内从开孔位置伸出罐体，见图 5.4-26，加强圈与罐体内壁采用阻燃石棉布密封，在储罐外将短管与罐体焊接。

　　罐体外部利用螺栓将接管与罐体拉紧，使接管预制的加强圈在罐体内与罐壁密封，避免焊接时火星溅入罐内，如图 5.4-27 所示。

图 5.4-26 接管连接作业

图 5.4-27 接管焊接作业

第 6 章

储运工程施工非标装备
制作安装技术

本章主要介绍了大型储罐施工常用的非标技术装备的设计计算、制作安装，包括内置双层悬挂平台、拱顶罐内壁防腐旋转操作架、移动挂壁小车、微调式浮盘胎架等，这些装备均为可重复使用，并可形成系列。设备的使用可以使现场施工更加方便、安全、高效。

6.1 内置双层悬挂平台施工技术

1. 技术简介

在大型储罐正装法施工中，罐壁的组对均在罐壁内侧进行，需要搭设施工平台以供人员站立操作。内置双层悬挂平台施工技术采用两层可拆卸平台，通过角钢支架悬挂在事先焊接在壁板上的蝴蝶板上，两层平台随着罐壁的正装循环拆装，有效地解决了壁板组对、焊接、打磨、无损检测等交叉作业的矛盾，缩短了施工工期，保障了储罐壁板施工过程中的安全性，相对于脚手架搭设，提高了工效，降低了施工成本。

2. 技术内容

（1）施工工艺流程（图 6.1-1）

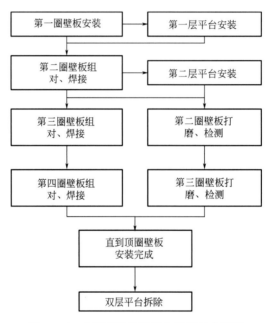

图 6.1-1 内置双层悬挂平台施工工艺流程

（2）操作要点

1）内置双层悬挂平台由一层平台、二层平台、平台护栏、平台爬梯四部分组成。平台下面焊接角钢支架，平台通过角钢支架悬挂在壁板蝴蝶板上面，平台铺板为 2m 长跳板，跳板与角钢之间用铁丝绑扎固定牢固。为了保证施工安全，平台外边缘用 $DN25$ 焊接钢管、L50×5 角钢设置 1.2m 高的护栏，防止施工人员坠落。为了方便人员上下平台操作，从浮盘上表面至平台位置设置 45°斜梯，斜梯要求护栏高度为 1.2m。

2）内置双层悬挂平台用于罐壁板安装施工中，施工人员可以站在平台上对壁板进行施工，这种双层悬挂平台在施工过程中大大提高了施工速度，每台罐内配置一套固定的平台，以 $10×10^4 m^3$ 储罐为例，每套悬挂平台是靠 101 个小平台组装而成，每段 2.5m，单台罐整套悬挂平台共计 13t，各独立小平台制作方式如图 6.1-2 所示。

受力分析得出：$\sum_X = 0$ 则 $N_3 × \cos\alpha - N_4 = 0$；$\sum_Y = 0$ 则 $N_3 × \sin\alpha - G = 0$

得出 $N_4 = G × \tan\alpha$

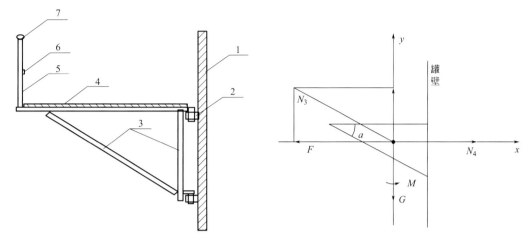

图 6.1-2　内置双层悬挂平台独立小平台制作图

1—壁板；2—挂耳；3—三脚架；4—平台板；5—栏杆；6—护腰；7—扶手

抗弯截面系数：$W = \dfrac{1}{6}bh^2 = 25 \times 10^{-7} \text{m}^3$

最大应力：$\sigma_{max} = \dfrac{M}{W} \leqslant [\sigma] = 210 \text{MPa}$，得出 $M = 525 \text{N} \cdot \text{m}$

由弯矩公式 $M = F \cdot y$，得 $F = 15000\text{N}$，$G = 8660\text{N}$，因此 $m = 884\text{kg}$。

取安全系数为 1.6，则满足安全系数下的承受质量为 $m_{安} = 552\text{kg}$。

因此，平台载物及人质量不得超过 550kg，为保证施工安全施工人员不可将工卡具集中堆放，且施工人员每跨平台聚集不得超过三人。

3）依据储罐弧度，将平台均分为 101 段，每段制作长度为 2.5m，宽度为 1.2m，每段平台两侧用角钢制作斜撑支架。上面用钢制跳板铺设，斜支撑通过蝴蝶板与罐壁可靠连接，跳板采用铁丝绑扎牢固，跳板具体绑扎形式为 4 平 1 竖。

4）根据上述计算，进行现场载荷试验，采用 20kg 沙袋装箱，将应力集中于 1 个三脚架上进行载荷试验，累计装载 100 袋约 2t，载荷持续时间 3h，未出现压弯变形现象，由此进一步论证该设计支撑承载能力满足现场施工要求。

5）组装第二圈板前在第一圈板上搭设第一圈内置平台，以供第二圈板组装焊接用；待第二圈板焊接完成之后，在第二圈板上搭设第二圈内置平台（图 6.1-3）；以后各层交替循环搭设。在罐人孔处搭设斜梯，在浮顶施工时将浮顶下面的斜梯拆除，浮顶上面的斜梯逐层搭设。

图 6.1-3　内置双层悬挂平台（一）

图 6.1-3　内置双层悬挂平台（二）

6.2　拱顶罐内壁防腐旋转操作架技术

1. 技术简介

拱顶储罐内壁防腐通常采用沿罐壁搭设内脚手架进行，由于此时储罐已封闭，大量脚手架通过人孔进出储罐费时耗力，同时脚手架搭设高度高，搭设和拆除工作量大，成本较高。

拱顶罐内壁防腐旋转操作架技术是通过卷扬机带动内置吊架上下升降、左右旋转来改变工作人员的作业位置，从而实现拱顶罐内壁、拱顶防腐工作的顺利进行。使用内置吊架进行拱顶罐内壁防腐施工，不仅能保证作业人员安全，与使用常规满堂脚手架相比大大节约了施工成本。

储罐内置吊架外层套管在升降过程中会与内层套管产生较大摩擦，本技术通过控制外层套管在升降过程中的平衡，减小摩擦。

2. 技术内容

（1）旋转操作架轴测图（图 6.2-1）

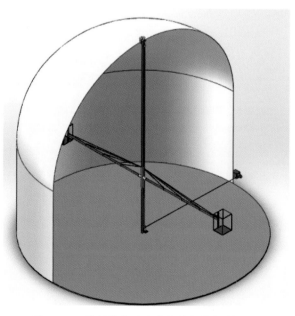

图 6.2-1　拱顶罐内壁防腐旋转操作架轴测图

（2）旋转操作架制作方法

1）吊链支架安装

在罐顶外表面中心部位，用 ϕ40 钢管焊制一个 1.5m×0.25m×0.8m（长×宽×高）的长方体形支架。必要时拉上斜撑，在支架上面的中央位置横焊一根 ϕ40mm 钢管。

2）立柱安装

先将罐顶通气管处的支架及滑轮固定牢固，再将 2.5m 长的 ϕ219×6 钢管（管内壁均匀焊接 4 根 ϕ8mm 圆钢）套上 ϕ159×6 钢管，用 5t 卷扬机通过罐顶通气管处滑轮将长度为 17m 的 ϕ159×6 钢管立于罐顶通气管下，ϕ159×6 钢管底部焊接在罐底板上，顶部套入罐顶通气管内，ϕ159×6 钢管焊接需保证垂直。

3）立柱吊耳、滑轮安装

在距离 ϕ219×6 钢管套管顶 350mm 处及距离罐顶通气管下 300mm 处，两侧水平位置上各焊接 2 个由 14mm 钢板切割的吊耳。吊耳处紧固 1 个滑轮。在距离套管底 500mm 处两侧水平位置上焊接 ϕ159×6 钢管接管及法兰，如图 6.2-2 所示。

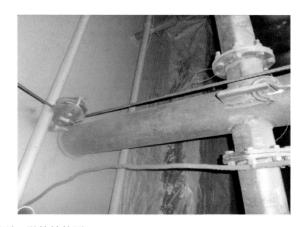

图 6.2-2　立柱吊耳、滑轮结构图

4）主梁及操作平台安装

吊架主梁由 ϕ159×6 钢管（2m 一段法兰连接）多段组装成形。在主梁两侧间隔焊接 8 个吊耳。在主梁两端由∟50×50×6 焊接 2 个吊笼（篮）。将制作好的吊笼（篮）用法兰牢固连接在托架上，如图 6.2-3 所示。

图 6.2-3　主梁及操作平台结构图

5）安装钢丝绳

根据套管及主梁的吊耳位置将 8 根 ϕ8mm 的钢丝绳采用双卡环紧固。且保证每一根钢丝绳与套管上吊耳有一定的角度，如图 6.2-4 所示。

图 6.2-4 钢丝绳结构图

6）卷扬机安装

将 5t 卷扬机固定在距罐口 2m 的位置，四周用钢筋固定牢固。

7）卷扬机钢丝绳安装

将卷扬机钢丝绳从罐口滑轮进入，向前穿过立柱下滑轮再上到立柱顶，穿过立柱上滑轮再下到立柱套管滑轮，再上到立柱顶另一侧吊耳处，采用卡环紧固并锁死。

（3）内置吊架使用方法

1）吊架平衡调试

接通电源，在内吊架空载的情况下提升离开地面，观察吊架两端是否平衡，同时观察吊架中间位置是否下垂。如果吊架两端不平衡或中间下垂，将吊架落地后，调整相应的钢丝绳的长度，直至平衡或中间稍向上拱。

2）内吊架使用方法

本吊架采用外卷扬机通过滑轮带动立柱上套管主梁进行向上提升。提升过程中要缓慢，并密切关注罐内提升情况。罐外卷扬机操作人员及罐内人员配备对讲机保持通话。

减少吊架的升降次数。升降的同时，为施工人员操作安全，防坠锁随吊架一起升降，当吊架升降到所需高度后，锁住防坠锁。

吊架的两端各垂下一条操纵绳，由站在罐底的工人拉动绳子使吊架缓慢转动，施工人员便可以在某一高度进行环面作业。

当升至最高处，对拱顶仍无法操作时，将内吊架放至最低端，将两端壁的中间一节拆除，平衡调试后，升至高处适当位置作业。

6.3 移动挂壁小车施工技术

1. 技术背景

在内置悬挂平台正装法安装浮顶罐时，储罐外壁无脚手架，罐壁外侧加强圈、抗风圈的焊接、储罐焊缝的无损检测等均为高处作业。相对于搭设外脚手架的费时费力，悬挂于壁板边缘的移动挂壁小车，可以为施工人员提供可靠的工作平台。

移动挂壁小车施工技术对移动挂壁小车的结构及顶端限位装置进行了详细设计，对移动挂壁小车平台的稳定性、挑梁的强度进行了准确计算。移动挂壁小车可以根据实际工况进行调整，既可以用来组对壁板、加强圈、抗风圈等，也可以用作无损检测，方便实用。同时利用移动挂壁小车进行加强圈、抗风圈的焊接施工时可减少与其他专业的交叉施工。

2. 技术内容

（1）施工工艺流程（图 6.3-1）

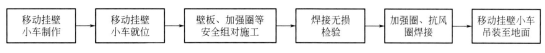

图 6.3-1　移动挂壁小车施工工艺流程

（2）操作要点

1）挂壁小车结构

挂壁小车在制作、焊接过程中，焊缝必须满焊，焊脚高度不小于构件的最小厚度且必须大于或等于5mm，其结构如图 6.3-2 所示。

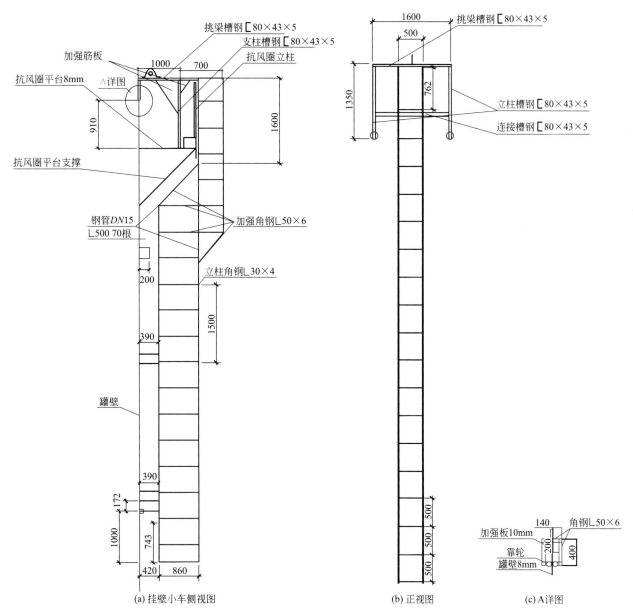

(a) 挂壁小车侧视图　　　　(b) 正视图　　　(c) A 详图

图 6.3-2　挂壁小车结构图

① 限位装置：设置在储罐罐壁的顶端，其作用是使挂壁小车始终保持在同一个圆周内移动。限位装置由两个靠轮及框架构成，以便于小车机构沿弧形的罐壁行走，一个轮子撑在罐壁内侧，一个轮子撑在罐壁的外侧，如图 6.3-3 所示。

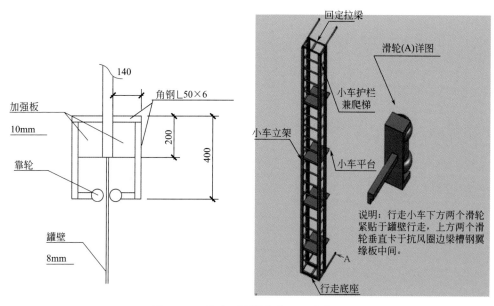

图 6.3-3　罐壁顶端限位装置及滑轮图

② 挑梁：采用 8 号槽钢制作，前端挑出储罐抗风平台栏杆外，用以连接小车外部的操作平台。

③ 支柱：采用 8 号槽钢制作，其高度应高出抗风圈平台栏杆立柱的高度，以保证挑梁能够伸出抗风圈平台栏杆，在支柱的底部设置两个橡胶轮以使小车能够在抗风圈平台上行走。

④操作平台：是指除挑梁、限位装置、支柱以外的构件。主要由规格为 L 30×4 的立柱角钢及 DN15 的踏步钢管构成，其伸进抗风圈下面的部位设有规格为 L 50×6 的加强角钢，用以增强该部位的强度。在操作平台中设有 3 个小平台，以方便施工人员在操作平台中进行施工，小平台用 8mm× 300mm×500mm 规格的钢板制作，小平台的设置主要根据施工要求进行。

挂壁小车主要通过顶部 2 个有凹槽的车轮沿罐壁上推着行走，同时为防止小车贴着罐壁行走困难，在中下部焊接 4 个小车轮顶住小车使其能轻松沿罐壁行走。为防止凹槽车轮和轨道脱节的安全风险，在一侧焊接 2 根槽钢使其在脱节时挂着罐壁，为避开加强圈、抗风圈，需将小车做成 [形状，并在直角两侧加强，为保证人员在小车上有足够的作业空间，需要在小车底部焊接钢板作业平台。根据作业工序的不同和作业高度的需要，挂壁小车制作的总长度可以随时调整。

2）挂壁小车安装

挂壁小车制作完成后将进行整体吊装，见图 6.3-4、图 6.3-5，小车吊装到位后，对以下各种情况进行仔细检查：

① 限位装置靠轮与罐壁的接触情况。如靠轮与罐壁的结合处有间隙或过紧，应对靠轮进行调整，以靠轮与罐壁两侧刚贴合为宜。

② 挑梁与抗风圈平台栏杆的距离。挑梁的低点紧挨栏杆，则应对立柱的高度调整，以挑梁在栏杆上 10cm 为宜。

③ 操作平台与栏杆的水平距离，以操作平台内侧离开栏杆 10cm 为宜。

3）平台稳定性计算

① 水平方向受力情况分析：由于在挂壁小车的底部设置两个橡胶轮直接撑在储罐外壁上，与使小车倾覆的水平方向的力是一对作用力与反作用力，其大小相同；故可以认为挂壁小车在水平方向不受

图 6.3-4　挂壁小车在壁板组对中的应用

图 6.3-5　挂壁小车在加强圈及保温中的应用

力，不必进行计算。

② 垂直方向受力情况分析：在垂直方向的受力主要是挂壁小车的支撑平台即抗风圈平台的受力，抗风圈平台主要承受整个小车重力产生的压力和自身的重力，故只需校核抗风圈平台铺板的强度是否满足要求即可。根据抗风圈平台的铺板和三角支架，抗风圈平台的受力分析如图 6.3-6 所示。

根据受力分析图可得出当挂壁小车所产生压力的作用点与平台铺板的重心重合时，平台铺板所产生的弯矩最大。若在该种情况下平台铺板的强度符合要求，其余情况下平台铺板的强度即可满足要求；小车自重 600kg，操作平台内施工人员最多 4 名，每名施工人员的重量按 75kg 计算，物料按 50kg 计算，平台铺板自重 140kg，即：

$$F_{max}=G+F/2=[140+(600+75\times4+50)/2]\times9.8=6027N$$

$$A=b\times\delta=1140\times8=0.00912m^2$$

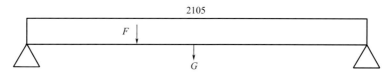

图 6.3-6　抗风圈受力分析简图

G—平台自身产生的重力；F—挂壁小车重力产生的对抗风圈平台的压力

式中　A——矩形截面面积；

F_{max}——平台所受的最大承载力；

b、δ——平台的宽度及厚度。

平台的最大工作应力 $\sigma_{max}=F_{max}/A=6027/0.00912=0.66$MPa

抗风圈平台的材质为 16MnR，其许用应力 $[\sigma]=215$MPa，

即 $\sigma_{max}<[\sigma]$，满足强度要求，故安全。

4）挑梁的强度计算

选用 [80×43×5 的槽钢作为挑梁，其受力如图 6.3-7 所示。

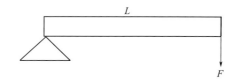

图 6.3-7　挑梁受力简图

小车支柱到挑梁前端小车重心的距离为 250mm，挑梁的最大工作应力：

$$\sigma_{max}=M_{max}/W_z=FL/W_z$$

式中　W_z——弯曲截面系数，查表得 $W_z=25.3$cm³

$$\sigma_{max}=[(600+75\times4+50)/2]\times9.8\times0.25/25.3\times10^{-6}=59.56\text{MPa}$$

槽钢的材质为 Q235，许用应力值 $[\sigma]$ 为 140MPa，

可见 $\sigma_{max}<[\sigma]$，故挑梁安全。

5）安全操作规程

① 挂壁小车最多允许 6 人作业。

② 施工人员每人配备一条安全绳（生命线加防坠器），安全绳的上端牢固地系在抗风圈平台三脚架上，不得与挂壁小车绞在一起，在产生摩擦的地方采取相应的保护措施。小车移动过程始终保持小车处于垂直状态。

③ 施工人员进入小车前，应观察小车是否牢固可靠和正常，滑动是否顺利，待正常后施工人员方可进入小车施工。

④ 专职监护人员必须到位，提前明确与施工人员沟通联络信号。

⑤ 挪动小车时，派专人负责监护，负责挪动小车的人员必须坚守岗位，密切注意小车内施工人员的举动和挂壁小车的位置及是否垂直，并听从监护人的指挥，不得擅自挪动小车和拆动小车上的部件。

⑥ 施工中小车移动时，施工人员必须停止作业，放下手中的工具，一只手抓住安全绳，另一只手操作安全绳上的防坠锁。

⑦ 从一台储罐向另一台储罐挪动小车时，施工人员必须离开小车，不得随小车一起吊运。

⑧ 每天班组进行施工前，应按照第一条仔细检查小车的状况，如有问题处理后方可进行施工。

⑨ 每班作业后将小车内的垃圾杂物清理干净并将小车的缆风绳结实地捆绑在罐体上，以防止大风骤起，碰坏小车或罐体。

6.4　微调式浮盘胎架施工技术

1. 技术背景

储罐浮顶组装时，需要设置支架平台以提供临时支撑，方便人员在浮盘上下操作。待浮盘立柱施工完成后再拆除临时支撑。微调式浮盘胎架施工技术使用微调式浮盘胎架，浮盘底板及储罐底板没有任何焊接，减少底板焊疤打磨的工程量，同时降低了底板渗漏的风险，有效地保证了底板焊接质量。采用丝杠＋调节环形式，利用调节环在丝杠上旋转微量调整支柱高度，提高临时胎架上表面平整度，确保浮盘底板组对焊接质量。

2. 技术内容

（1）微调式浮盘胎架（图 6.4-1）

（2）施工工艺流程（图 6.4-2）

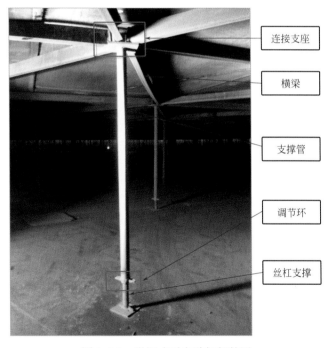

图 6.4-1　微调式浮盘胎架部件图

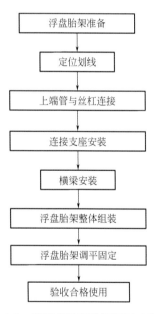

图 6.4-2　微调式浮盘胎架施工工艺流程

（3）微调式浮盘胎架原理及选用

1）浮盘临时支架需承受浮盘及施工人员重量，以 $10 \times 10^4 m^3$ 储罐为例，浮盘重量包括浮盘顶板、浮盘底板、浮盘桁架、浮盘隔板、浮盘边缘板及浮盘其他构件，总重约为 507.2t。考虑浮盘施工过程中 50 人同时施工，总重约为 4t。浮盘胎架需承受重量＝507.2＋4＝511.2t。微调式浮盘胎架材料选用见表 6.4-1。

微调式浮盘胎架材料一览表　　　　　　　　　　　　　　　　表 6.4-1

序号	物资名称	规格型号	数量	备注
1	连接支座		850 个	组合件

序号	物资名称	规格型号	数量	备注
2	上端管	$\phi 50 \times 4$	850 个	$L=1.2\mathrm{m}$
3	丝杠	$\phi 36$	850 个	$L=1.2\mathrm{m}$
4	调节环		850 个	成品件
5	横梁	$[80 \times 43 \times 5$	2500 个	$L=2.5\mathrm{m}$

轴心受力构件计算：$\sigma = N/\phi A \leqslant f$

式中　N——最大轴心压力；

ϕ——C 类稳定系数；

A——受力截面面积。

2）浮盘临时胎架则采用 $[80 \times 43 \times 5$ 槽钢作为横梁搭设，浮盘临时胎架采用三角形稳定连接结构，通过抗弯强度计算满足要求。

抗弯强度：$\sigma_{\max} = \dfrac{M}{W} \leqslant [\sigma]$

3）浮盘临时胎架以储罐圆心为基准点，并以横轴方向为基准，通常采用相对 60° 角划分，每 2.5m 以等边三角形进行等分圆，每间隔 2.5m 均匀分布。安装从罐中心点开始并向四周辐射，搭设成完整的圆盘形胎架，横梁最终与罐壁焊接固定，如图 6.4-3 所示。

图 6.4-3　可微调浮盘临时胎架安装图

（4）微调式临时胎架安装

1）待储罐第二圈壁板组装焊接后进行浮盘临时胎架的安装，安装前熟悉图纸，确定浮盘底板标高，组装时浮盘临时胎架高度宜加长 200mm，方便储罐试水沉降后调节。

2）根据确定的标高，现场利用水准仪放线。在罐中心确定中心柱，从中间向四周辐射，2 人一组配合按照施工流程安装。

　　3）搭设完成后，对支柱垂直度和整体机构综合调整，然后将上端管与下端管连接的插销点焊固定。设置 4 处钢板堆放点，堆放点支架增加斜撑并点焊固定确保结构稳定。

　　（5）可微调浮盘临时胎架先进性

　　1）10 万 m³ 罐浮盘面积大，浮盘临时胎架的表面平整度难以保证。可微调浮盘临时胎架采用丝杠＋调节环形式，利用调节环在丝杠上旋转微量调整支柱高度，提高临时胎架上表面平整度，确保浮盘底板组对焊接质量。

　　2）可微调浮盘临时胎架采用全螺纹丝杆精度高，无须焊接固定。浮盘底板铺设后罐底板受压产生沉降后仍能进行精确调整，确保平整度，避免胎架局部变形破坏。胎架可多次重复利用，节能环保。

第 7 章

储罐焊接施工技术

　　焊接是储罐建造的关键工序，对储罐的安装质量、安全使用具有决定性的作用。随着储罐结构设计多样化、容积大型化的发展趋势，焊接方法也由传统的手工焊向机械化、自动化方向发展。本章主要介绍了储罐底板的组合自动焊技术、罐体纵缝的气电立焊技术、罐体环缝的埋弧横焊技术以及罐底板大角缝用 CO_2 气体保护焊技术，这些技术的使用可以大大提高焊接效率和质量。

7.1 大型储罐底板 CO_2 保护焊+碎丝埋弧焊施工技术

1. 技术简介

储罐底板是由多块条形中幅板和多块弓形边缘板拼接而成，具有直径大、板薄、刚度差的特点。特别是在焊接时，焊缝数量多，对接、搭接焊接应力大，易发生焊接变形。而罐底严重的焊接变形会降低储罐的承载能力及稳定性，甚至使罐底板报废。选用 CO_2 保护焊打底+填充碎丝+埋弧自动焊盖面的焊接方法进行罐底焊接施工，结合合理的焊接顺序和防变形措施，可以有效地避免应力集中，提高施工质量。

在 CO_2 气体保护焊打底+碎丝埋弧焊填充盖面技术中，添加碎丝的多少、如何正确掌握电流电压的配比及焊接速度的控制，是焊接工艺的关键。碎丝添加量较多，容易出现碎丝未能完全熔化的未焊透、未熔合缺陷；碎丝添加量较少，又容易造成焊塌、烧穿及焊缝成形不饱满。同时受储罐底板施工特殊条件的限制，只能采用真空试漏的方法来进行检测，不能进行射线探伤，焊缝内部的焊接缺陷不能有效的检测和排除。

本技术储罐底板焊接打底采用高效节能，抗锈能力强的 CO_2 气体保护焊，填充盖面采用碎丝埋弧焊工艺，在传统埋弧焊工艺的基础上，增加了碎丝，有效地利用了焊丝的熔融能，减少了焊道的层数，提高焊接的效率。添加的碎丝吸收了较多的热量，母材的热影响区较小，减少了焊接变形，提高了焊缝质量。焊接过程实现了机械化、自动化，减轻了操作者的劳动强度。

2. 技术内容

本技术先采用 CO_2 气体保护焊对底板的对接焊缝进行打底，并在已打好底的焊道上添加适量碎丝，然后埋弧焊一次焊接成形。所谓的"碎焊丝"是选用与埋弧焊焊丝化学成分相同的细径焊丝，焊接时埋弧焊丝与碎焊丝表面之间建立起电弧，在电弧及焊接电流作用下表面碎焊丝熔化，同时由于碎丝颗粒之间存在微小间隙及点接触，并在产生微小电弧和大量电阻热的作用下，使碎焊丝完全熔化。

（1）焊前准备

1）储罐底板一般由弓形边缘板及中幅板采用中心发散的排列方式组成。材料主要为碳钢、低合金钢，材料的力学性能和化学成分必须满足国家标准要求。

2）使用该技术时选用的焊接设备为常规的逆变式 CO_2 保护焊机和埋弧焊小车焊机，因此设备的使用成本低廉。具体设备如图 7.1-1、图 7.1-2 所示。

3）该技术的焊接接头形式一般为带垫板的对接 V 形形式，要求坡口两侧的水、锈、油污等杂质在焊前必须清理干净。坡口形式见图 7.1-3。

图 7.1-1　逆变式 CO_2 保护焊机（NBC-500）

图 7.1-2　埋弧焊小车焊机（MZC-1000I）

（2）CO_2 气体保护焊打底技术

1）熔化极气保焊打底层焊道对于保证埋弧焊加碎丝盖面成形的美观和能否合格至关重要。打底焊缝要保证无缝隙焊接，焊前先观察底板与垫板之间是否贴合紧密有无缝隙，如有缝隙要及时处理。

2）CO_2 气体保护焊对环境要求较高，要做好防风措施，设置挡风棚，避免受风影响，导致出现气孔。

3）熔化极气保焊打底焊接过程中，要注意将两边的焊缝完全焊满，不能有漏焊。如出现未焊透应及时修补，以防止在埋弧焊焊接过程中出现焊接塌陷。在焊接完成后要对焊缝进行清理打磨确保焊缝的干净，为埋弧焊焊接做好准备。

4）底板中幅板的焊接分四个对称的 90°扇形区同时安排四个焊接小组对称施焊。焊接时，先焊短缝、后焊长缝，并由罐底中心向外施焊。中幅板带板对接长焊缝的 CO_2 气体保护焊打底焊采用分段退焊或跳焊法，分段间距为 400mm，每条焊缝由两名焊工从中间向两端对称施焊；收缩缝 CO_2 气体保护焊打底时，由多名焊工均匀分布在收缩缝上同一方向对称分段退焊。CO_2 气体保护焊打底焊示意图见图 7.1-4。

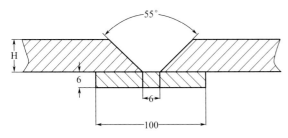

图 7.1-3　接头形式、坡口形式与尺寸

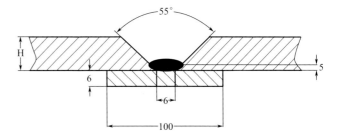

图 7.1-4　CO_2 气体保护焊打底示意图

5）焊接前可在焊枪上做一个导向装置，防止在焊接过程中因各种原因而导致的焊枪跑偏，产生焊接缺陷。

6）焊道的碎丝添加要点：

① 在焊道添加碎丝时，要注意碎丝的添加量，不能过多也不能过少。填丝量一般低于母材 1～2mm 为宜，但不能低于母材 3mm，否则容易出现焊缝不饱满、焊塌的现象。而添加过量的碎丝则会出现焊道未完全熔合的现象。

② 采用尺寸为 1.0mm×1.0mm 的填充丝填充焊缝宽度，并压实填充层。

（3）碎丝埋弧焊技术

1）检查碎丝填充量是否满足工艺要求，埋弧焊焊剂是否已烘干满足工艺要求。

2）埋弧焊焊接前应先检查导丝管或导丝轮是否能保证导丝流畅，否则会因送丝速度不稳定导致焊接电流电压不能合理匹配。

3）焊丝的伸出长度要控制在 25～30mm，以便于观察焊丝的正确位置，保证焊丝的熔化速度和焊剂的覆盖高度。具体焊接示意图见图 7.1-5，现场焊接图见图 7.1-6。

4）由于埋弧焊无法观察焊接过程中的熔池状况，在焊接过程中应随时注意观察已焊完焊道的焊缝外观成形。根据焊缝成形来调整焊接工艺参数，以确保焊枪对中焊缝不跑偏，保证焊缝成形质量。具体参考焊接参数见表 7.1-1。

5）埋弧焊在焊接过程中要防止电流过大引起的焊缝烧穿和焊接电流过小引起的层间未熔合，防止在焊接过程中由于电压调节使用不合适引起的焊缝成形宽窄不一，影响焊缝成形的美观。

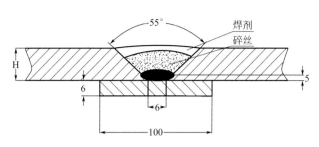

图 7.1-5 填充碎丝埋弧焊示意图 　　　　　　　图 7.1-6 碎丝埋弧焊盖面

填充碎丝埋弧焊焊接工艺参数表　　　　　　　　　　　　　　　　表 7.1-1

焊层	焊接方法	所需材料			焊接电流			气体流量 (L/min)
		牌号	规格(mm)	极性	电流(A)	电压(V)	速度(cm/min)	
1	CO_2 气体保护焊	ER50-6	$\phi1.2$	DCEP	180-220	28	40	25
2	碎丝埋弧焊	H08A	$\phi4.0$	DCEP	580-640	30	32.4	/

6）碎丝埋弧焊盖面采用隔缝同向焊，由焊缝中间分成两段分别向两端施焊。

7）焊接时随时调整焊剂覆盖量，以确保焊接质量。焊接时根据焊缝宽度、焊接速度适时调整焊接参数、焊接方向，保证焊缝的平直、美观；同时在焊接过程中要注意焊剂对焊接区域的保护，防止出现气孔、夹渣等焊接缺陷。

8）碎丝埋弧焊前要调整好焊丝的位置或采用焊缝自动跟踪装置以便对准焊缝。

（4）焊接注意事项

1）将坡口及周围 20mm 范围内的铁锈、油污等清除干净。气孔主要是由于坡口有潮气、铁锈、油漆等污物造成，另外焊剂不干燥或焊剂覆盖不够也易产生气孔。因此，焊前一定要将坡口及热影响区的污物彻底清除干净，对于使用的焊剂必须经过烘干处理，焊接时随时调整焊剂覆盖量，以确保焊接质量。

2）焊接时应该根据焊缝宽度、焊接速度不断地调整焊接参数、焊接方向，保证焊缝的平直、美观；同时在焊接过程中要注意焊剂对焊接区域的保护，防止出现气孔、夹渣等焊接缺陷。

3）CO_2 气体保护焊打底时要做好防风措施。

4）碎丝埋弧焊前要调整好焊丝的位置或采用焊缝自动跟踪装置以便对准焊缝。焊前焊缝两侧的卡具焊疤要打磨掉，以免影响焊道的美观。

（5）焊接检验

1）焊接结束后，所有焊缝应用真空箱法进行严密性试验，试验负压值不低于 53kPa，见图 7.1-7；搭接角焊缝还应进行磁粉检测，见图 7.1-8。

图 7.1-7 板抽真空试验 　　　　　　　图 7.1-8 角缝焊后磁粉检测

2）若检测焊缝出现气孔，要用砂轮机打磨焊缝至气孔消除，并进行手工焊接补焊，再进行严密性试验，直至合格。

3）由于焊接时尽量采用小线能量，减小了焊接热输入，同时在中幅板焊缝焊接前，采取了沿焊缝长度方向进行刚性固定以及在所有焊缝两端加防翘曲的垫板等措施，所以有效地减小了中幅板焊接后的波浪变形。焊接后底板经检查垂直方向凹凸最大 31mm，满足施工图纸的质量要求。

7.2　大型储罐罐壁自动焊施工技术

1. 技术简介

在储罐的施工建造过程中，储罐罐壁的施工约占整个储罐施工工作量的 1/2，传统的手工焊，不仅效率低，施工周期长，而且焊接质量的稳定性无法保证。

埋弧横焊、气电立焊技术适用于大型储罐壁板纵环焊缝的组焊施工。通常焊接的板材厚度在 10～80mm 之间，无论在施工的过程中采用倒装法、正装法都可通过一定的工装实现储罐的机械化焊接，从而提高焊接效率，保证焊接质量。

2. 技术内容

（1）气电立焊关键技术

气电立焊是指在垂直或接近于垂直位置采用正面用铜滑块，背面用铜挡块，采用药芯焊丝外加 CO_2 气体保护将熔化的焊丝和母材不断汇流到电弧下面的凹槽中，通过水冷强制一次成形，来实现立焊位置的焊接。

1）气电立焊的施工工艺流程如图 7.2-1 所示。

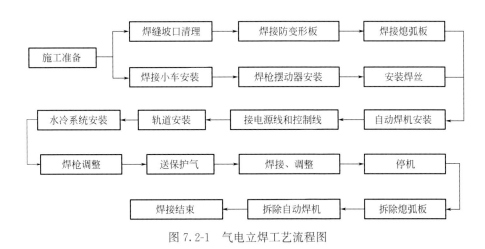

图 7.2-1　气电立焊工艺流程图

2）坡口形式

气电立焊的坡口形式及组对间隙一般按如下原则：对 8～25mm 厚的钢板按 V 形坡口单面焊加工坡口形式；对 30～60mm 厚的钢板按 X 形坡口双面焊加工坡口形式；对于 60mm 以上的钢板按 U 形坡口双面焊加工坡口形式。坡口角度随钢板厚度不同而变化，其角度可根据板厚计算；焊缝组对间隙根据板厚一般在 4～6mm 之间，不留钝边，如图 7.2-2 所示。

3）焊材选择

目前气电立焊的焊材一般执行日本神户制钢株式会社《气电立焊药芯焊丝》JIS Z3319 标准或美国《气电立焊药芯焊丝》AWS A5.26 标准。

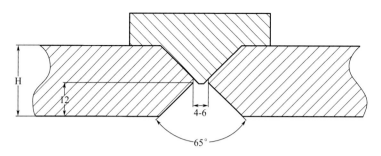

图 7.2-2　气电立焊组对间隙示意图

4）焊接工艺参数

气电立焊时采用的焊接工艺参数详见表 7.2-1。

气电立焊常规工艺参数表　　　　　　　　　　表 7.2-1

厚度 （mm）	坡口 形式	间隙 （mm）	移动滑块成形 槽宽度（mm）	焊接电流 （A）	焊接电压 （U）	焊接速度 （cm/min）	CO_2 气体流量 （L/min）
10	V 形	4-6	24	340～360	34～36	12～14	20～25
16	V 形	4-6	28	340～360	35～38	10～12	20～25
20	V 形	4-6	28	360～380	35～38	8～10	20～25
26	X 形	5-8	28	360～380	36～40	6～9	20～25
32	X 形	5-8	32	380～410	36～40	6～8	20～25
40	X 形	5-8	36	380～420	38～42	5～7	20～25
60	U 形	5-8	28	360～410	37～40	6～8	20～25

5）焊接技术措施

① 下料前要对薄板进行校平，在壁板及背杠组装时，特别是丁字口避免强力组对，减少更大的应力峰值。

② 检查壁板的坡口、间隙符合组装尺寸及精度，选用合理、上下宽窄一致的气电立焊组对间隙是保证气电立焊焊接质量的前提条件。

③ 立缝坡口两侧至少 300mm 范围内应用砂轮打磨，清除切割残渣、装配马脚、飞溅物以及横向焊缝的焊缝余高。然后在焊接接头坡口的反面安装固定铜滑块，坡口正面安装一块可随焊枪一起作同步运动的水冷滑块，确保正面水冷滑块顺利滑移和反面滑块贴紧、无漏水现象。

④ 合理调整铜滑块内循环水的速度，厚板立缝尽量加快水流速度，薄板立缝降低水流速度，合理控制熔池的冷却速度，减少裂纹、气孔缺陷，使焊缝强制冷却成形。

⑤ CO_2 保护气使用前可以将气瓶倒置 4～5h，并进行适当的排水 3～4 次。使用过程结束后，及时关闭阀门，防止空气中的水分侵入。

⑥ 调整合理的保护气体流量和保证气流的稳定性，气体流量控制在 25～35L/min 为宜。

⑦ 减少焊丝的干伸长度到 25～28mm 之间，减少焊丝的熔化速度，控制熔池的位置与保护气出口距离在 2～8mm 之间。

⑧ 气电立焊过程中，在原工艺基础上，适当提高电弧电压，降低电流和行走速度，加大间隙，使熔池宽而浅。

6）储罐焊接操作过程及质量控制要点

① 为控制储罐变形，焊接储罐立缝时，一般采用两台自动立焊机对称分布，具体如图 7.2-3 所示，

同向施焊，焊接时先焊外侧，焊接完毕进行清根、打磨、磁粉探伤，检查合格后再焊内侧。

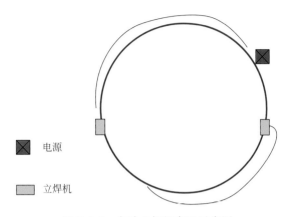

图 7.2-3　自动立焊机布置示意图

②　检查焊机电源及控制系统正常后，进行焊枪轨道的安装。轨道放在待焊坡口右边，使轨道平行坡口后，先固定轨道最上边一组永磁铁，用直角尺测量、校准轨道上部距离坡口边缘在 200mm 左右，再用直角尺测量，校准轨道下部距离坡口同样的距离，校准后扳动轨道后面的开关，通电使电磁铁吸合，固定轨道。轨道的下端要比焊道起弧点低 200mm，轨道的上端要比收弧点高 300mm，便于小车焊满整个焊缝。

③　循环冷却水系统的安装：安装焊缝背面的水冷铜排，连接好水冷管件，检查水路系统无误后，打开水箱开关，观察水箱的流量并调整合适的流速。具体自动焊操作机安装见图 7.2-4。

④　打开操作盒上"上行/下行"开关，查看小车行走速度是否均匀、滑动时顺畅无阻。

⑤　夹持好滑块，调整焊枪使导电嘴距离滑块上边缘约 5mm，距离引弧处 45mm 左右，即焊丝干伸长 45mm 左右。

⑥　点动控制盒上的"送丝"按钮，断续送出焊丝，使焊丝端头离引弧处约 5mm，调整焊枪角度，焊丝夹角在 80°左右，调整焊枪位置使焊丝端头在坡口重心（形心）位置。

⑦　打开 CO_2 保护气体瓶开关，并按操作盒上的"检气"开关，调节气体流量为 25～30L/min，接通气表加热器。

⑧　按焊接工艺规程对焊接电流、电弧电压和焊丝干伸长进行参数设置，再查看水、电、气及线无误后，按下控制盒上"焊接"按钮，进行焊接。具体气电立焊焊接过程如图 7.2-5 所示。

图 7.2-4　自动焊操作机安装

图 7.2-5　气电立焊焊接过程

⑨ 气电立焊的焊接电流大，起弧时铁水容易下漏，可采用两次起弧的方法解决，即起弧 3s 后立即停弧，待熔池冷却几秒后再起弧焊接。

⑩ 开始时先手动控制行车，调节焊丝杆长度，观察焊接参数是否稳定。待正常后，再将行车开关恢复到中间位置，小车自动行车，焊接过程进入自动控制。

（2）埋弧自动横焊技术

储罐环缝的埋弧横焊其原理和埋弧自动焊一样，具备操作简单，焊接质量好，效率高的特点。在焊接过程中，由于焊接位置为横焊位置，焊接受坡口角度、背面清根等因素的影响，其常见的缺陷有裂纹、未熔合、气孔等。

1）埋弧自动横焊工艺流程

储罐埋弧自动横焊的焊接工艺流程如图 7.2-6 所示。

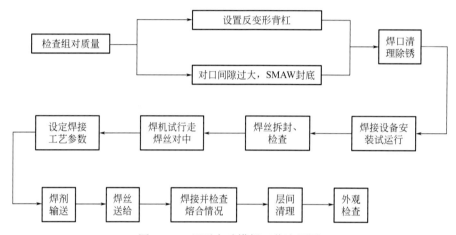

图 7.2-6 埋弧自动横焊工艺流程图

2）坡口加工形式

① 坡口的制备最好采用机械法刨削，如现场加工有困难，也可以用火焰切割法加工，但要求采用半自动割机，以保证坡口的形状和尺寸准确，坡口面进行磨光处理。

② 由于大型储罐钢板厚度主要范围在 10～40mm 之间，因此钢板厚度的跨度比较大，在开坡口的时候一般遵循薄板采用单边 V 形坡口，较厚的钢板采用双面 K 形坡口，坡口角度在 45°±2.5°之间。

3）焊材的选用

① 依据《承压设备用焊接材料订货技术条件　第 4 部分：埋弧焊钢焊丝和焊剂》NB/T 47018.4—2017，在储罐焊材采购订单或在设计图样上标注埋弧焊用焊丝和焊剂时，不仅要提出焊丝和焊剂的牌号要求，而且还应提出焊丝-焊剂组合型号要求，并尽量在同一厂家订购焊丝和焊剂的组合。

② 焊剂采用烧结焊剂，为球型小颗粒型，保护性能好，Si 含量少，能减少焊缝淬硬组织，提高韧性。

4）装配及定位焊

① 装配时应在坡口反面的钢板上装焊龙门定位板，钢板厚度一般为 10～16mm，定位板装配间距一般 350～400mm 为宜。

② 对接接头装配错边量不得超过 1mm。纵缝对口间隙公差±1mm，环缝对口间隙为 1～2mm。如局部出现间隙过大，可采用手工焊适当封底。

5）焊接设备的布置及改造

以 10 万 m³ 储罐为例，自动焊机布置见图 7.2-7（具体参考壁板焊接顺序）。自动埋弧横缝焊机一般 2～4 台配套使用，布置时沿罐壁均匀分布，采用同向、同速、先焊外壁后焊内壁的焊接工艺进行施焊。

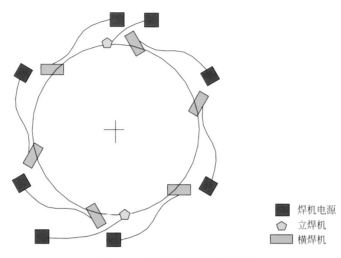

图 7.2-7　壁板自动焊机布置图

埋弧自动焊机到现场后，对自动焊机进行开发改造。

① 增加起重吊臂：自动焊机在高空施工作业时，运输焊丝和焊剂到操作车上困难。经过充分的考虑，在大车顶部加一个起重吊臂，并配置一个小型电机，以方便焊丝和焊剂的安装操作，如图 7.2-8 所示。

② 增加配电箱：环焊缝每一层焊接完成后，均需要用角磨砂轮机进行根部清理打磨，若从地面配电箱接电，则需较长的电缆，接线时十分复杂。为方便施工，在大车后侧安装一个配电箱和插座，以便于照明和角磨砂轮机的使用，如图 7.2-9 所示。

图 7.2-8　起重吊臂

图 7.2-9　配电箱及插座示意图

6）焊接工艺参数

储罐焊前按照《承压设备焊接工艺评定》NB/T 47014—2011 的要求进行焊接工艺试验，试验合格后才能施焊。具体材料的焊接工艺规程可按焊接工艺评定试验报告的相关参数进行编审。

7）焊接过程质量控制

① 焊剂要按照要求烘干。

② 调整操作车道焊接位置，反向行车时，要越过焊接起弧点再打正车，以消除机械间隙，避免起弧时出现焊瘤，起弧点在弧坑的后部，以免焊瘤或缺肉。

③ 第一道焊缝为控制自动焊质量的关键，根据焊缝位置调整焊枪和焊丝达最佳位置，距离小容易造成熔深过大，产生高温裂纹；距离太大则导致根部熔合不良，易产生夹杂。

④ 焊丝夹角在起弧时不得小于35°，焊丝伸长量要求其端头距坡口根部5mm。焊接过程中注意观察焊道位置、焊道成形，调节焊接速度和焊枪位置，以获得最佳的焊接效果，如图7.2-10所示。

图 7.2-10　焊接过程示意图

⑤ 外环缝焊接结束应进行清根，可用碳弧气刨＋砂轮机打磨或直接砂轮机打磨至外侧焊缝的焊肉，去除夹杂、氧化皮，保证坡口质量。

⑥ 环缝焊接涉及立缝的丁字缝位置时，要求将与环缝接头处立缝部分（即立缝起弧处）打磨清理，防止出现夹杂或气孔等缺陷。

7.3　不锈钢储罐陶瓷衬垫单面焊双面成形焊接技术

1. 技术简介

传统的不锈钢储罐壁板焊接方法主要为手工电弧焊，背面清根封底焊接。这种焊接工艺背部成形差，存在清根工作，环境恶劣，工作量大（不锈钢较难打磨）。清根不干净易造成焊缝夹渣等缺点。如果采用氩弧焊打底的方法，焊缝背面的充氩保护很难实现。免充氩药芯焊丝的方法可以解决不锈钢焊接需要背部充氩的问题，焊接成形较手工电弧焊有所改善，但会存在焊接效率低、焊接成本高、背部成形差的问题。

本技术采用陶瓷衬垫单面焊双面成形工艺，通过对工艺参数调整试验，可以获得较好的焊缝内在质量和外观质量，大大降低焊接成本，提高焊接效率。

2. 技术内容

（1）S30408不锈钢板焊接特点分析

S30408为常见的奥氏体不锈钢，热塑性较好，冷变形能力也较好，可焊性优于其他组织的不锈钢。在焊接过程中的弹、塑性应力和应变量很大，极少出现冷裂纹。焊接接头不存在淬火硬化区及晶粒粗大化，故焊缝抗拉强度较高。S30408不锈钢板的焊接中应避免焊缝过热，选用较小的焊接电流、较快的焊速，缩短高温停留时间，减小熔池面积，避免焊缝、近缝区的晶粒过渡长大；控制输入的焊接热量，采用能量集中的焊接方法，加强冷却，缩短经过危险温度区域的冷却时间；选用超低碳奥氏体焊丝［w(C)≤0.04%］焊接，防止晶粒边界产生贫铬区，提高抗晶间腐蚀的能力。

（2）工艺流程

罐壁板组对→定位焊→背面粘贴陶瓷衬垫→氩弧焊打底→手工电弧焊填充盖面→拆除衬垫→焊缝表

面清理→焊缝检验

（3）焊接参数见表 7.3-1。

焊接参数表　　　　　　　　　　　　　　　　　　　　　　表 7.3-1

焊道	焊接方法	焊材规格(mm)	焊接电流(A)	电弧电压(V)	焊接速度(cm/min)	气体流量(L/min)
1	GTAW	$\phi 2.5$	150	13	5.1	13
2	SMAW	$\phi 3.2$	93	27	5.7	/
3	SMAW	$\phi 3.2$	82	27	4.7	/

（4）不锈钢单面焊双面成形焊接工艺要点

1）不锈钢板下料时可以用机械切割或等离子切割，厚度大于 10mm 钢板采用机械切割坡口成形较好，等离子切割后的氧化膜应打磨干净，露出金属光泽。

2）组对前，应清除坡口及其母材两侧 30mm 范围内（以离坡口边缘的距离计）的氧化物、油污、熔渣及其他有害杂质。坡口形式和陶瓷衬垫如图 7.3-1、图 7.3-2 所示。

3）施焊过程中应采取挡风措施，氩弧焊焊接时施焊环境风速不大于 2m/s，手工电弧焊焊接时风速不大于 8m/s，空气相对湿度不大于 90%。

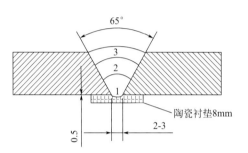

图 7.3-1　坡口形式

图 7.3-2　陶瓷衬垫

4）当焊件温度低于 0℃时，应在始焊处 100mm 范围内预热到 15℃以上。

5）施工中使用的钢丝刷等工具应为不锈钢材质，焊缝打磨砂轮片应为专用砂轮片。

6）采用手工电弧焊填充盖面时，坡口两侧 100mm 范围内应涂上白垩粉或其他防粘污剂。

7）焊丝表面应清洁，如有油污，使用前应进行清理。

8）氩弧焊使用的氩气纯度不得低于 99.99%，瓶内气体低于 0.98MPa 时，应停止使用。

9）采用多道焊时，层间温度应控制在 150℃以下，在焊接下一道焊缝前应对前一道焊缝表面进行清理。

10）焊接中应确保引弧与收弧处的质量，收弧时应将弧坑填满，并用砂轮将收弧处修磨平整。

11）焊接完毕应将焊缝表面的熔渣及周围的飞溅物、防粘污剂清理干净，并将焊缝表面咬边、凹陷、气孔、弧坑等缺陷进行修复。

12）由于 S30408 不锈钢陶瓷衬垫单面焊双面成形焊接工艺焊后变形较大，控制焊缝变形可采取如下措施：根据坡口情况装配时预留一定角度的反变形；环焊缝可采用分中退焊法、逐步退焊法和对称焊法；严格控制装配间隙，尽可能减少焊缝金属填充量。

13）焊接效果：焊接试板的外观如图 7.3-3、图 7.3-4 所示。

图 7.3-3　单面焊双面成形焊接及背面成形效果

 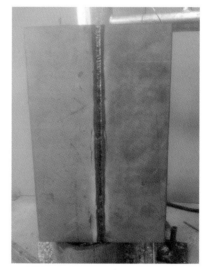

图 7.3-4　单面焊双面成形焊接效果

7.4　LNG 超低温储罐 06Ni9 钢预制组焊技术

1. 技术简介

06Ni9 钢是含镍量为 8.5%～9.5% 的超低温钢，在 −196℃ 有优异的低温韧性。与不锈钢相比，它具有合金元素少、价格较低的优点；与低温用铝合金相比，它具有许用应力大、热膨胀率小的优点。因此，06Ni9 钢成为 LNG 超低温储罐主容器的首选材料。而 LNG 储罐建造技术的核心之一就是 06Ni9 钢的预制及焊接技术。

06Ni9 超低温钢机加工技术难度大，主要表现在：第一层壁板下侧在钢板厚度方向中心线位置有一圈通气孔，要求宽度均匀，成形美观；内罐底板边缘板需从 20mm 过渡到 10mm，坡口角度达 75° 且为弧形。06Ni9 超低温钢在焊接过程中，易产生冷裂纹、热裂纹、低温韧性差、电弧磁偏吹等问题。

本技术依据材料特性，设计带有通气孔的新型坡口形式，并通过改造刨铣一体机系统，获得成形美观的焊接工艺槽。坡口加工采用行进式坡口加工机配备硬质合金刀具加工大弧形板和大坡口角度，调节进刀量及进给速度，达到表面光洁度的要求；对 06Ni9 钢的焊条电弧焊、埋弧焊和二氧化碳气体保护焊展开焊接工艺对比研究，选用合适的焊接参数，对不同焊接方法、不同板厚、不同焊接位置和不同焊接材料进行焊接试验，使 06Ni9 钢的焊接接头力学性能满足 LNG 储罐工程的使用要求。

2. 技术内容

（1） 06Ni9 钢预制工艺

1） 抛丸处理

抛丸处理时，抛丸机的抛头上下对称布置，速度均匀，避免造成较薄钢板的变形翘曲，抛丸前后如图 7.4-1、图 7.4-2 所示。

图 7.4-1　抛丸前　　　　　　　　　　　　图 7.4-2　抛丸后

2） 切割下料

采用等离子或水刀切割，在切割前，对不同厚度的钢板进行切割试验，调整切割机的参数，保证切割面的直线度和垂直度，如图 7.4-3～图 7.4-6 所示。

图 7.4-3　切割过程图　　　　　　　　　　图 7.4-4　下料时温度测定

3） 热影响区切割余量铣削

在机加工前，观察切割面的形状尺寸，保证淬硬层全部加工去除。切割好的钢板随同工艺卡一道转入刨铣一体机上进行热影响区铣削工序，如图 7.4-7、图 7.4-8 所示。

4） 焊接坡口加工

壁板纵缝、环缝坡口采用专用设备进行冷加工。采用硬质合金刀具，并选用适宜的加工速度，达到坡口表面光洁度的要求。采用改造的自动行进式坡口机进行大型弧度板加工，内罐底板边缘板从 20mm

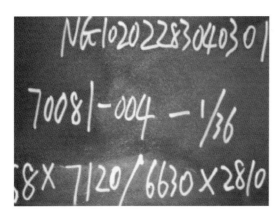

图 7.4-5　钢板标志移植

图 7.4-6　钢板遮盖保存

图 7.4-7　热影响区铣削工序

图 7.4-8　热影响区铣削工序

过渡到 10mm，坡口角度 75°且为弧形，如图 7.4-9～图 7.4-11 所示。加工时注意进刀量及进给速度，以免影响表面质量。加工后的壁板坡口表面光滑，无毛刺、夹层、裂纹等缺陷。钢板倒运及翻身过程中的坡口角度保护卡具，使之翻身更容易且不会碰伤坡口及钢板表面。

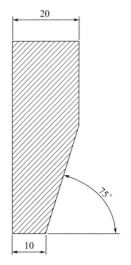

图 7.4-9　弧形板坡口图

图 7.4-10　自动行进式坡口机

根据图纸要求，部分钢板有焊接工艺槽，工艺槽采用刨铣一体机刨削成形。通过刨刀的修磨成形及改变刨刀的前角、后角，开出所需屑槽。刨削前按钢板中心线位置进行找正，每次的切削量不宜过大，以免断刀及影响槽口的光洁度。LNG 储罐第一层壁板下侧在钢板厚度方向中心线位置的一圈通气孔如

图 7.4-12 所示。

图 7.4-11　坡口角度保护卡具

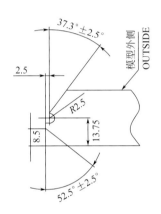

图 7.4-12　焊接工艺槽

5）钢板预弯

考虑到壁板组焊后焊缝的收缩变形，曲率半径应稍大，在卷制过程中采用弧度样板检查，以保证弧度的均匀性和内壁弯曲半径的要求，见图 7.4-13。卷制完成后整齐摆放进行成品保护。

图 7.4-13　弧度样板检查

（2）06Ni9钢焊接技术

目前在国内外化工设备领域内，06Ni9钢焊接技术常采用的焊接方法包括焊条电弧焊（SMAW）、钨极氩弧焊（GTAW）、熔化极气体保护电弧焊（GMAW）和埋弧焊（SAW）等。因钨极氩弧焊的焊接效率低，除窄坡口的高质量焊接接头外，在工程中较少采用；熔化极惰性气体保护电弧焊的熔敷速率大，但对焊工要求较高。因此，选择电弧焊（SMAW）、埋弧焊（SAW）和二氧化碳气体保护焊（GMAW）开展相关焊接工艺试验，合理地选用焊接参数，对不同焊接方法、不同板厚、不同焊接位置、不同焊材制定工艺评定。通过无损检测、理化试验对焊接接头的性能进行验证，试验结果合格，焊接工艺满足规范的要求。

1）焊接方法及焊接电源的选择

根据LNG储罐的结构特点，储罐罐体纵向焊缝一般使用焊条电弧焊，该方法热输入量小，对焊接环境适应能力较强，且技术成熟，容易形成质量较高的焊缝；环焊缝由于焊接量很大，为了提高生产效率，一般使用埋弧焊进行焊接。由于06Ni9钢易磁化，采用直流电源易产生磁偏吹现象，因此采用交流弧焊机。

2）坡口设计和焊材选用

06Ni9钢的焊接工艺，首先考虑坡口设计，其中最为常见的坡口形式为X形和V形，局部部位采用I形和U形两种。由于大型LNG低温储罐的06Ni9钢内壁钢板厚度为10～36mm，厚度的跨度比较大，因此，开坡口时，较薄的钢板采用单边V形（Y形）坡口，较厚的钢板采用X形坡口，具体如图7.4-14所示。

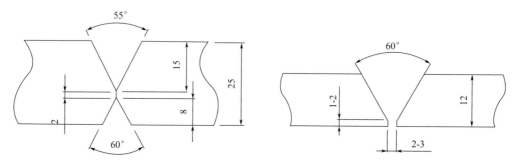

图7.4-14　主要焊接接头坡口形式与尺寸

3）焊接工艺试验

06Ni9钢焊接时应合理地选用焊接参数，尤其是合适的焊接热输入，焊接热输入直接影响到接头组织、晶粒大小和性能，特别是焊接接头的低温（−196℃）冲击韧性。

为保证06Ni9钢焊接接头的低温韧性，焊前一般不预热，焊接过程中严格控制层间温度，主要目的是避免接头过热和晶粒长大，试验过程中层间温度不超过100℃。

① 手工焊条电弧焊焊接工艺（板厚12mm）

焊接位置：立焊（PF）；焊条直径：2.5/3.2mm；焊条牌号：ENiCrMo-6；试板规格：600mm×300mm×12mm，坡口角度为60°，钝边：1～2mm，试板间隙：2～3mm；焊前对焊缝表面及周围采用火焰加热进行除湿处理，层间温度控制在100℃以下。

具体工艺参数见表7.4-1。

手工焊条电弧焊焊接工艺参数表　　　　　　　　　　　　　　　　表7.4-1

焊道	焊条直径(mm)	焊接位置	电流(A)	电压(V)	速度(cm/min)	层间温度(℃)
正面打底	2.5	3G	80～100	16～22	8～12	≤100
正面填充	3.2	3G	100～120	18～24	8～16	≤100

续表

焊道	焊条直径(mm)	焊接位置	电流(A)	电压(V)	速度(cm/min)	层间温度(℃)
清根						
反面盖面	3.2	3G	100～120	18～24	8～16	≤100

② 埋弧焊焊接工艺（板厚 12mm）

焊接位置：横焊（PC）；焊丝直径：2.4mm；焊丝型号：ERNiCrMo-4；焊剂牌号：MARA-THON104；试板规格：600mm×300mm×12mm，坡口角度为 60°，钝边：2mm 左右，试板间隙：0～1mm；焊前对焊缝表面及周围采用火焰加热进行除湿处理，层间温度控制在 100℃以下。

具体工艺参数见表 7.4-2。

埋弧焊焊接工艺参数表　　　　　　　　表 7.4-2

焊道	焊丝直径(mm)	焊接位置	电流(A)	电压(V)	速度(cm/min)	层间温度(℃)
正面打底	2.4	2G	320～350	28～30	48～55	≤100
正面盖面	2.4	2G	350～400	30～32	42～50	≤100
清根						
反面盖面	2.4	2G	350～380	30～32	42～50	≤100

③ 二氧化碳气体保护焊焊接工艺（板厚 12mm）

焊接位置：立焊（PF）；焊丝直径：1.2mm；焊丝型号：ERNiCrMo-3；试板规格：600mm×300mm×12mm，坡口角度为 60°，钝边：1～2mm，试板间隙：2～3mm；焊前对焊缝表面及周围采用火焰加热进行除湿处理，层间温度控制在 100℃以下。

具体工艺参数见表 7.4-3。

二氧化碳气体保护焊焊接工艺参数表　　　　　　表 7.4-3

焊道	焊丝直径(d/mm)	焊接位置	电流(A)	电压(V)	速度(cm/min)	层间温度(℃)
正面打底	1.2	3G	80～120	18～20	10～16	≤100
正面填充	1.2	3G	100～150	18～20	12～20	≤100
清根						
反面盖面	1.2	3G	100～150	18～20	12～20	≤100

④ 手工焊条电弧焊焊接工艺（板厚 25mm）

焊接位置：立焊（PF）；焊条直径：3.2mm/5.0mm；焊条牌号：ENiCrMo-6；试板规格：600mm×300mm×25mm，坡口角度为 55°/60°，钝边：2～3mm，试板间隙：0～1mm；焊前对焊缝表面及周围采用火焰加热进行除湿处理，层间温度控制在 100℃以下。

具体工艺参数见表 7.4-4。

手工焊条电弧焊焊接工艺参数表　　　　　　表 7.4-4

焊道	焊条直径(mm)	焊接位置	电流(A)	电压(V)	速度(cm/min)	层间温度(℃)
正面打底	3.2	3G	100～120	18～24	8～12	≤100
正面填充	4.0	3G	110～130	20～26	8～16	≤100
清根						
反面填充	3.2	3G	100～120	18～24	8～16	≤100
反面盖面	4.0	3G	110～130	20～26	8～16	≤100

⑤ 手工焊条电弧焊焊接工艺（板厚 30mm）

焊接位置：立焊（PF）；焊条直径：3.2mm/5.0mm；焊条牌号：ENiCrMo-6；试板规格：600mm×300mm×30mm，坡口角度为 55°/60°，钝边：2～3mm，试板间隙：0～1mm；焊前对焊缝表面及周围采用火焰加热进行除湿处理，层间温度控制在 100℃ 以下。

具体工艺参数见表 7.4-5。

手工焊条电弧焊焊接工艺参数表 表 7.4-5

焊道	焊条直径(d/mm)	焊接位置	电流(A)	电压(V)	速度(cm/min)	层间温度(℃)
正面打底	3.2	3G	100～120	18～24	8～12	≤100
正面填充	5.0	3G	110～130	20～26	8～16	≤100
清根						
反面填充	3.2	3G	100～120	18～24	8～16	≤100
反面盖面	5.0	3G	110～130	20～26	8～16	≤100

在手工焊条电弧焊（SMAW）、埋弧焊（SAW）、二氧化碳气体保护电弧焊（GMAW）三种工艺条件下，均能很好地完成对 06Ni9 钢的焊接，使 06Ni9 钢的焊接接头力学性能可以满足 LNG 工程的要求。

第8章

油品输运管道施工技术

　　本章中油品输送管道主要是指码头、库区、油田间输送成品油、化工品、油气等介质的管道。油品输运管道常敷设于管廊中，存在施工空间狭窄、吊装及穿管困难、室外（野外）露天作业等特点；带介质油品管线改造过程中，存在遇明火极易造成闪爆、危险性大，施工及恢复周期长等问题。本章结合工程实际，以管廊内管道施工及原有管线改造为主，重点论述了工艺管廊受限空间内电动穿管施工技术、大跨度钢架管道液压顶推穿管施工技术、管道半自动下向焊施工技术、带介质管道改造关键技术等内容。

8.1 工艺管廊受限空间内电动穿管施工技术

1. 技术简介

在已投产的管廊上进行管道施工时，存在预留管位间距小，管廊各层之间穿管困难等问题。利用常规的吊装方法进行穿管时，容易与老管廊临近的设施产生碰撞，安全防护措施费用高，安全隐患大。

全新的电动穿管施工技术采用固定点吊装、卷扬机牵引拽管的方法，有效规避了传统吊装穿管法对老管廊临近的设施碰撞的危险，确保了在已经密布管道的管廊上施工的安全。

2. 技术内容

（1）工艺原理

利用捯链、卷扬机和专用滚动胎具，在钢桁架下方向两侧管架穿管。

选用安全可靠的捯链、导轨、卷扬机及配套吊具，在管位所在轴线上方的钢桁架上安装捯链导轨，钢管组对好后，利用捯链将组对后的钢管提升至所需标高层，沿导轨方向进行管道输送，把钢管送至预先安装好的专用滚动胎具上，利用末端的卷扬机将钢管拉至所在管位完成穿管，见图 8.1-1。

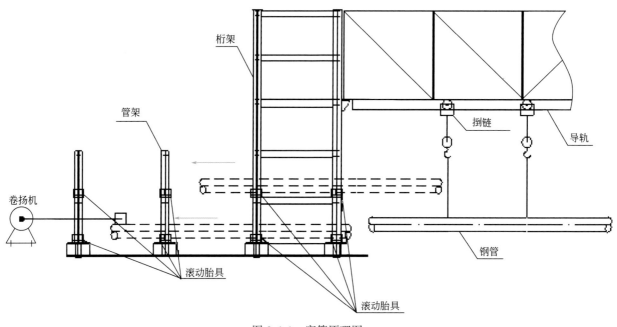

图 8.1-1 穿管原理图

（2）施工程序及操作要点（图 8.1-2）

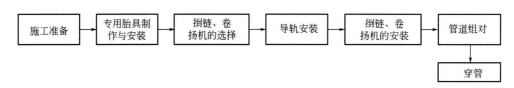

图 8.1-2 穿管施工工艺流程

1）专用胎具制作与安装

专用胎具是指穿管时临时安装在管架上供管道纵向移动的滚动架，由滚筒、轴承、保持架组成。当管架与管架间的跨距较大时，管道端部易出现低头，可在专用胎具上增加导管板，便于钢管通过胎具，见图 8.1-3～图 8.1-5。

① 胎具制作

专用胎具可根据其组成，视现场具体情况进行制作，但必须注意以下几个要点：

（a）滚筒必须用耐磨、耐高温橡胶包裹，防止与钢管接触时损伤防腐层。

（b）导管板为斜坡形，高端须比滚筒顶面低 5～10mm，且不宜过大。

② 专用胎具安装

胎具的安装必须根据现场的实际情况进行：

（a）管架是 H 型钢时，可利用 U 形卡将胎具固定在管架上。

（b）管架为混凝土形式时，管墩上有预埋板的则可将胎具临时点焊在预埋钢板上，如图 8.1-6 所示。

（c）管架为混凝土形式且无预埋钢板时，则在胎具底板管墩的两侧各焊一块挡块将其固定。

（d）专用胎具成排安装时，必须保证所有胎具的中线在同一直线上。

图 8.1-3　专用胎具（无导管板）

图 8.1-4　专用胎具（有导管板）

图 8.1-5　专用胎具在穿管中的运用

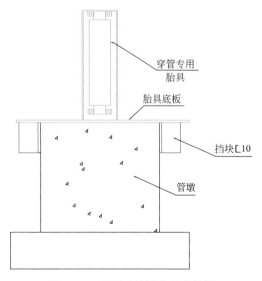

图 8.1-6　混凝土管墩胎具安装图

2）捯链选用

根据预穿钢管的重量，一般选用两台 10t 捯链，见图 8.1-7。捯链提升时计算载荷 G 为：

$$G = [K(G_1 + G_2) + fG_3]/2 \qquad (8.1-1)$$

式中　G_1——钢管最大提升重量；

　　　G_2——提升索具、加固件等附加重量；

　　　G_3——钢管重量的 $0.5 \sim 1$ 倍；

　　　K——考虑动载及不均衡等因素的综合系数，取 $1.2 \sim 1.3$；

　　　f——钢管与滚动体之间的摩擦系数。

所需捯链的吨位 T：$T \geqslant G$

3）卷扬机选用

卷扬机的选用主要从运动速度、动力、筒数、传动形式等四个方面进行。

① 运动速度

宜选用慢速卷扬机，穿管过程中，卷扬机牵引钢管通过专用胎具时钢管与导管板有摩擦接触，选用快速卷扬机可能出现钢管与胎具之间发生撞击现象。

② 动力选择

宜选用电动卷扬机，安全可靠，运行费用低，并且可以远程控制。如果作业点没有电源，则可根据情况选用内燃卷扬机。

③ 筒数选择

宜选用单筒卷扬机，结构简单，操作和移动方便。

④ 传动形式选择

行星式和行星针轮减速器传动的卷扬机，由于机体较小，结构紧凑、重量轻、运转灵活、操作简便，很适合空间较狭小的地方使用，可以优先考虑。

4）管道组对

① 钢管组对焊接后的总长度需大于管架的两个跨距以上，见图 8.1-8。

② 专用胎具成排安装时，必须保证所有胎具的中线在同一直线上。

图 8.1-7　捯链在穿管中的运用

图 8.1-8　已投产管廊中的穿管

8.2　大跨度钢架管道液压顶推穿管施工技术

1. 技术简介

在码头等施工空间和机械承重载荷受限的区域，传统吊装作业存在没有足够的作业空间以及施工承载载荷等问题。大跨度钢架管道液压顶推穿管施工技术通过在钢结构管架上安装导向轴承支架，将管道顶推过程中的滑动摩擦转换为滚动摩擦，从而将推力最大程度降低；在首根管道的前进端预先焊接一个偏心异径管，有效避免了管道前段在前进过程中对管架产生冲撞；在液压顶升装置与待穿管的管廊之间搭设焊接作业平台，当前一段的管线被推出后，在平台上将补充进来的新管与现有管线完成对接，然后整体向前推进，再按以上步骤循环顶推，最终实现管线全部顶推到位。

大跨度钢架管道液压顶推穿管施工技术解决了狭窄空间管道敷设就位难题，设备可控化程度高，操作方便灵活，通过液压控制实现了管道在管廊上的可控推进，提高了施工安全保障，优化了焊接作业方式。

2. 技术内容

（1）工艺原理与施工工艺流程

1）工艺原理

① 在钢结构管架上安装导向轴承支架，将管道顶推过程中的滑动摩擦转换为滚动摩擦，从而将推力最大程度降低；

② 将液压顶管机安装固定在管廊的端头并确保液压杆与管道标高一致，以液压顶管机的推力作为管道顶推的动力；

③ 在首根管道的前进端预先焊接一个偏心异径管，异径管的安装采用顶平的形式，从而有效避免了管道前段在前进过程中对管架产生冲撞；

④ 在液压顶升装置与待穿管的管廊之间搭设焊接平台，当前一段的管线被推出后，在平台上将补充进来的新管与现有管线完成对接，然后整体向前推进，再按以上步骤循环顶推，最终实现管线全部顶推到位。

2）施工工艺流程（图 8.2-1）

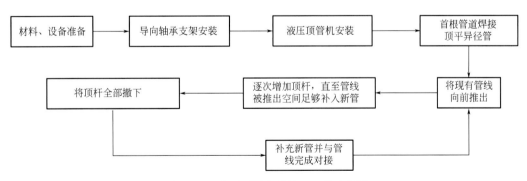

图 8.2-1　液压顶推穿管施工工艺流程图

（2）操作要点

1）导向轴承支架的制作及固定

导向轴承支架是指顶管时临时安装在管架上供管道纵向移动的滚动支架，其突出作用是将管道的滑动摩擦转变为滚动摩擦，从而大幅度减少管道在前行过程中的阻力，也有效地降低了管道顶推的动力要求。其外，导向轴承支架能够实现管线按照指定线路前行，并避免了管道在滑动过程中出现的表面防腐层损伤，见图 8.2-2。导向轴承支架的组成及安装要求如下：

① 导向轴承支架由滚筒、轴承、保持架组成，滚筒必须用耐磨、耐高温橡胶包裹，防止与钢管接触时损伤防腐层。

② 导向轴承支架安装前应根据管线布置要求预先放线，需确保导向轴承支架中心线与管道中心线一致，从而实现管道在顶推过程中能够按照设计的布置方向前行。

③ 导向轴承支架通过卡具固定在钢结构横梁上，必须牢固固定，避免管道在顶推过程中出现偏移。

图 8.2-2　导向轴承支架

2）液压顶管机安装

液压顶管机的结构简单，见图 8.2-3。主要结构包括液压缸一组（两个）、液压泵站一个、挡板两块、顶杆若干，动力采用电启动和柴油机启动两种，均采用手动控制阀。

图 8.2-3　液压控制柜及顶管机

① 液压顶管机组成

（a）主机部分：两个 30t 主油缸（60t），活塞杆，导向开关（自动换向阀），双向油管，活动插板，前后两个油缸支撑板，两端四只调整丝支撑杆（固定调整主机工作时的稳定性）等相关配件组成。

（b）液压泵站机组：采用轮式可拖型设计，方便运输及工作场地的转换。动力在原来电机的基础上升级为柴油电启动装置，解决了野外施工用电问题。齿轮泵为新型柱塞泵，压力可达到 25MPa。

（c）主机挡板两块：用于主机两端固定机体。

(d) 支撑板八块：用于增大机体调整丝与挡板的接触面积。

(e) 顶杆 30m。

② 规格型号

液压顶管机型号：HBXJS-60T，最大推力：60T，推进速度：0.2m/s。

③ 推力复核计算

a）管道推力计算

管道重量以 100m 的 $\phi914\times12.7$mm 管线为例计算，见图 8.2-4。

$$G = （外径-壁厚）\times壁厚\times0.02466\times长度\times g$$
$$= （914-12.7）\times12.7\times0.02466\times100\times10$$
$$=282.3kN$$

钢管与橡胶轴承的滚动摩擦系数 $K=0.6$，则管道顶推力为：

$$f=2G\times\cos45\times K=2\times282.3\times0.707\times0.6=239.5kN$$

b）液压顶管机推力换算复核：

液压顶管机的最大推力为 60T，其推力换算为：

$$f'=60T\times g=60000\times10=600kN$$

$f'>f$，即提升支架的推力远大于管道实际需要的顶推力，满足使用要求。

④ 液压顶管机安装

液压顶管机的安装高度需与管线的中心标高一致，同时在顶推挡板上焊接半圆形套筒，套筒内径稍大于管道外径，在顶推过程中将套筒套在管子的一端，从而实现推力的有效传递，见图 8.2-5。

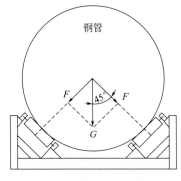 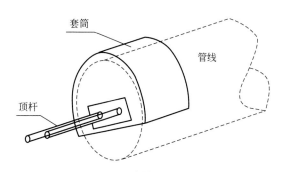

图 8.2-4　管道推力分析图　　　　图 8.2-5　套筒安装示意图

3）偏心异径管安装

管线在推进的过程中，由于管线的自身重量作用，管子前端在离开支架较远处时会发生轻微的下坠，当其与下一个导线轴承支架接触时会产生较大的冲撞力。为此在首段管道的最前端焊接一个偏心异径管，异径管采用顶平形式安装，通过异径管的自身曲线结构，与导向轴承支架形成了平滑接触，从而有效地避免冲撞的发生。偏心异径管安装示意见图 8.2-6。

4）管道整体顶推（图 8.2-7）

① 准备工作就绪后，通过液压控制柜将现有管线向前顶推，在顶推过程中逐次增加顶杆，直至推出的空间足以放入新管。

② 将套筒卸下，并将顶杆逐根卸下，控制顶杆回缩。

③ 在顶管机与现有管线的间隙内补进新管，并在脚手架平台上完成新管与现有管线的对接焊接。

④ 按照第 1 步工序将管线向前推进。

⑤ 重复以上步骤，最终将整体管线顶推至指定位置。

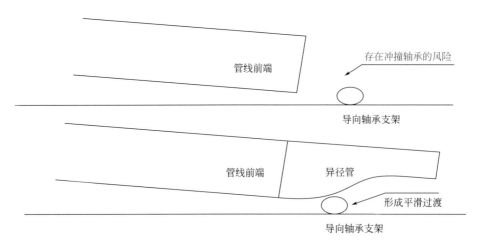

图 8.2-6　异径管安装示意图

(a) 通过液压顶推，同时加长顶杆，将原有管道推出，直至足够空间加入新管

(b) 将顶杆逐根卸下，同时将液压杆回缩

(c) 补进新管，并与前面的管道完成焊接

(d) 通过液压顶推，同时加长顶杆，将管道整体推出，直至足够空间加入新管

图 8.2-7　管道整体顶推流程图

5）操作注意事项

① 导向轴承支架中心定位必须沿设计的管线敷设中心线布置，确保管道顶推方向正确，导向轴承支架需确保固定牢固。

② 必须在管道的前端焊接异径管，避免管线冲撞管架。

③ 套筒与管道的间隙不宜过大，否则随着顶管增加，顶推力的偏心情况将逐渐严重。

④ 当增加补充管道时，前后两根管道上的 H 型钢需确保安装后的直线度，避免管线在顶推过程中发生偏离。

⑤ 使用前对顶管机的各部件进行安全检查，如部件的紧固性，胶管是否完全密封等；其次在使用过程中应时刻注意液压机泵的油量，如果油过少，应及时补充，不应等到液压油全部用完再填充，否则将造成液压顶管机泵体的损坏；此外在使用完毕后，要注意液压顶管机的清洁工作，将钻杆等部件上的杂质清除干净，延长其寿命。

⑥ 管道推进过程中，由专人统一指挥，液压控制柜由富有经验的专业人员控制，听从指挥进行施压推进，确保整个工程可控、安全进行。

8.3 管道半自动下向焊施工技术

1. 技术简介

管道下向焊技术是采用纤维素焊条（焊条电弧焊）打底＋药芯焊丝自保护（半自动焊）下向组合焊接技术，是一种从管道顶部引弧，自上而下进行全位置焊接的操作技术，该方法焊接速度快，焊缝成形美观，焊接质量好，药芯焊丝半自动焊抗风能力强，更适合野外作业。

2. 技术内容

（1）施工工艺流程（图 8.3-1）

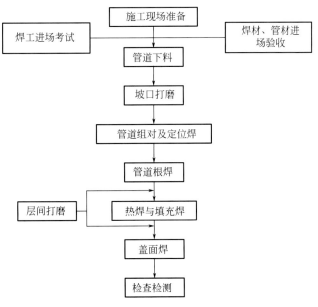

图 8.3-1 下向焊施工工艺流程图

（2）操作要点

1）管道组对与定位焊

管道连接时使用专业对口器，见图 8.3-2。完成组对后，进行定位焊接，定位焊是正式焊缝的一部分，要求单面焊、双面成形，长度 20mm、厚度为 3mm 左右，焊缝两侧应打磨成缓坡状，以利于接头。一般管道的定位焊为两处，大约在管子的 4 点和 8 点位置。

2）打底焊（根焊）

打底焊接时为两人 1 组，同时采用下向焊，焊条于焊口 12 点位置，进行直线下行运动，如图 8.3-3 所示，确保根焊熔透度（使母材两侧充分熔合，不能出现焊肉与母材有夹角现象），根焊焊肉厚度不超过 3mm。当间隙过大或熔孔过大时，可以作直线往复微摆，防止烧穿。

图 8.3-2　管道组对操作图　　　　　　图 8.3-3　打底焊操作图

整个打底焊接过程保持连贯，一次性完成。在熄弧时控制减薄焊层厚度，并用砂轮机将熄弧处打磨成缓坡状，防止接头处产生气孔和夹渣。同时，要保证接头迅速，不能间隔时间过长。

打底焊接结束后，立即自检整个焊缝的焊肉与金属母材两侧熔合线处，熔合情况必须良好（如果出现夹角必须修磨），并应采用砂轮机进行除渣，避免产生夹渣。

3）热焊

① 热焊主要是为了加固根部焊道，改善根焊层焊缝结构组织性能，消除焊接应力，同时继续补充足够的热量以使焊缝保持较高的温度，避免裂纹等缺陷的产生。

② 热焊时一般不摆动，保证坡口两侧熔合良好即可。

③ 根焊与热焊间隔时间控制在 5～10min，测量焊缝层间温度，如低于 80℃要重新对焊道进行加热。

④ 同样由两焊工在 12 点位置分两侧向下进行焊接，此时注意起弧处与根焊的起弧处错开不小于 30mm 的距离。

4）填充焊（图 8.3-4）

① 引燃电弧形成熔池后，以一定的焊接速度，快速、均匀的左右小幅摆动带动熔池有节奏的下拉行走。在焊接过程中，焊丝不可脱离熔池先行，防止顶丝、跳丝、未熔合。焊至立焊位时，喷嘴角度稍向上倾斜（焊丝指向已焊方向），行走速度适当加快，防止铁液超前。特别是下坡时，加大焊丝左右摆动幅度，中间过渡快速，两边有适当的停留时间，保证坡口两侧铁液与母材良好的熔合，并迅速带动熔池前行。

② 填充焊由于焊肉面宽度小，要注意观察焊肉与母材的熔合必须圆滑，不可以出现焊肉与母材有夹角现象，每道焊肉的厚度不大于 2.5mm。

③ 填充层每层的焊接接头都要错开，间距不小于 30～50mm，每道填充层焊接完成后，都要认真清

理飞溅的熔滴，并检查焊缝的成形与母材的熔合情况。

④ 填充焊厚度不能过高，以低于母材表面 0.5mm 为宜，可根据坡口情况适当摆动焊丝，保证坡口两侧熔合良好，但不能破坏坡口边缘，以保证盖面焊缝成形美观。

5) 盖面焊（图 8.3-5）

图 8.3-4　填充焊操作图　　　　　　　　　图 8.3-5　盖面焊操作图

① 盖面层焊接时由于焊缝宽度较低，焊接时焊丝的摆动以满足焊缝外观成形为目的，沿坡口两侧稍作横向或反月牙形摆动向下焊接。由于为收尾焊道，不但要保证焊接质量，还要美观，盖面两侧应比焊道加宽 1～2mm，余高控制在 1～3mm。

② 盖面焊时接头处易产生表面气孔，解决方法是在接头收弧前方 10mm 处引弧，然后拉长电弧到接头处预热 1～2s，再压低电弧，形成熔池后再正常焊接。

③ 盖面焊仰焊处易出现下坠和咬边现象，焊接运行到这个位置时应尽量垂直于管子平面，利用电弧吹力和电弧轮廓的覆盖作用，并结合适当的焊接速度和角度将铁水过渡上去，从而避免咬边和下坠产生。

④ 盖面焊时为保证成形美观，还应注意以下操作事项：

(a) 盖面焊的起弧处应与填充焊的起弧处相错开，距离不小于 30～50mm。

(b) 盖面焊每道焊缝之间不能有深度超过 0.5mm 的凹槽。

(c) 焊缝的宽度比坡口每侧增加 0.5～1.5mm，宽度差不大于 2mm。

(d) 焊缝余高 0.5～3.0mm，高度差不大于 2.5mm。

(e) 两侧咬边深度不大于 0.5mm，长度不大于焊缝两侧有效长度的 10%；在焊缝任何 300mm 的连续长度中，累计咬边长度应不大于 50mm；焊道之间的排焊平滑，没有凹槽现象。

(f) 盖面层焊接时使坡口两侧母材充分熔合，以减少焊接缺陷，保证焊缝质量。底口部位熄弧时应适当停留并适当增加焊丝的伸出长，以减小弧坑及由熄弧可能带来的缺陷。

6) 层间打磨

每层施焊后，用角向磨光机和电动钢丝刷将焊缝表面的熔渣、飞溅及表面缺陷清理干净，为下一层的施焊打好基础。

根焊结束后，用角向磨光机将焊道打磨成两边稍高，中心略低的 U 形，可有效防止夹渣等缺陷的产生。

8.4 带介质管道改造施工技术

8.4.1 原油罐区管线带压开孔工程施工技术

1. 技术简介

带压开孔技术是在管道和容器上制造接口的一种方法，开孔时管道和容器处于承压或使用状态下。带压开孔是在完全封闭的空腔内进行的，刀具切削过程与空气隔绝，无着火、爆炸的可能性，且有毒有害介质不会排放到空气中，对环境无污染。适用于除氧气以外的任何介质以及不同直径的各类管道。带压开孔省去了管道在线维修存在的停输、降压、放散、动用明火等传统作业，可避免作业风险、提高安全性，使维修、开孔接管等既迅速又经济可靠。

2. 技术内容

（1）全环绕型热压三通密封短节安装

1）三通选型

三通选型是依据《石油化工管道设计器材选用规范》SH/T 3059—2012 和《补强圈钢制压力容器用封头》JB/T 4736—2002，该三通为热压成形。厚度依据《石油化工管道设计器材选用通则》SH 3059—2001 要求，不大于 1.5 倍母管壁厚。长度计算依据《石油化工管道设计器材选用通则》SH 3059—2001 中规定的需补强面积得出。

以 $DN550$、壁厚为 16mm 的管道垂直向上开 $DN200$ 孔为例（图 8.4-1），计算如下：

$$A_1 = t_{oh} \times d_1 \times (2 - \sin\alpha)$$

式中　A_1——主管开孔需补强的面积（mm^2）；

　　　t_{oh}——主管计算壁厚（mm）；

　　　d_1——在支管处从主管上切除的有效长度（mm）；

　　　α——支管轴线与主管轴线间夹角（°）。

t_{oh} 取 16mm，d_1 取 450mm，α 取 90°。计算得主管开孔需补强的面积 A_1 为 7200mm^2。$DN550$ 热压三通长度为 730mm，包覆面积为 1290000mm^2，足够满足补强要求。

2）短管焊接

在待开孔位置，带压焊接短节和法兰。如干管是钢管，可以直接焊接短管；如干管是铸铁管，则需要在干管上打上钢管套轴再进行焊接。在焊接短节前，应根据管壁的厚度做焊接工艺评定，既要保证不焊穿又要保证其焊缝强度。

3）热压三通焊接

① 准备工作

清洁三通焊接处管线，焊接前用角磨机对管线外表面进行清理打磨，边缘 50mm 去污油、氧化层，清理熔渣。利用测厚仪测量管线壁厚，根据实际情况制作焊接工艺评定。

② 焊接方法

采用电弧焊或氩弧焊，严格控制电流。焊接时采用多道焊接，第一道焊接厚度不超过 2mm。焊接技术要求如下：

先同时焊接两侧直焊缝，再焊接环焊缝。每道纵向直焊缝两名焊工焊接时，应按图 8.4-1（a）所示焊接顺序同时焊接。每道纵向直焊缝四名焊工焊接时，应按图 8.4-1（b）所示焊接顺序同时焊接。

对开三通的两道环向角焊缝的焊接，见图 8.4-2，应先焊接完成一侧环向角焊缝后，再焊接另一侧

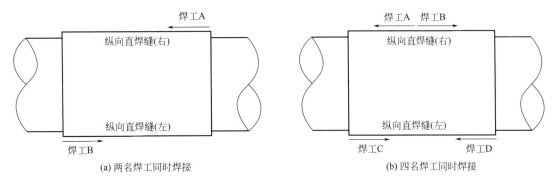

(a) 两名焊工同时焊接　　　　　　　　　　(b) 四名焊工同时焊接

图 8.4-1　纵向直焊缝焊接顺序

环向角焊缝。当两名焊工同时焊接一道环向角焊缝时，应按图 8.4-3 所示焊接顺序同时焊接。

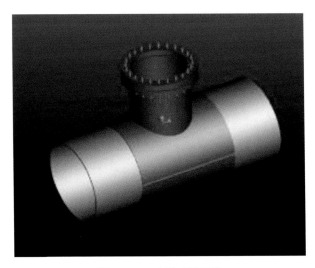

图 8.4-2　对开三通示意

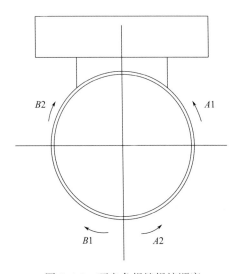

图 8.4-3　环向角焊缝焊接顺序

对开三通护板与管道的环向角焊缝的焊接宜采用多道堆焊形式，如图 8.4-4 所示。

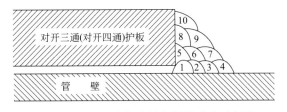

图 8.4-4　环向角焊缝堆焊焊接形式示意图

对开三通焊角高度和宽度应与护板厚度一致，如图 8.4-5 所示。

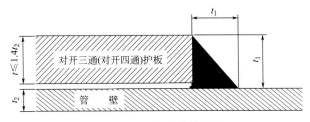

图 8.4-5　环向角焊缝焊角

③ 无损探伤检测

焊完后进行检测，100%MT 探伤，并出具报告。

（2）开孔

1）开孔前的准备

三通安装完成后，安装好闸阀。

① 做好现场勘察、技术交底。如开孔点、管线规格及材质、介质品种、压力、温度、流向、环境状况等。办理现场动火证，落实安全消防措施，清理现场，满足施工和安全要求。按开孔质量标准检测阀门，并进行强度和严密性试验。检查开孔设备均达到完好状态，在模拟试验台上进行试验验证。

② 现场动火焊接前必须做好以下检测工作：打好管线接地极、测管线接地电阻≤4Ω、测管壁实际厚度、测管线表面温度、测环境可燃气体含量必须符合安全要求。

2）开孔工艺

① 法兰短节及加强板焊接：焊接前找正定位，按焊接工艺卡施焊，焊完后检测并作记录。

② 开孔阀门和开孔机的安装：首先记录好中心钻伸出开孔刀端面的长度，见图 8.4-6。阀门开孔机安装时法兰接合面必须清理干净，垫片无破损，找正对中，方位正确，连接螺栓均匀压紧，见图 8.4-7。安装开孔刀时应根据阀门的通径大小选择合适的尺寸。

图 8.4-6　中心钻长度测量

图 8.4-7　阀门法兰面清理

③ 进行气密检验，见图 8.4-8，置换开孔密封容腔内的空气（用氮气进行试压、置换。氮气置换时，通过开孔连箱的放散阀注入 0.6MPa 的氮气。当注满氮气后，通过开孔连箱的放散阀将密封容腔内的氮气放散到 0.1MPa，重复两次充、放氮气过程。当第三次充入 0.6MPa 氮气后，密封容腔内的空气置换完成）。开孔短节、阀门、开孔机联合试压。压力表不少于 2 只。

④ 开孔操作

（a）开机并检查开孔刀旋转方向是否正确。启动液压站确定电机旋转方向，调整液压马达排量，关闭截留阀，观察开孔机主轴旋转方向是否正确，把操作手柄挂到进给挡，进行开孔作业；

（b）将中心钻进至开孔管线上表面时，记录并标记开孔刀送进丝杠位置，计算出总进刀量深度，并标记在送进丝杠上；

（c）进刀开孔，刚开始时进刀量要小，待中心钻已钻进，设备运转平稳后，可适当加大进刀量，防止卡刀闷车，损坏刀具造成事故，按计算总进刀量到位和手感开孔刀没有切削时开始停机，停机后再手动进刀 2 周，手感无阻碍为开孔完成；

（d）提起开孔刀至开孔机连箱内，关闭开孔阀门；

（e）打开连箱上的泄压阀，排出连箱内介质。打开开孔机上的放空阀泄压（注意安全，回收介质，防止污染环境），泄压阀不漏介质时，证明开孔阀门关闭严密，开孔成功，见图 8.4-9；

（f）按程序拆卸开孔机，加盲板；

（g）从开孔机钻杆上拆下开孔刀、料块；

（h）开孔结束；

（i）做好管线防腐保温，安装盲板，恢复原貌。

图 8.4-8　气密检验

图 8.4-9　泄压阀与压力表监测

8.4.2　管道带油充水焊接-气割技术

1. 技术简介

石油化工改扩建工程施工中，投产区管线碰头是管线改造的重要环节，涉及对带油管线进行动火作业。管道充水焊接-气割技术主要应用于石油化工改扩建工程的管线碰头改造，其核心技术是通过向带油管道内不断充水清除管道内污油和油气，在原管线上开孔焊接支管。这种施工方法安全且工效高。

2. 技术内容

（1）准备工作

1）拆除施工部位保温层，确认主管线口径。准备材料、机具进场，检查现场动火及收油部位布置。

2）执行调度令，全线停输，关闭支线阀门和进罐阀门。支线阀前扫线，对主管泄压。

3）关闭相应管线阀门并确认，打开主管线一侧阀门，接通主管快速接头 $DN40$ 至污油桶，打开阀门，确认主管是否满油、无压力，排空至不带气为止。

4）检查主管下方排凝阀 $DN25$ 是否畅通，关闭排凝阀连至消防水龙头，见图 8.4-10。

（2）排气孔开孔作业

1）确认主管内满油、无压力后，在主管上方指定位置焊接排气孔 $DN40$ 短接，控制焊接电流，禁

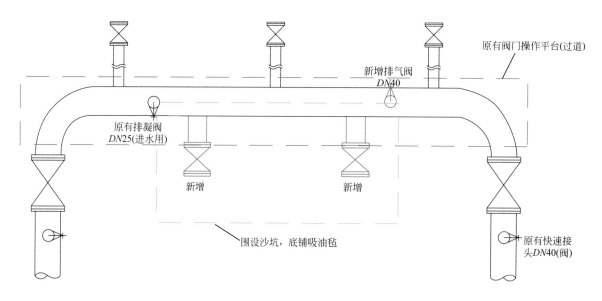

图 8.4-10　管线对接示意图

止连续施焊，防止局部过热。

2）检查焊缝质量，安装不锈钢球阀及相应试压短接，试压至试验压力，稳压 10min，合格后拆去试压附件，装手动开孔刀。

3）打开球阀进行开孔，进刀时根据钻刀阻力缓慢均匀推进，以防崩刃，钻穿管壁前暂停进刀或略微退刀，待钻头灵活旋转后推进，钻穿后退出钻刀时保持钻刀旋转，缓慢退出，关闭球阀，完成开孔。

（3）主管道充水

卸刀后在球阀上方安装排气管至污油桶，关闭主管一侧阀门，打开主管下方排凝阀，主管进水，打开新装球阀，观察污水带油情况，至水中不带油，减少进水阀开度，保持有水流即可，见图 8.4-11。

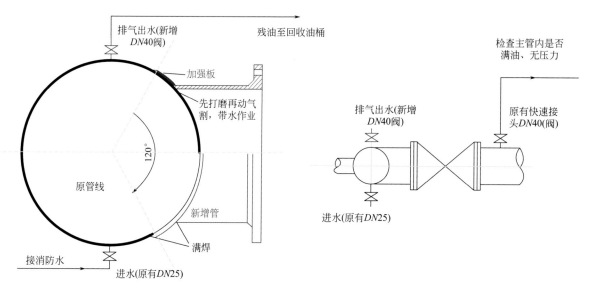

图 8.4-11　管线对接动火示意图

（4）主管开孔作业

1）指定位置按焊接工艺焊接新增管线短接、加强板、法兰，禁止焊穿主管，着色检查所有焊缝外观，装试压附件，按规范要求进行试压，见图 8.4-12、图 8.4-13。

2）卸试压附件，打磨主管开孔处周围，打磨厚度视现场具体情况而定。

图 8.4-12　焊缝着色检测

图 8.4-13　支管打压

3）用氧乙炔切割主管开孔，自下而上带水作业，观察流水情况，关闭出水球阀，开大进水阀，割口处进气可用橡皮泥作填堵。若管内进气严重，停止作业，用橡皮泥填堵后进水至排水管出水再作业。

4）开孔后，让排出管内污水缓慢流出，地上铺设沙子、吸油毡，做到油水分离。排净管内污水，清理主管内残渣，主管内测爆，观测管内残油挂壁情况，修理切口锋锐处，用防爆工具冷作处理，如铜榔头、錾子等，禁动明火。

5）安装新增支管阀门、盲板，清理现场，恢复拆卸部分，见图 8.4-14。

图 8.4-14　施工前后对比效果图

8.4.3　管道不停输带压封堵技术

1. 技术简介

管道突发性事故的抢修，过去传统的做法必须停输、清空管线后进行或采取一些临时性补救措施，给管线的安全运行带来了隐患。管道带压封堵技术是一种安全、经济、快速高效的在役管道维修特种技术。它能在不间断管道介质输送的情况下完成对管道的更换、移位、换阀及增加支线的作业，也可以在管道发生泄漏时对事故管道进行快速、安全地抢修，恢复管道的运行。不停输带压封堵技术适用的介质有石油、天然气、成品油、水、乙烯等无强腐蚀性的介质。

2. 技术内容

（1）施工工艺流程（图 8.4-15）

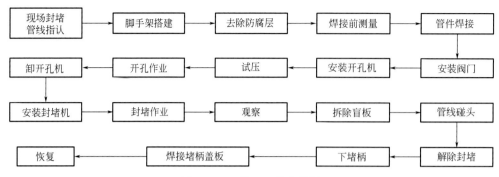

图 8.4-15　施工工艺流程图

（2）管线封堵

1）管线封堵采用盘式封堵器进行，见图 8.4-16。

2）封堵器由主轴、偏心连接盘、折叠式皮碗封堵头、操纵装置机件组成。封堵器是开孔后实行封堵截断管道介质流通的关键设备，它所实现的效果和可靠性是开孔封堵技术的关键。它利用连接盘的偏心和球形摆动装置将折叠式皮碗封堵头送入已开好的孔中一侧，封堵头通过操纵杆打开，又利用管道中的压力推动封堵头上的锥形皮碗致使越封越紧，见图 8.4-17。

图 8.4-16　盘式封堵机

图 8.4-17　盘式封堵示意图

3）安装封堵机

① 检查封堵机，检查法兰胶圈无渗漏，无脱扣。

② 安装封堵机，扭紧全部螺栓，开启阀门，检查渗漏情况，正常后进行封堵。

4）封堵作业

① 封堵时要仔细观看开孔时切割下来的马鞍块，根据管道内壁结垢和腐蚀情况判定封堵头皮碗的挤压程度。

② 打开夹板阀门后，下落封堵头到达管线的封堵位置后完成封堵，在封堵作业完成后通过排液孔，观测是否封堵成功，不成功重新封堵，直到无渗漏为止。

5）封堵成功后通过抽油孔将封堵段油品抽出。

（3）法兰组对、焊接

封堵完成后进行法兰焊接，为保证施工速度，现场每道焊口采用两人同时两侧进行焊接作业，焊接形式为氩电联焊。焊接完成后采用渗透检测。

（4）管道焊接、安装

1）焊接过程中在管道与法兰间采用 5mm 厚内插钢盲板进行隔离，同时采用淋水的防火石棉布进行遮挡覆盖，防止管道内泄漏油气进入施工管段，增加配管的安全性，见图 8.4-18。

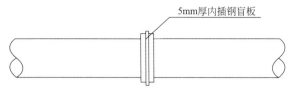

图 8.4-18　安装剖面图

2）对焊缝进行 100％射线检测。

（5）封堵机拆除

1）以上所有焊接、安装完成后，退出皮碗封堵头，关闭阀门，拆卸封堵机。

2）拆卸开孔机时先打开放空阀泄压，并用油桶接住封堵机与阀门之间的残液。

（6）堵塞以及法兰盖板焊接

1）三通孔封堵利用专用堵饼机进行，堵饼机就位后紧固螺栓，气密性试验合格后打开阀门，转动锁杆将堵柄送到与堵饼配套的法兰凹槽处。利用堵饼专用配套法兰上的 4 个锁死机构将封堵饼锁死，见图 8.4-19、图 8.4-20。确认无渗漏后反向旋转丢手器锁杆，退出锁杆，依次拆除封堵机、阀门以及堵饼丢手器，见图 8.4-21～图 8.4-24。

图 8.4-19　堵饼配套用法兰

图 8.4-20　堵饼

图 8.4-21　堵饼机安装就位

图 8.4-22　锁死堵饼

图 8.4-23　堵饼丢手器拆除　　　　　　图 8.4-24　三通口封堵完成

2）为防止有泄漏点，将堵柄与法兰全部焊接，保证无泄漏点。

第 9 章

油品码头设备安装施工技术

油品码头主要用于油船停靠、装卸散装油类等作业，施工中具有运输通道狭窄、作业空间小、载荷受限、设备安装难度大等特点。本章结合工程实际，以油品码头设备安装为主，重点介绍了大型设备浮吊安装技术、大型输油臂陆地吊装技术、大型长轴海水消防泵分段安装技术等内容。

9.1 码头大型设备浮吊安装技术

1. 技术简介

大型油品码头的运输通道狭窄、作业空间小、载荷受限，通常的陆地吊装很难施工。浮吊具有避免陆上运输及作业、不占用其他施工面、机动灵活性强、不需要其他起重设备配合、施工进度快等优点，越来越多的应用于码头设备施工。

2. 技术内容

（1）施工工艺流程（图 9.1-1）

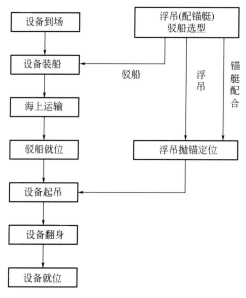

图 9.1-1 施工工艺流程

（2）操作要点

1）浮吊及驳船的选型

① 浮吊的选型

首先考虑单台设备的重量、尺寸及设备施工时需要最大的作业半径，再综合当地水文、气象、地貌、设备与水位的落差以及浮吊自身的规模、吃水深度等。考虑到浮吊受海况影响较大，并且难以预计，因此，选择浮吊时，海况将成为一个非常重要的因素，必要时组织船舶单位提前进行实地考察及监控。浮吊必须配备抛锚艇，用于浮吊抛锚定位。

② 驳船的选型

驳船作为一个装载和运输工具，自身的经济性及安全性最重要。但由于浮吊租赁费用高，作业时间受驳船影响大，因此选择驳船时，除考虑驳船的运载能力，必须同时结合海上运距以及浮吊的工效，实现两者的最大经济效益。

2）设备装船

设备到达临时码头后，采用大型汽车吊倒运至驳船。设备装船前，应按照设备吊装的顺序对设备进行编号，并根据编号顺序进行装船，以免增加现场吊装难度。装船时设备必须平躺在胎架上，零部件放于枕木上，并且确保设备上下吊点位于同一水平面上，严禁设备直接与船身接触以免设备受到损伤。设备装船后胎架与船面进行焊接加固，同时采用手拉葫芦及吊带将设备与胎架固定，见图 9.1-2。

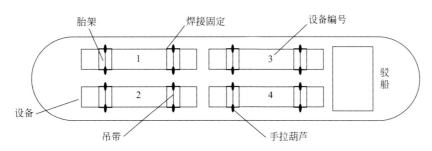

图 9.1-2　设备装船示意图

3）海上运输

驳船一般都具有自航的能力，较少使用拖轮拖运，因此，灵活性和机动性大大增加，海运航速通常可以达到 10～15mile/h。

驳船起航前，应对驳船及设备的捆绑进行全面检查，并提前获取当地即时气象信息。运输过程中注意天气变化，若遇大风、大雨等天气，要遵照相关航行规定行驶，必要时临时锚泊。同时合理规划航线，尽量减少运输成本和运输时间。

海上运输驳船应符合适航条件，在海上运输时，应遵守海事部门相关规定，服从相关部门管理。

4）浮吊及驳船的定位

① 浮吊的定位

浮吊的定位时间比驳船长得多，因此，通常情况下，浮吊在驳船到场前先进行初步定位。初步定位时，浮吊两个后锚、两个前锚都进行锚定，前锚锚绳经过的位置应远离驳船停靠的位置。浮吊距离施工码头前沿约 30m，然后其中一个前锚进行松锚，以免锚绳挡住驳船运输通道。等驳船定位后，前锚锚绳再拉紧，进而使浮吊定位，见图 9.1-3。

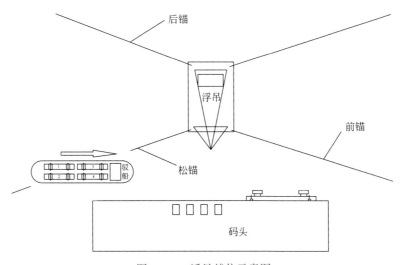

图 9.1-3　浮吊就位示意图

② 驳船的定位

驳船到达施工现场后，停靠于设备安装区域相邻泊位上，并通过系溜绳与泊位护弦及快速脱缆钩进行固定。必要时进行锚定，确保驳船安稳停靠在泊位上，见图 9.1-4。

5）设备起吊

一般的浮吊都配有两个平行的主钩及副钩，设备吊装一般只采用主钩。

浮吊通过前锚锚绳的收放进行移动，浮吊靠近装载设备的驳船后，降主钩至适当高度。两个主钩分别作用于上、下两个吊点，每个吊点分别有两个吊耳。起重工按要求对设备吊耳进行挂扣工作，并在设

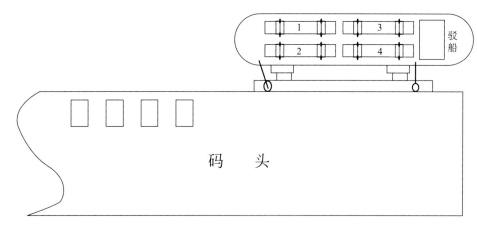

图 9.1-4　驳船就位示意图

备底部系上溜绳以防止设备起吊时晃动剧烈。确认无误后，起重指挥通知浮吊升主钩至各吊索受力，检查两个吊点平衡受力后通知浮吊起钩。

两个主钩同时缓缓提升，确保设备水平升高，直至设备升高高度约为设备自身高度为止，见图 9.1-5、图 9.1-6。

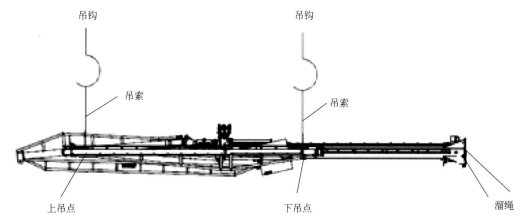

图 9.1-5　设备起吊示意图

图 9.1-6　设备起吊

6）设备翻身

设备提升约至自身高度时，设备下吊点主钩缓缓落钩，上吊点主钩缓缓提升，利用设备自重回到垂直状态，设备重力全部作用于上吊点处。上吊点根据现场情况适当调整高度，在此过程中，下吊点不受力，以保证设备处于垂直状态。然后通过锚绳移动浮吊，使设备移动到设备基础上方 1m 处，利用溜绳保持设备平稳，防止设备摆动过大撞伤码头其他设备和施工人员，见图 9.1-7、图 9.1-8。

图 9.1-7　设备翻身

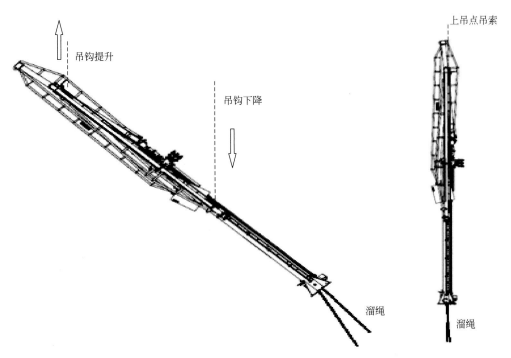

图 9.1-8　设备翻身示意图

7）设备就位

设备就位时，由于海水的波动容易导致设备摆动，因此，船的移动及主钩的升降必须做到尽量缓慢，同时泊位上的安装人员必须拉好设备底座对角的溜绳。当设备正处于基础正上方 50cm 时，浮吊停止移动，待设备底座螺栓孔与基础预埋螺栓对正后慢慢下落，见图 9.1-9。

由于设备规格较大，且设备底板螺栓孔较小，为保证设备顺利就位，且防止地脚螺栓被过度损坏，将在基础边缘加装辅助限位工装，使设备底座在工装件的范围内慢慢下降，见图 9.1-10。

图 9.1-9　设备就位示意图　　　　　图 9.1-10　辅助限位工装示意图

9.2　大型输油臂陆地吊装技术

1. 技术简介

在部分码头升级改造项目中，因为各种原因无法给驳船提供作业空间和时间，根据码头现场实际情况，对现场空地合理规划后，采用双汽车吊实现在复杂条件下大型输油臂安全、精确的拆除与安装，可以有效地缩短工期、降低造价，同时不影响既有码头船舶装卸油作业。

2. 技术内容

（1）主要施工工艺流程（图 9.2-1）

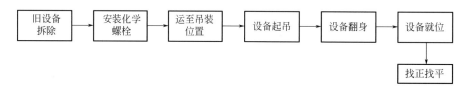

图 9.2-1　主要施工流程

（2）原有输油臂拆除

拆除原有输油臂之前，需先拆除与之连接的原油管道和液压系统。首先拆除管道并放出管道中残存的原油，拆除阀门，使用盲板封堵；关闭液压系统，将预拆除输油臂液压管用丝堵封起来，拆除氮气管并用盲板封堵。以上工作完成以后，在原有基础上加装化学螺栓，清理现场，准备安装新输油臂。

以 DN250 输油臂为例，输油臂高度 16m，重量 22.5t，采用两台吊车进行吊装，一台 260t 汽车吊主吊，一台 80t 汽车吊辅吊。

松开地脚螺栓，用 260t 吊车吊起输油臂头部的吊点使其悬空，缓慢运输至 50t 拖车附近使底板着地；然后用 80t 吊车吊起输油臂底部，同时 260t 吊车缓慢松钩，使输油臂倾斜；260t 主吊继续松钩直至输油臂呈水平状态，使用两台吊车共同将输油臂运至平地或 50t 拖车上，然后使用拖车运输至就位码头等待安装，见图 9.2-2～图 9.2-4。

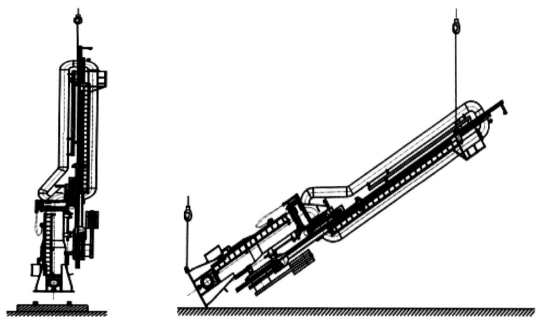

图 9.2-2　起吊　　　　　　　　　　　　　　图 9.2-3　辅吊吊起底板缓慢倾斜

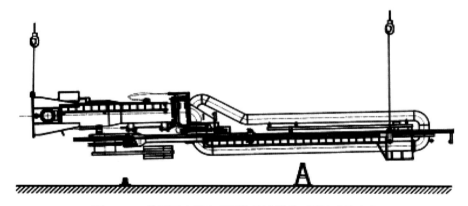

图 9.2-4　使用两个吊车共同将输油臂移至平地或拖车上

（3）新输油臂安装

以 DN400 输油臂为例，输油臂高度 20m，重量 36.5t，采用两台吊车进行吊装，一台 260t 汽车吊主吊，一台 80t 汽车吊辅吊。用 260t 吊车吊起输油臂头部吊点，80t 吊车吊起底板位置（两个吊孔），两台吊车同时收钩使输油臂保持水平状态，并缓慢平稳的抬离地面；起吊至一定高度后 80t 吊车缓慢松钩，使输油臂倾斜；继续松钩使输油臂底板触地；260t 吊车缓慢收钩使输油臂直立，待输油臂直立稳定后缓慢移动至基础上方，对准地脚螺栓孔使底板缓慢落在基础上。为避免出现重心不垂直的情况，吊装过程中采用缆绳溜尾。输油臂在基础上就位后，吊车不能立即摘钩，等设备找平后，及时紧固地脚螺栓，确保设备在安装牢固不倾斜的情况下再进行吊车吊装钢丝绳的摘钩，见图 9.2-5～图 9.2-9。

（4）实施要点

1）根据制造厂家提供的技术资料，输油臂展开后，可供吊装的吊点仅有顶部吊耳和底板螺栓孔，严禁选取其余任何位置为吊点；

2）吊装钢丝绳拴好后，使用倒链调整整个输油臂的垂直度；

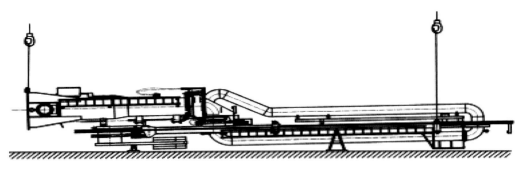

图 9.2-5　两个吊机分别起吊底板（两个吊孔）和高点（一个吊耳）

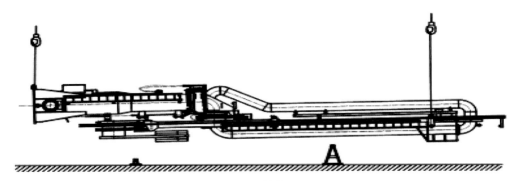

图 9.2-6　抬离地面

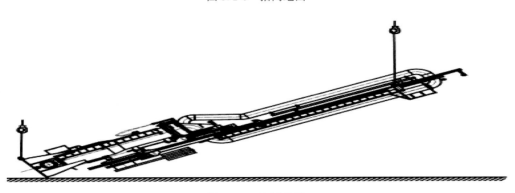

图 9.2-7　底板触地

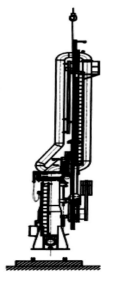

图 9.2-8　主吊吊运至基础进行安装

图 9.2-9　输油臂吊装完毕

3）两台汽车吊慢慢吊起输油臂，吊到一定高度后，辅吊缓慢松钩，同时主吊缓慢提钩，使输油臂总成吊装形成垂直状态后，确认立管是否垂直，如不垂直，使用捯链进行调整；

4）严禁利用外伸臂的任何构件来吊起输油臂总成，所有主要载荷应在内伸臂的构件、立管和平衡重横梁上统一；

5）起吊时注意臂的稳定性，防止臂侧翻；

6）由于新输油臂安装位置与原有输油臂最近处距离不足1m，起吊、移位、落吊过程需缓慢且平稳，使用溜绳确保位置准确；

7）输油臂就位安装：穿过地脚螺栓安装立柱，并暂时紧固地脚螺栓；

8）调整立柱垂直度，用经纬仪在两正交方向测量，通过安装调整垫铁等方式使之能够达到相关技术文件要求；

9）慢慢解除吊钩的张力直至吊绳松弛，复查输油臂立柱的垂直度，然后紧固地脚螺栓；

10）垫铁点焊后二次灌浆。

9.3　码头工程大型长轴海水消防泵分段安装技术

1. 技术简介

大型长轴海水消防泵是码头安装工程中典型的设备，通常包括柴油机驱动泵和电动机驱动泵两种。海水消防泵的泵体一般较长（总长约15m），安装位置位于海水泵房内。施工现场道路通常比较狭窄，同时海水泵房内行车提升高度有限，很难实现整体吊装。本技术采用分段运输、现场组装的方法，实现了大型长轴海水消防泵高质量的装配。

2. 技术内容

（1）分段安装原理

设备安装采用海水泵房内悬挂式起重机吊装。设备零部件采用叉车进行陆地运输，运输至海水泵房内，并通过悬挂式起重机在泵房内将第一组装件装配完成。将已装配好的第一组装件吊入泵井内。采用专用夹具固定设备组件进行后续装配，组件完成后夹具松开，用吊具将装配好组件下放入泵井，依次进行装配，直至泵井内部件装配完成后，进行地表部件装配。

（2）施工工艺流程（图9.3-1）

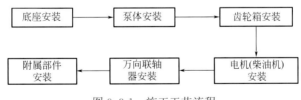

图9.3-1　施工工艺流程

（3）底座的安装

立式海水消防泵组由泵体、齿轮箱、电动机（柴油机）、万向联轴器等部件组合而成，见图9.3-2。其中泵体、电动机需要底座进行安装，并且底座要求在泵组安装之前预埋在基础里，并用地脚螺栓固定，见图9.3-3。用水平仪检查底座横、纵向水平偏差，应小于0.3mm/m，地脚螺栓孔周围表面必须水平并坚实。

（4）泵体的安装

泵体零部件到达现场泵房后，需要注意适当的吊装方式和摆放方法，以保证零部件在安装前和安装

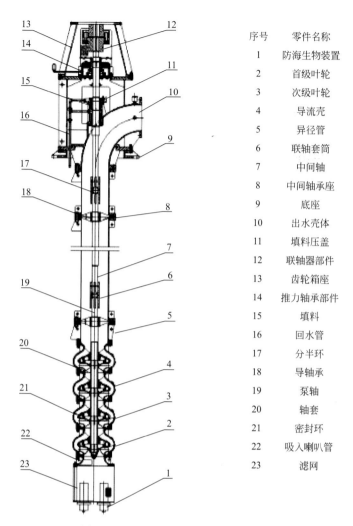

序号	零件名称
1	防海生物装置
2	首级叶轮
3	次级叶轮
4	导流壳
5	异径管
6	联轴套筒
7	中间轴
8	中间轴承座
9	底座
10	出水壳体
11	填料压盖
12	联轴器部件
13	齿轮箱座
14	推力轴承部件
15	填料
16	回水管
17	分半环
18	导轴承
19	泵轴
20	轴套
21	密封环
22	吸入喇叭管
23	滤网

图 9.3-2 立式长轴海水消防泵结构图

过程中不会损坏。

1）泵装配前，首先将泵所有零件清洗干净；

2）将叶轮、导流壳等按顺序安装在泵轴上；

3）依次装入联轴套筒、键、中间轴、接管、轴承架等；

4）在上轴位置处装上填料密封，然后装上轴承体和联轴器；

5）待泵立起，安装在基础上时，再安装电机（柴油机）架和电机（柴油机）。

（5）泵的装配

1）第一组大装（卧式装配）

① 将叶轮轴小装部件装入末级导流壳小装部件，装上次级叶轮，套上叶轮轴套。再将装好O形密封圈的导流壳与末级导流壳小装，用螺柱螺母固定，依次将叶轮轴套，叶轮和导流壳装入。注意导流壳与导流壳之间装上O形密封圈。将全部叶轮与导流壳装好后，旋紧叶轮螺母，在喇叭口小装图上装好O形密封圈，并将其与导流壳用螺柱螺母固定。

② 末级导流壳上安装O形密封圈后，再装配变径管，并用螺栓和螺母连接。

③ 装好滤网，并用螺柱和螺母与喇叭口固定。

④ 将泵吊立转入第二组大装。将第一组大装部件竖起插入泵井中，并采用接管专用安装夹具支承在井口，见图9.3-4。

图 9.3-3　立式长轴海水消防泵安装图

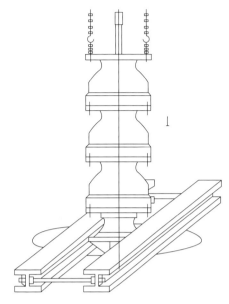

图 9.3-4　第一组部件吊装图

2）第二组大装

① 用套筒联轴器部件将中间轴小部件与第一组大装部分的轴伸端连接。其装配顺序是：先将套筒联轴器套在中间轴上，并使轴伸出约 45mm；将分半环抱住两轴端；将套筒联轴器往下推至轴肩卡死处，并用螺钉将其固定。

② 在第一组大装部分的变径管上端安装 O 形密封圈后再安装中间轴承部件及接管，并用螺栓和螺母连接。

③ 整体吊起，取出接管专用夹具将泵往井中放，再用夹具固定在接管上法兰下面进行下一节安装。

④ 待第二组大装完毕，整体吊起，取出接管专用夹具将泵往井中放，再用夹具固定在接管上法兰下面进行第三组大装。

3）第三组大装

① 用套筒联轴器将中间轴和传动轴联接在一起，见图 9.3-5。

② 在第二组大装部分的导轴承体上端安装 O 形圈后再装出水壳体，并用螺栓和螺母将出水壳体、中间导轴承部件和接管连接到一起，见图 9.3-6。

③ 将泵整体吊起，取出接管专用夹具将泵往井下放，出水壳体直接落在基础上，校好位置后用螺栓紧固，见图 9.3-7。

（6）联轴器安装

1）装好填料后将螺柱拧到填料函上，套上填料压盖拧紧压盖螺母。

2）将甩水环装到传动轴上，再将轴承托架体部件装到传动轴上，将传动轴上的锁紧螺母拧到合适位置。

3）装好联轴器键，再将泵联轴器装到传动轴上。

（7）齿轮箱的安装

先将齿轮箱座安装在出水壳体上，然后用螺柱紧固，最后将装好齿轮箱联轴器（柱销已经放入连接孔内）的齿轮箱吊装到齿轮箱座上。齿轮箱联轴器与泵联轴器之间的端面和径向跳动允差为 0.08mm，可以在齿轮箱座上平面法兰和齿轮箱之间垫薄铜片调整，校准位置后用螺栓紧固，然后紧固联轴器螺栓

图 9.3-5 中间轴安装

图 9.3-6 中间接管吊装

和螺母。

（8）电机的安装

泵体安装完毕后进行电机吊装，找平，找正。

（9）万向联轴器的安装

万向联轴器安装时要保证电动机轴和齿轮箱轴的对中性，保证万向联轴器正常工作时的轴线折角小于 15°。

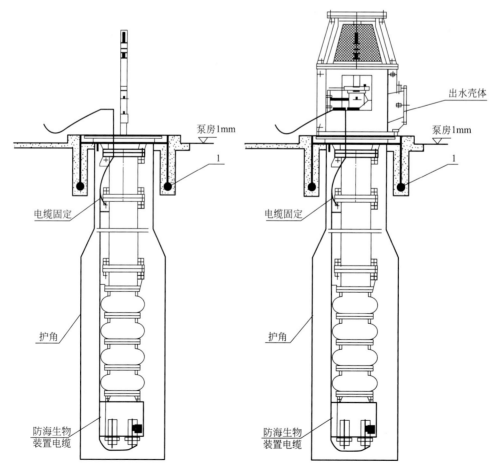

图 9.3-7 第三组部件吊装图

第 10 章

检测检验及热处理技术

检验检测是储运工程施工过程中检验材料质量和施工质量的一项重要工作。储运工程中常用的检测检验技术包括射线检测、超声波检测、磁粉检测、渗透检测、TOFD 检测、相控阵检测、光谱分析、拉伸试验、冲击试验、金相分析等技术。

热处理技术是保证焊接质量的重要环节，在储罐制造过程中可以消除焊接应力带来的裂纹风险。

本章主要介绍目前先进成熟的检测技术，包括 TOFD 检测、相控阵检测、现场金相检验以及大型储罐壁板整体热处理技术。

10.1　储运工程 TOFD 检测技术

1. 技术简介

根据《固定式压力容器安全技术监察规程》TSG 21—2016 和《立式圆筒形钢制焊接储罐施工规范》GB 50128—2014 的要求，球罐和储罐施工过程中可以采用衍射时差法超声检测（Time Of Flight Diffraction，TOFD）技术部分取代射线检测技术对主体焊缝内部缺陷进行检测。

（1）TOFD 检测技术

TOFD 检测技术是采用一发一收探头对工作模式，主要利用被检测工件中缺陷端点衍射波信号来测量缺陷位置和尺寸的一种超声波检测方法。

发射探头发射高频窄脉冲大扩散角超声波，一次覆盖工件厚度范围大于 50mm，当超声波在工件中遇到缺陷时会在缺陷端点产生衍射波，接收探头同时接收来自焊缝中的直通波 LW，缺陷上下端点的衍射波和底面反射波 BW，由于传播距离不同，接收的各种脉冲波就产生时间差，见图 10.1-1。

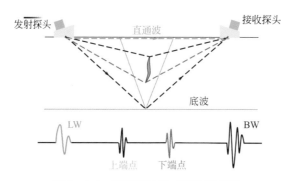

图 10.1-1　缺陷脉冲波时间差示意图

通过计算机处理，将接收到的脉冲信号按脉冲的高度和相位以不同灰度按时间顺序进行图像处理，得到 TOFD 检测图谱，通过计算机专用软件可以测量缺陷深度、自身高度和缺陷长度等信息。缺陷 TOFD 图谱示意图见图 10.1-2，TOFD 检测图谱见图 10.1-3。

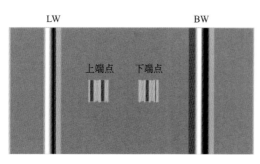

图 10.1-2　缺陷 TOFD 图谱示意图

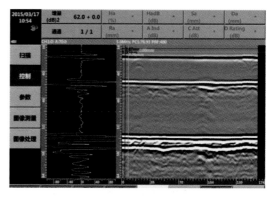

图 10.1-3　TOFD 检测图谱

（2）TOFD 检测技术相比射线探测方法的优势

1）TOFD 能对缺陷的深度和自身高度进行精确测量，射线检测难以实现。

2）TOFD 技术检测的工件厚度大于射线检测技术。

3）TOFD 技术检测缺陷的能力比射线检测强。

4）TOFD 技术所采集的是数据信息，能够进行多方位分析，甚至可以对缺陷进行立体复原；而射线检测只能将射线底片置于观片灯前进行分析，不可以再进一步利用软件对缺陷进行更加全面的分析。

5）TOFD 检测比射线检测技术操作简单，扫查速度快，检测效率高。

6）TOFD 技术是一种环保的检测方式，对使用人员没有任何伤害，在工作场合不需要特殊的安全保护措施。

（3）储运工程 TOFD 检测常用标准、规范

1）《固定式压力容器安全技术监察规程》TSG 21—2016

2）《立式圆筒形钢制焊接储罐施工规范》GB 50128—2014

3）《钢制球形储罐》GB 12337—2014

4）《球形储罐施工规范》GB 50094—2010

5）《承压设备无损检测》NB/T 47013.1～47013.5—2015

6）《承压设备无损检测 第 10 部分：衍射时差法超声检测》NB/T 47013.10—2015

7）《无损检测 A 型脉冲反射式超声检测系统工作性能测试方法》JB/T 9214—2010

8）《超声探头用探头　性能测试方法》JB/ T 10062—1999

9）《无损检测 术语 超声检测》GB/T 12604.1—2020

10）《无损检测 超声检测设备的性能与检验　第 1 部分：仪器》GB/T 27664.1—2011

11）《无损检测 超声检测设备的性能与检验　第 2 部分：探头》GB/T 27664.2—2011

12）《无损检测 超声试块通用规范》JB/T 8428—2015

（4）TOFD 检测技术等级

TOFD 检测技术等级分为三类，分别是 A、B、C，A 级较低，C 级最高。

球罐检测一般采用 C 级检测技术，其他储罐一般采用 B 级检测技术，具体采用何种级别的检测技术等级需要依据设计文件的规定。

2. 技术内容

（1）储运工程 TOFD 检测人员要求

1）从事 TOFD 检测的人员应按照国家特种设备无损检测人员考核的相关规定取得相应无损检测人员资格。

2）Ⅰ级人员应在Ⅱ级或Ⅲ级人员的指导下进行相应检测方法的探伤操作和记录。Ⅱ级或Ⅲ级人员有权对检测结果进行评定，并经技术负责人授权后签发检测报告。

（2）储运工程 TOFD 检测设备、器材和材料的要求

检测设备包括仪器、探头、扫查装置和附件，附件是实现设备检测功能所需的其他物件；器材包括试块和耦合剂等。仪器和探头应符合其相应的产品标准规定，具有产品质量合格证明文件。

1）检测仪器、探头及其组合性能的要求

① 检测仪器

所使用仪器至少应具有超声波发射、接收、放大、数据自动采集、记录、显示和分析功能，所提供的证明文件需包含其电气性能要求和功能要求。

按超声波发射和接收的通道数，检测仪器可分为单通道和多通道仪器。

② 探头

通常采用两个分离的宽带窄脉冲纵波斜入射探头，一发一收相对放置组成探头对，固定于扫查装置；探头的证明文件中应包含中心频率、相对脉冲回波灵敏度、电阻抗或静电容、直通波持续时间和频带相对宽度等的性能指标要求，指标数值的大小要求可参照《承压设备无损检测 第 10 部分：衍射时差超声检测》NB/T 47013.10—2015 标准。

③ 检测仪器和探头的组合性能的校验和核查

（a）检测仪器和探头的组合性能包括水平线性、垂直线性、灵敏度余量、组合频率、－12dB 声束扩散角和信噪比。

（b）每年至少对检测仪器和探头组合性能中的水平线性、垂直线性、组合频率和灵敏度余量以及仪器的衰减器精度，进行一次校准并记录。

（c）每隔 6 个月至少对仪器和探头组合性能中的水平线性和垂直线性进行一次运行核查并记录。

（d）在合适的检测设置下采用相应标准规定的对比试块进行检测时，设备能够清楚的显示和测量其中的反射体，每隔 6 个月至少进行一次测定和记录。

④ 仪器设备性能指标要求：

（a）水平线性不大于 1%，垂直线性不大于 5%。

（b）灵敏度余量应不小于 42dB。

（c）仪器和探头的组合频率与探头标称频率之间偏差不得大于 ±10%。

（d）当采用相应标准规定的对比试块时，在合适的检测设置下能使检测区域范围内的反射体衍射信号幅度达到满屏的 50%，并有 8dB 以上的信噪比。

⑤ 扫查装置技术要求

（a）扫查装置一般包括探头夹持部分、驱动部分和导向部分，并安装位置传感器。

（b）探头夹持部分应能调整和设置探头中心间距，在扫查时保持探头相对位置不变。

（c）导向部分应能在扫查时使探头运动轨迹与拟扫查线保持一致。

（d）驱动部分可以采用电机或人工驱动。

（e）位置传感器的分辨率和精度应符合本部分的工艺要求。

2）标准试块

标准试块是指用于仪器探头系统性能校准的试块，本部分采用的标准试块为 CSK-IA 和 DB-P（Z20-2）。

3）对比试块

① 对比试块是指用于检测校准的试块。

② 对比试块可采用无焊缝的板材、管材或锻件，也可采用焊接件；其声学性能应与工件相同或相似，外形尺寸应能代表工件的特征和满足扫查装置的扫查要求；对比试块中的反射体采用机加工方式；制作加工的对比试块应满足规定的尺寸精度要求并提供相应的证明文件。

③ 对比试块材料中超声波声束可能通过的区域用直探头检测时，不得有大于或等于 $\phi 2mm$ 平底孔当量直径的缺陷。

④ 检测曲面工件的纵缝时，若工件曲率半径大于或等于 150mm 时，可采用平面对比试块；当检测面曲率半径小于 150mm 时，应采用曲率半径为工件 0.9～1.5 倍的曲面对比试块，曲面对比试块中的反射体形状、尺寸和数量与同厚度的平面对比试块一致。

4）扫查面盲区高度测定试块

扫查面盲区高度测定试块用于测定初始扫查面盲区高度及形状。

5）模拟缺陷试块

① 模拟试块是指含有模拟缺陷的试块，用于 TOFD 检测技术等级为 C 级时的检测工艺验证。

② 模拟试块的材质应与被检工件声学特点相同或相似，外形尺寸应能代表工件的特征且满足扫查装置的扫查要求，厚度应为工件厚度的 0.9～1.3 倍且两者间最大差值不大于 25mm。

③ 模拟试块中的模拟缺陷应采用焊接工艺制备或使用以往检测中发现的真实缺陷。

④ 对于模拟试块中的模拟缺陷，应满足以下要求：

（a）位置要求：壁厚 $t \leqslant 50mm$ 的模拟试块，上表面、下表面和内部至少各一处；壁厚 $t > 50mm$ 的模拟试块，应保证按检测分层要求进行分区检测时每个厚度分区内至少有一处埋藏缺陷；若模拟试块可倒置，则可用一个表面缺陷同时代表上、下表面。

（b）类型要求：至少应包括纵向缺陷、横向缺陷各 1 处；体积型、面积型缺陷各 1 处。

（c）尺寸要求：一般不大于焊接接头质量分级表中 Ⅱ 级规定的同厚度工件的最大允许缺陷尺寸。

（d）若一块模拟试块中未完全包含上述缺陷，可由多块同范围的模拟试块组成。

（3）储运工程 TOFD 检测工艺

1）检测区域的确定：检测区域由高度和宽度表征，见图 10.1-4。

图 10.1-4　检测区域高度和宽度示意图

① 检测区域高度为工件厚度。

② 检测区域宽度。

（a）若焊缝实际热影响区经过测量并记录已知焊缝实际热影响区，检测区域宽度为焊缝本身及两侧实际热影响区各加上 6mm 的范围。

（b）若未知焊缝实际热影响区，检测区域宽度为焊缝本身再加上焊缝熔合线外两侧各 10mm 的范围。

（c）若对已发现缺陷的部位进行复检或已确定重点部位，检测区域可缩减至相应部位。

（d）TOFD 检测应覆盖整个检测区域。若不能覆盖，应增加辅助检测，如对有余高的焊接接头，余高部分应按磁粉检测通用工艺辅助检测。

（e）检测区域的高度和宽度以及辅助检测所覆盖的区域，应在专用检测工艺中注明。

2）探头选取和设置

① 探头选取包括探头频率、角度、晶片大小，探头设置应确保对检测区域的覆盖和获得最佳的检测效果。

② 一般选择宽角度纵波斜探头，每一组对探头频率相同，声束角度宜同，晶片尺寸相同。

③ 当工件厚度小于或等于 50mm 时，可采用一组探头对检测。

④ 当工件厚度大于 50mm 时，应在厚度方向分成若干区域采用不同位置设置的探头组对不同厚度区域进行检测。分区检测可以使用多通道检测设备一次完成扫查，也可使用单通道检测设备，采用不同的探头设置进行多次扫查。两种情况下，探头声束在所检测区域高度范围内相对声束轴线的声压幅值下降均不应超过 12dB（声束在深度方向至少覆盖相邻分区在壁厚方向上高度的 25%）。同时，检测工件底面的探头声束与底面法线间夹角不应小于 40°。

⑤ 探头设置应通过试验优化，在检测设置和校准时可采用对比试块调整，在对工件的扫查中可通过检测效果验证。若已知缺陷的大致位置或仅检测可能产生缺陷的部位，可选择合适的探头形式（如聚焦探头）或探头参数（如频率、晶片直径），将 PCS 设置为使探头对的声束交点为缺陷部位或可能产生缺陷的部位，且声束角度 $\alpha=55°\sim60°$。

⑥ 检测前应测量探头前沿、超声波在楔块中传播的时间和按 −12dB 法测定各探头对的声束宽度，并在检测工艺中注明。

3）探头中心间距的设定

① 初始扫查时，探头中心距离设置时，确保声束交点位于覆盖区域的 2/3 深度处，见图 10.1-5。

② 一组对探头中心距离计算公式：汇交点 $d_m=2/3T$，两探头中心距离

$$PCS=2S=2d_m \cdot \tan\theta \tag{10.1-1}$$

式中　PCS——探头中心距离（mm）；

　　　S——焊缝中心与探头入射点间距离（mm）；

　　　θ——探头折射角度；

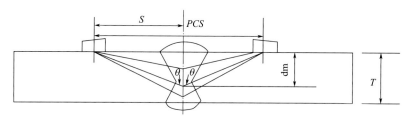

图 10.1-5　探头中心间距计算示意图

T——工件厚度（mm）。

③ 二组对探头中心距离计算公式：

第一分区：$0\sim2/5T$，汇交点：$d_{m_1}=2/3\cdot2/5T$

两探头中心距离：$PCS=2S=2\cdot d_{m_1}\cdot\tan\theta$

第二分区：$2/5T\sim T$，汇交点：$d_{m_2}=2/3\cdot T\left(1-2/5\right)+2/5T$

两探头中心距离：$PCS=2d_{m_2}\cdot\tan\theta$（以上公式从推）

④ 对于厚度不等的工件，应以较薄侧厚度调整探头中心间距。

4）扫查方式的选择

① 非平行扫查，一般作为初始的扫查方式，用于缺陷的快速探测以及缺陷长度、缺陷自身高度的测定，可大致测定缺陷深度，见图 10.1-6。

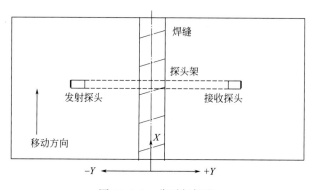

图 10.1-6　非平行扫查

② 偏置非平行扫查，作为初始的扫查附加方式，主要解决底部盲区，检测时应明确此时探头对称中心相对焊缝中心的偏移方向、偏移量。检测前应根据探头对设置、实测声束宽度值和初始扫查方式，在检测工艺中注明检测覆盖区域，见图 10.1-7。

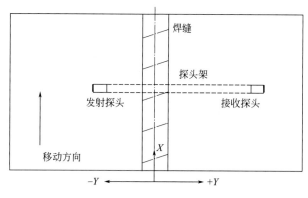

图 10.1-7　偏置非平行扫查

③ 平行扫查，一般针对已发现的缺陷进行，可精确测定缺陷自身高度和缺陷深度以及缺陷相对焊缝中心线的偏移，并为缺陷定性提供更多信息，见图 10.1-8。

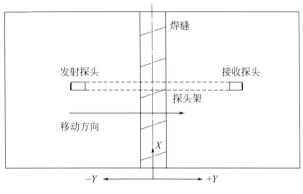

图 10.1-8　平行扫查

④ 交叉和十字交叉扫查，一般针对横向缺陷进行，用于快速探测横向缺陷，可大致测定缺陷深度、长度、自身高度。

5）检测系统设置和校准

① A 扫描时间窗口设置

检测前应对检测通道的 A 扫描时间窗口进行设置。A 扫描时间窗口至少应按《承压设备无损检测 第 10 部分：衍射时差法超声检测》NB/T 47013.10—2015 规定的深度范围。

② 灵敏度设置

检测前应设置检测通道的灵敏度。灵敏度设置一般应采用对比试块。

③ 扫查增量设置

工件厚度在 $12\text{mm} \leqslant t \leqslant 100\text{mm}$ 范围内时，扫查增量最大值为 1.0mm。

④ 编码器校准

检测前应对位置编码器进行校准。校准方法是使扫查器移动一定距离仪器显示位移与实际位移进行比较，其误差应小于 1%。

⑤ 深度校准

对于直通波和底面反射波同时可见的情况，其时间间隔所反映的厚度应校准为已知的厚度值。对于直通波或底面反射波不可见或分区检测时，应采用对比试块进行深度校准。深度校准应保证深度测量误差不大于工件厚度的 1% 或 0.5mm（取较大值）。对于曲面或非平面工件的纵向焊接接头，应对深度校准进行必要的调节。

⑥ 检测系统复核

在检测过程中检测设备开停机或更换部件时、检测人员有怀疑时、检测结束时要进行复核。复核要求：

（a）若初始设置和校准时采用了对比试块，则在复核时应采用同一试块。

（b）若为直接在工件上进行的灵敏度设置，则应在工件上的同一部位复核。

（c）若复核时发现初始设置和校准的参数偏离，则按表 10.1-1 的规定执行纠正。

偏离和纠正　　　　　　　　　　　　　　　　　　　　　　表 10.1-1

灵敏度	1	≤6dB	不需要采取措施，必要时可通过软件纠正
	2	>6dB	应重新设置，并重新检测上次校准以来所检测的焊缝
深度	1	偏离≤0.5mm 或板厚的 2%（取较大值）	不需要采取措施
	2	偏离>0.5mm 或板厚的 2%（取较大值）	应重新设置，并重新检测上次校准以来所检测的焊缝

位　移	1	≤5%	不需要采取措施
	2	>5%	应对上次校准以来所检测的位置进行修正

6）检测数据分析和解释

检测数据的有效性评价，分析数据之前应对所采集的数据进行评估以确定其有效性，应满足如下要求：

① 数据是基于扫查增量的设置而采集的。

② 采集数据量满足所检测焊缝长度的要求。

③ 数据丢失量不得超过整个扫查的5%，且不允许相邻数据连续丢失。

④ 采集的数据量应满足以下要求：各段扫查区的重叠范围至少为20mm。对于环焊缝，扫查停止位置应越过起始位置至少20mm。

⑤ 信号波幅改变量应在12dB以上范围之内。

⑥ 若数据无效，应纠正后重新进行扫查。

7）相关显示和非相关显示

① 相关显示是由缺陷引起的显示，应进行分类并测定其位置和尺寸。

② 非相关显示是由于工件结构或者材料冶金结构的偏差引起的显示。对于非相关显示，应记录其位置。非相关显示的确认和记录查阅加工和焊接文件资料。

③ 根据反射体的位置绘制反射体和表面不连续的截面示意图。

④ 根据检测工艺对包含反射体的区域进行评估。

⑤ 可辅助使用其他无损检测技术进行确定。

8）相关显示的分类

① 相关显示分为表面开口型缺陷显示、埋藏型缺陷显示和难以分类的显示。

② 表面开口型缺陷显示分为扫查面开口型、底面开口型、穿透型三类。

③ 对表面开口型缺陷数据分析时，应注意与直通波和底面反射波最近的缺陷信号的相位，初步判断缺陷的上、下端点是否隐藏于表面盲区或在工件表面。

④ 埋藏型缺陷显示分为点状显示、线状显示、条状显示三类。

（a）点状显示：显示为双曲线弧状，无可测量长度。

（b）线状显示：该类型显示为细长状，无可测量高度。

（c）条状显示：该类型显示为长条状，可见上下两端产生的衍射信号，且靠近底面处端点产生的衍射信号与直通波同相，靠近扫查面处端点产生的信号与直通波反相。

（d）埋藏型缺陷显示一般不影响直通波或底面反射波的信号。

（e）难以分类的显示

对于难以按照《承压无损设备无损检测 第10部分：衍射时差法超声检测》NB/T47013.10—2015进行分类的显示，应结合其他有效方法综合判断。

9）检测结果的评定和质量等级分类

① 不允许危害性表面开口缺陷的存在。

② 当缺陷距工件表面的最小距离小于自身高度的40%时，按近表面缺陷分级。

③ 如检测人员可判断埋藏缺陷类型为裂纹、未熔合等危害性缺陷时，评为Ⅲ级。

④ 相邻两缺陷显示（非点状），其在X轴方向间距小于其中较小的缺陷长度且在Z轴方向间距小于其中较小的缺陷高度时，应作为单个缺陷处理：该缺陷深度为以两缺陷深度最小值；缺陷测定为两缺陷在X轴投影上的左、右端点间距离；若两缺陷在X轴投影无重叠，以其中较大的缺陷自身高度作为

单个缺陷自身高度，若两缺陷在 X 轴投影有重叠，则以两缺陷自身高度之和作为单个缺陷自身高度（间距计入）。

⑤ 点状显示的质量分级

点状显示用评定区进行质量分级评定，评定区为一个与焊缝平行的矩形截面，其沿 X 轴方向的长度为 150mm，沿 Z 轴方向的高度为工件厚度。在评定区内或与评定区边界线相切的缺陷均应划入评定区内，按《承压设备无损检测 第 10 部分：衍射时差法超声检测》NB/T 47013.10—2015 标准执行。

10.2 储运工程相控阵检测技术

1. 技术简介

储运工程中球罐和储罐的主体焊缝和输送管道焊缝质量检测已经采用相控阵检测技术代替射线检测和常规超声波检测。

相控阵超声检测（phased array ultrasonic testing）根据设定的延迟法则激发相控阵阵列探头各独立压电晶片（阵元），合成声束并实现声束的移动、偏转和聚焦等功能，再按一定的延迟法则对接收到的超声信号进行处理并以图像的方式显示被检对象内部状态的超声检测技术。

焊缝常规超声检测是用固定的折射角——45°、60°和70°进行的，而相控阵超声检测则在一定角度范围内进行声束扫查。通常，相控线阵斜探头（横波）检测的声束扫查范围为 35°～75°。图 10.2-1 表示相控阵超声探头声束扫查焊缝的截面图。

当用直射法（即一次波或 0.5S 波）检测时，焊缝仅下半部被声束扫查到；但用底面一次反射法（即二次波或 1.0S 波）检测时，声束就能全部覆盖整个焊缝截面。比如，图示焊缝中的缺陷 a，能被二次波检出，显示为镜像 a-。

在相控阵超声波探伤仪显示屏上，使用 2.5 倍的厚度范围，整个焊缝体积就能显示在单一图像中。图 10.2-2 为单面焊坡口未熔合相控阵检测原理和 S 扫描图谱。

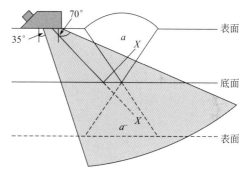

图 10.2-1 焊缝超声相控阵检测概念图

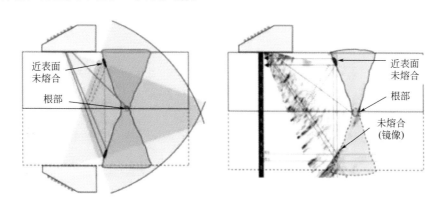

图 10.2-2 单面焊坡口未熔合相控阵检测原理和 S 扫描图谱

（1）相控阵检测技术与常规超声波检测相比有许多优点

1）相控阵采用 S 扫，即同时可以拥有许多角度的超声波，就相当于拥有多种角度的探头同时工作，所以相控阵无须锯齿扫查，只要沿着焊缝挪动探头即可，检测效率更高。适用于自动化生产和批量生产。

2）相控阵可以拥有聚焦功能，而常规超声波一般没有（除了聚焦探头外），所以相控阵检测的灵敏度和分辨率都比常规超声检测高。

3）相控阵检测可以同时拥有 B 扫、D 扫、S 扫和 C 扫描，可以通过建模，建立一个三维立体图形，缺陷显示非常直观，哪怕不懂 NDT 的人都能看明白，而常规超声波只能通过波形来分辨缺陷。

4）超声相控阵可以检测复杂工件，比如可以检测涡轮叶片的叶根，常规超声波检测因为探头声束角度单一，存在很大的盲区，造成漏检。而相控阵可以快速、直观的检测。

（2）相控阵检测技术等级划分

相控阵检测分 ABC 三个等级，A 级较低，C 级最高。

球罐检测一般采用 C 级检测，其他储罐检测一般采用 B 级检测。压力管道相控阵检测不分级别。

相控阵超声检测技术等级选择应符合制造、安装、在用等有关规范、标准及设计图样规定。不同检测技术等级的要求：

1）A 级检测

① 适用于工件厚度为 6～40mm 焊接接头的检测。

② 检测时应保证相控阵声束对检测区域实现至少一次全覆盖。

③ 一般从焊接接头单面双侧进行检测，如受条件限制，也可以选择双面单侧或单面单侧进行检测。

④ 一般不需要进行横向缺陷检测。

2）B 级检测

① 适用于工件厚度为 6～200mm 的焊接接头的检测。

② 检测时应保证相控阵声束对检测区域实现至少二次全覆盖。

③ 当母材厚度为 6～40mm 时，一般从焊接接头单面双侧进行检测。如受条件限制，无法在单面双侧进行扫查时，可在单面单侧进行扫查，但应改变探头的前端距，增加一次扇扫描＋沿线扫查或线扫描＋沿线扫查或增加一次常规超声扫查。

④ 当母材厚度大于或等于 40mm 时，应从焊接接头双面双侧进行检测。对于要求进行双面双侧检测的焊接接头，如受几何条件限制而选择单面双侧检测时，应将焊接接头余高磨平，增加探头位置，扫查范围应覆盖到整个焊接接头。

⑤ 对于对接接头，一般应进行横向缺陷检测。检测时，应在焊缝两侧边缘使探头与焊缝中心线成 10°～30°作两个方向的纵向倾斜扫查。对余高磨平的焊缝，可将探头放在焊缝及热影响区上作两个方向的纵向平行扫查。

⑥ 对于单侧坡口角度小于 5°的窄间隙焊缝，如有可能应增加检测与坡口表面平行缺陷的有效方法（如 TOFD 检测）。

3）C 级检测

① 适用于工件厚度为 6～400mm 的焊接接头的检测。

② 应保证相控阵声束对检测区域实现至少二次全覆盖。

③ 采用 C 级检测时应将对接接头的余高磨平。对焊接接头斜探头扫查经过的母材区域要用直探头（或相控阵探头）进行检测。

④ 当母材厚度为 6～15mm 时，一般从焊接接头单面双侧进行检测。如受条件限制，无法在单面双侧进行扫查时，可在单面单侧进行扫查，但应改变探头的前端距，增加一次扇扫描＋沿线扫查或线扫描＋沿线扫查或增加一次常规超声扫查。

⑤ 当母材厚度大于或等于 15mm 时，应从焊接接头双面双侧进行检测。对于要求进行双面双侧检测的焊接接头，如受几何条件限制而选择单面双侧或双面单侧检测时，应将焊接接头余高磨平，增加探头位置，扫查范围应覆盖到整个焊接接头。

⑥ 壁厚大于或等于 40mm 的对接焊接接头，还应增加相控阵纵波 0°直入射检测。

⑦ 对于对接接头，应进行横向缺陷的检测。检测时，将相控阵探头放在焊缝及热影响区上作两个方向的纵向平行扫查。

⑧ 对于单侧坡口角度小于 5°的窄间隙焊缝，如有可能应增加检测与坡口表面平行缺陷的有效方法（如 TOFD 检测）。

2. 技术内容

（1）相控阵对检测人员的要求

1）检测人员应取得特种设备行业超声检测Ⅱ级资格两年以上或具备超声Ⅲ级资格，熟悉相控阵超声设备的使用、调试和结果评定。

2）对于从事简单几何形状钢制对接接头相控阵超声检测的人员，应具有一定的金属材料、焊接、热处理及承压设备制造安装等方面的基本知识；对于从事其他检测对象的相控阵超声检测人员，还应了解相关材料、结构和制造工艺，经过专项训练，并具备一定的检测经验和相应的检测能力。

（2）相控阵超声检测仪器技术要求

1）至少应具有超声波发射、接收、放大、数据自动采集、记录、显示和分析功能。

2）应符合其相应的产品标准规定，具有产品质量合格证或制造厂出具的合格文件。

3）检测过程中应有耦合监视。

（3）相控阵超声探头技术要求

1）相控阵探头分为线阵相控阵探头和面阵相控阵探头。

2）相控阵探头必须符合产品质量技术要求，且其性能应满足相关标准的要求。

（4）相控阵超声扫查装置技术要求

1）扫查装置一般包括探头夹持部分、驱动部分和导向部分，并安装记录位置的编码器。

2）探头夹持部分应能调整和设置探头中心间距，在扫查时保持探头中心间距和相对角度不变。

3）导向部分应能在扫查时使探头运动轨迹与参考线保持一致。

4）驱动部分可以采用电机或人工驱动。

5）扫查装置中的编码器，其位置分辨率应符合相关标准的工艺要求。

（5）试块技术要求

1）试块分为标准试块、对比试块和模拟试块。

2）试块材料：制作对比试块和模拟试块的材料，应符合下列要求之一：

① 应采用与被检测工件声学性能相同或相似的材料制成。

② 材料用直探头检测时，不得出现大于 $\phi2mm$ 平底孔回波幅度 1/4 的缺陷信号。试块的制作要求应符合《超声探伤用探头　性能测试方法》JB/T 10062—1999 的规定。

3）标准试块：用于相控阵超声检测系统性能测试及增益补偿调试的试块。采用的标准试块为 CSK-ⅠA 试块和声束控制评定试块。

4）对比试块：

① 用于检测校准的试块，其外形尺寸应能代表被检工件的特征，厚度应与被检工件的厚度相对应。如果涉及两种或两种以上不同厚度部件焊接接头的检测，试块的厚度应由其最大厚度来确定。

② 管道环向焊缝检测时，对比试块的曲率应与被检管径相同或相近，当管外径在 32～159mm 范围内时，其曲率半径之差不应大于被检管径的 10%；当管外径大于 159mm 时，对比试块的曲率半径应为检测面曲率半径的 0.9～1.5 倍。

③ 储运工程可以采用《承压设备无损检测 第 3 部分：超声检测》NB/T 47013.3—2015 标准中的 CSK-ⅡA 系列及 GS 系列试块，也可采用 PRB-Ⅰ、PRB-Ⅱ、PRB-Ⅲ、PRB-Ⅳ、PRB-Ⅴ、PGS 系列试块。

5）模拟缺陷试块

用于检测工艺验证及相控阵超声横波端点衍射法测高性能验证的试块。应满足下列要求：

① 一般采用焊接方法制作。其缺陷类型为被检工件中易出现的典型焊接缺陷，主要为条状缺陷、裂纹、未熔合和未焊透。

② 试块中的缺陷位置应具有代表性，至少应包含外表面、内表面和内部。

③ 试块中的缺陷长度和自身高度满足相关标准要求。

（6）扫查方式

1）扫查方式分为锯齿形扫查和沿线扫查，一般应采用沿线扫查。

2）锯齿形扫查一般不采用编码器记录扫查位置。

3）沿线扫查一般采用编码器记录扫查位置，通常将相控阵探头安装在扫查装置中，沿焊缝长度方向直线移动。

4）扫查灵敏度：不低于评定线灵敏度。

（7）灵敏度补偿

1）耦合补偿：在检测和缺陷定量时，应对由表面粗糙度引起的耦合损失进行补偿。

2）衰减补偿：在检测和缺陷定量时，应对材质衰减引起的检测灵敏度下降和缺陷定量误差进行补偿。

3）曲面补偿：探测面是曲面的工件，应采用曲率半径与工件相同或相近的对比试块，通过对比试验进行曲率补偿。

（8）检测系统的复核要求

1）复核时机

每次检测前应对灵敏度进行复核，遇到下述情况应随时对其进行重新核查

① 检测过程中更换电池，校准后的探头、耦合剂和仪器调节旋钮发生改变。

② 检测人员怀疑扫描量程或扫描灵敏度有变化。

③ 连续工作 4h 以上。

④ 工作结束。

2）扫查灵敏度的复核

每次检测结束前，应对扫查灵敏度进行复核。一般对 DAC 或 TCG 曲线的校核应不少于 3 点。如曲线上任何一点幅度下降 2dB 或 20%，则应对上一次复核以来所有的检测结果进行复检；如幅度上升 2dB 或 20%，则应对所有的记录信号进行重新评定。

3）编码器的复核，检测时应定期对编码器进行复核。

（9）相控阵检测流程

1）检测区域

检测区域高度为工件厚度；检测区域宽度为焊缝本身加上焊缝两侧各相当于母材厚度 30% 的一段区域，该区域最小为 5mm，最大为 10mm，见图 10.2-3。

2）表面制备

① 探头移动区内应清除焊接飞溅、铁屑、油垢及其他杂质，一般应进行打磨。检测面应平整，便于探头的移动，机加工表面粗糙度 Ra 值不大于 $12.5\mu m$。

② 去除余高的焊缝，应将余高打磨到与邻近母材平齐。保留余高的焊缝，如果焊缝表面有咬边、较大的隆起和凹陷等也应进行适当的修磨，并作圆滑过渡以免影响检测结果的评定。

3）焊缝标志

检测前应在工件扫查面上予以标记，标记内容至少包括扫查起始点和扫查方向，起始标记应用"0"表示，扫查方向用箭头表示。所有标记应对扫查无影响。

4）参考线

① 参考线用于规定锯齿形扫查时探头移动的区域，见图 10.2-3，或用于沿线扫查时沿步进方向行走的直线。

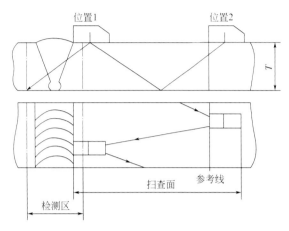

图 10.2-3　参考线及探头移动区域

② 检测前，应在扫查面上画参考线，参考线在检测区一侧距焊缝中心线的距离根据检测设置而定。参考线距焊缝中心线距离的误差为±0.5mm。

5）相控阵探头的选择

① 标称频率一般为 4～10MHz。

② 晶片数要根据检测工件厚度选择，单次激发的晶片数不得低于16。电子扫描进行纵波检测时，单次激发晶片数不得低于4。与工件厚度有关的相控阵探头参数选择可参考表 10.2-1。

③ 相控阵探头应与检测面紧密接触。检测面曲率半径 $R \leqslant W^2/4$ 时，应采用曲面楔块，使其与检测面吻合。

检测焊接接头时相控阵探头参数选择推荐表　　　　表 10.2-1

工件厚度（mm）	主动孔径（mm）	标称频率（MHz）	工件厚度（mm）	主动孔径（mm）	标称频率（MHz）
6～15	6.0～10	7.5～10	＞70～120	15～23	4～5
＞15～70	7.0～15	4～7.5	＞120～200	15～23	4～5

注　1. 在满足能穿透的情况下，尽可能选择主动孔径小的探头。

　　2. 为了提高图像质量，电子扫描在满足穿透的情况下，应选择主动孔径小的探头。

　　3. 晶片长度 w 应大于或等于6mm。

6）聚焦法则参数选择

根据检测对象和现场条件选择扫描类型确定聚焦法则。

7）检测区域覆盖设定

根据聚焦法则的参数，用相控阵超声检测设备中的理论模拟软件进行演示，调整探头位置，使所选用的检测声束完全覆盖检测区域，此时的距离就是固定探头的位置，也是参考线的位置。若不能完全覆盖或参数选择不当，应重新选择聚焦法则参数。确认演示结果后，将演示模拟图及参数保存，并附在检测工艺中。

8）DAC 或 TCG 曲线的制作要求

① 应按所用的相控阵检测仪和相控阵探头在选用的对比试块上制作，对比试块按表 10.2-2 的要求选择。

② 检测面曲率半径 $R \leqslant W^2/4$ 时，灵敏度曲线的制作应在与检测面曲率相同的对比试块上进行。

PRB 系列试块及其使用范围　　　　　　　　　　　　　　　　表 10.2-2

试块	对应的焊接接头的厚度范围	试块	对应的焊接接头的厚度范围
PRB-Ⅰ	6~30	PRB-Ⅲ	120~150
PRB-Ⅱ	30~120	PRB-Ⅳ	150~200

注：检测曲面工件时，如检测面曲率半径 $R \leqslant W^2/4$（W 为探头接触面宽度，环焊缝检测时为探头宽度，纵焊缝检测时为探头长度），应采用与检测面曲率相同的对比试块，反射孔的位置及试块的宽度可参照 PRB-Ⅴ 试块确定。

③ 在整个检测范围内，灵敏度曲线不得低于荧光屏满刻度的 20%。

④ 制作灵敏度曲线的过程中，应控制噪声信号，信噪比应大于或等于 10dB。

9）角度增益补偿

角度增益补偿的调试应在对比试块或 CSK-ⅠA 试块上进行。

10）DAC 或 TCG 曲线灵敏度选择

① DAC 或 TCG 曲线灵敏度应符合表 10.2-3 的规定。

DAC 或 TCG 曲线灵敏度　　　　　　　　　　　　　　　　表 10.2-3

工件厚度（mm）	评定线	定量线	判废线
6~40	$\phi 2 \times 30 - 18dB$	$\phi 2 \times 30 - 12dB$	$\phi 2 \times 30 - 4dB$
>40~100	$\phi 2 \times 30 - 14dB$	$\phi 2 \times 30 - 8dB$	$\phi 2 \times 30 + 2dB$
>100~200	$\phi 2 \times 30 - 10dB$	$\phi 2 \times 30 - 4dB$	$\phi 2 \times 30 + 6dB$

② 检测横向缺陷时，应将各线灵敏度均提高 6dB。

③ 工件表面耦合损失和材质衰减应与试块相同，否则应作声能传输损失差的测定，并根据实测结果对检测灵敏度进行补偿，补偿量应计入 DAC 或 TCG 曲线。在一跨距声程内最大传输损失差小于或等于 2dB 时可不进行补偿。

11）相控阵探头配置

锯齿形扫查应选择单探头配置，沿线扫查可选择单探头配置或双探头配置。应根据检测设备选择探头配置。

12）覆盖范围

① 扇形扫描所使用声束角度增量最大值为 1°或能保证相邻声束重叠至少为 50%。

② 电子扫描相邻激活孔径之间的重叠，应至少为有效孔径长度的 50%。

③ 沿线扫查时，若在焊缝长度方向进行分段扫查，则各段扫查区的重叠范围至少为 50mm。对于环焊缝，扫查停止位置应越过起始位置至少 50mm。需要多个沿线扫查覆盖整个焊接接头体积时，各扫查之间的重叠至少为所用电子扫描有效孔径长度或扇形扫描声束宽度的 10%。

④ 锯齿形扫查时，为确保检测声束能扫查到整个被检区域，相邻两次探头移动间隔应不超过晶片长度（w）的 50%。

13）扫查步进的设置

扫查步进是指扫查过程中相邻两个 A 扫描信号间沿扫查方向的空间间隔。检测前应将检测系统设置为根据扫查步进采集信号。扫查步进值主要与工件厚度有关，按表 10.2-4 的规定进行设置。

扫查步进值的设置　　　　　　　　　　　　　　　　表 10.2-4

工件厚度 t（mm）	扫查步进最大值 $\Delta r_{\max}$（mm）
$t \leqslant 10$	1.0
$10 < t \leqslant 150$	2.0
$t > 150$	3.0

14）编码器的校准

① 首次使用前或每隔一个月应对编码器进行校准。

② 校准方式是将编码器移动至少 300mm，比较检测设备显示的位移与实际位移，要求误差应小于 1％或 10mm，以较小值为准。

15）扫查图像显示

① 扫查数据以图像形式显示，可用 S 扫描、B 扫描、C 扫描、E 扫描及 P 扫描等形式，也可增加 TOFD 显示。

② 在扫查数据的图像中应有编码器扫查位置显示和耦合监控显示。锯齿形扫查可没有编码器扫查位置显示。

16）检测数据的评价

有效性评价：分析数据前应对所采集的数据进行评估以确定其有效性，至少应满足如下要求：

① 检测时耦合监控必须开启；

② 数据丢失量不得超过整个扫查长度的 5％，且不允许相邻数据连续丢失；

③ 若数据无效，应纠正后重新进行扫查。

17）显示的分类

① 检测结果的显示分为相关显示和非相关显示。

② 分析检测数据是否存在相关显示，相关显示被认为是焊接缺陷，依据设计文件确定的验收标准评定。

18）缺陷定量

① 缺陷定量基准

缺陷定量以评定线为基准，对回波波幅达到或超过评定线的缺陷，应确定其位置、波幅和指示长度、高度（若需要）等，如有需要，可采用各种聚焦方法提高定量精度。

② 缺陷位置

以获得缺陷的最大反射波幅的位置为缺陷位置。

③ 缺陷长度

按 A 扫和缺陷图像测定缺陷指示长度。当缺陷反射波只有一个高点，且位于 Ⅱ 区或 Ⅱ 区以上时，用−6dB 法测量其指示长度。当缺陷反射波峰值起伏变化有多个高点，且均位于 Ⅱ 区或 Ⅱ 区以上时，应以端点−6dB 法测量其指示长度。当缺陷最大反射波幅位于 Ⅰ 区，将探头左右移动，使波幅降到评定线，以用评定线绝对灵敏度法测量缺陷指示长度。

④ 缺陷自身高度

（a）对于面状缺陷，在深度方向尺寸范围大于声束宽度的，可在 S 扫描或 B 扫描视图上采用−6dB 半波高度法或端点衍射法测量缺陷自身高度，尺寸范围小于声束宽度的，采用当量法及其他有效方法。

（b）对满足《承压设备无损检测 第 10 部分：衍射时差法超声检测》NB/T 47013.10—2015 检测要求的承压设备焊接接头，也可采用其他无损检测方法（如 TOFD 等）进行缺陷自身高度测量。

⑤ 相邻两个或多个缺陷显示（非圆形），其在 X 轴方向间距小于其中较小的缺陷长度且在 Z 轴方向间距小于其中较小的缺陷自身高度时，应作为一个缺陷处理，该缺陷深度、缺陷长度及缺陷自身高度按如下原则确定：

（a）缺陷深度：以两缺陷深度较小值作为单个缺陷深度。

（b）缺陷长度：两缺陷在 X 轴投影上的前、后端点间距离。

（c）缺陷自身高度：若两缺陷在 X 轴投影无重叠，以其中较大的缺陷自身高度作为单个缺陷自身高度；若两缺陷在 X 轴投影有重叠，则以两缺陷自身高度之和作为单个缺陷自身高度（间距计入）。

19）缺陷的评定与分级

依据设计文件确定的验收和评定标准。

10.3　储运工程现场金相检测技术

1.技术简介

金相是指金属或合金的化学成分以及各种成分在合金内部的物理状态和化学状态。金相组织是指两种或两种以上的物质在微观状态下的混合状态以及相互作用状况。金相检验（或者说金相分析）是应用金相学方法检查金属材料的宏观和显微组织的工作。

现场金相有别于传统的制取试样在试验室检测，它是在现场工件上直接进行金相组织观察的新技术，通常应用于大件、不能破坏的工件或无法制作试样的工件的检测，检测时直接在被检的实物体（工件）上进行打磨、抛光、浸蚀后，利用现场金相显微镜直接吸附被测金属的表面进行观察分析金相组织。

现场金相的特点：（1）先进性：现场金相检验采用定量金相学原理，将计算机应用于图像处理，具有精度高、检测结果准确、速度快等优点，可以大大提高工作效率，为更科学的评价材料，制定热处理工艺、焊接工艺提供可靠的依据。（2）完整性：现场金相检测对工件的组织分析可以做到非破坏性，它不用切割取样，直接在工件上抛光，打磨，从而保证工件的完整性。具有磁力底座，可以直接吸附在工件表面进行金相检验。（3）方便性：便携式显微镜携带方便，检测的部位可以随意增加，观察部位不受限制，组织热处理中的变化可追溯性强。

2.技术内容

（1）工艺流程（图10.3-1）

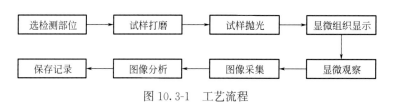

图10.3-1　工艺流程

（2）操作要点

1）选检测部位

① 选择检测部位、方向、数量应严格按照相应的标准规定执行。检测部位和磨面方向的选择，检测部位必须与检测的目的和要求相一致，检测的部位具有代表性，必要时应在检测报告中绘图说明检测部位、数量和磨面方向。

② 焊接接头检测时，取样位置应涵盖焊接接头的热影响区及焊缝。

③ 选择的位置应保证常用的便携式金相显微镜可以横向固定在检测区域上。

2）试样打磨

① 试样粗磨：一般用砂轮片进行粗磨，将焊缝表面打磨平整，打磨时间不宜过长，防止过热使组织变化。若取样位置为焊缝及热影响区时，则要求将该处焊缝余高磨去，使焊缝与母材齐平。经过这两道砂轮打磨后，将试样表面清洁干净即可。

② 细磨：试样粗磨后虽表面平整，但存在深划痕及变形层，需要通过从粗到细的砂轮片和金相砂纸上细磨，先选取60号、120号、320号砂轮片依次进行打磨，再用600号、800号的金相砂纸打磨，更换砂纸时应注意清洁工作，如冲洗试样表面等，以免将上道操作留下的磨屑、磨粒带到下道操作过程中，为了易于观察前一道磨制过程所留下的较粗磨痕的清除情况，磨制方向应与前一号砂纸留下的磨痕方向相垂直，且后一道砂纸应完全覆盖前一道砂纸的打磨痕迹（图10.3-2）。

3）试样抛光：抛光的方法采用机械抛光，其作用是去除检测区域明显的机械划痕。机械抛光过程为先用无水酒精冲洗干净金相检测区域，用手持式电动磨光机＋绒布式抛光头，将抛光喷剂喷洒在抛光绒布上，设置手持式抛磨机的转速不高于 400r/s。抛光过程中要不断移动抛光头并且保证用力均匀，同时向检测面喷洒抛光喷剂，防止检测表面因摩擦而形成过热组织（图 10.3-3）。观察到检测区域的机械划痕基本消除后，用无水酒精将检测区域冲洗干净，用脱脂棉擦干。经抛光后的试样表面无肉眼可见的划痕后，即可进行浸蚀。

图 10.3-2　细磨后的检测面

图 10.3-3　检测面的抛光

4）显微组织显示：试样抛光后使用浸蚀剂对试样表面进行"浸蚀"，使各种组织结构呈现良好的衬度，得以清晰显示。低碳钢、低合金钢一般通过化学溶解作用进行浸蚀，而不锈钢则通过电化学溶解作用进行浸蚀。浸蚀前，试样抛光面清洁十分重要，不能沾有油脂（如与手指接触），否则会产生不均匀浸蚀花斑出现。

① 碳钢、低合金钢一般采用 4％硝酸酒精进行浸蚀，现场一般用镊子夹着蘸有浸蚀液的脱脂棉球在抛光面上进行均匀擦拭，以保证抛光面上各处都受到同样的浸蚀。浸蚀时间受多方面因素控制，如设备的材质、热处理状态、温度等。

② 不锈钢采用 10％草酸水溶液进行电解腐蚀。现场金相一般用蘸有电解浸蚀液的阴极笔在抛光表面上进行电解浸蚀。一般电解浸蚀电压为 4～6V 之间，电流为 0.05～0.3A，以在抛光表面上有连续冒出的小气泡为宜。

③ 可用现场金相显微镜以观察出清晰的组织晶界为宜。浸蚀完毕后，立即用无水乙醇冲洗干净，并吹干浸蚀面（浸蚀不足时，应轻抛后再浸蚀；浸蚀过度后，就应从细磨开始），再按序操作。

5）显微观察：将便携式现场金相显微镜横向固定在检测区域表面上，确保物镜与检测区域垂直，调整显微镜使观察区域图像最清晰、衬度最好（图 10.3-4）。

6）图像采集：用带有照相机的现场金相显微镜对观察区域进行图像采集。

7）图像分析：采用计算机图像分析系统，很方便地评出金相组织类别，测出特征物的面积百分数、平均尺寸、平均间距、长宽比等各种参数（图 10.3-5）。

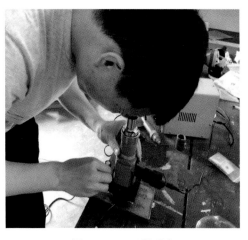
图 10.3-4　显微观察

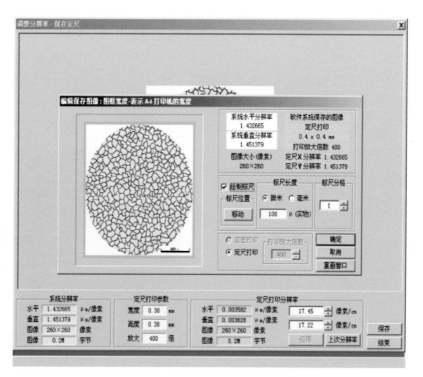

图 10.3-5　图像分析

3. 应用实例

金相检测应用于储运工程制作、安装和检维修过程中，为更科学的评价材料、制定热处理工艺、焊接工艺提供可靠的依据。

（1）施工前原材料检验：根据施工材料的相关技术标准和设计要求，对原材料的冶金质量情况如偏析、晶粒度、非金属夹杂物、分布类型与级别检查；对铸造材料的铸造疏松、气孔、夹渣组织均匀性检查；对锻造件的表面脱碳、过热、过烧、裂纹、变形等情况的检查。这些检查把安全隐患消灭在施工之前，保证工程用材的合格，确保工程质量，钢非金属夹杂物见图 10.3-6，钢成分偏析及夹杂物见图 10.3-7。

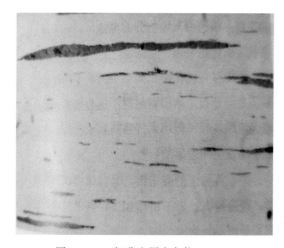

图 10.3-6　钢非金属夹杂物（100x）

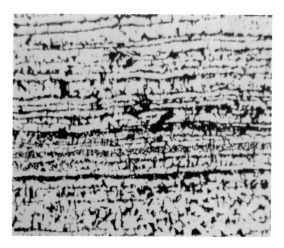

图 10.3-7　钢成分偏析及夹杂物（100x）

（2）施工过程中的质量控制：现场金相分析可以提供调整工序和修改工艺参数的依据，指导施工作业。通过对焊接接头母材、热影响区和焊缝的金相检测，判断焊接工艺的参数是否合适。

将 Q345 钢焊接热影响过热区放大 100 倍后的组织见图 10.3-8，由于加热温度大于 1100℃，该处奥氏体晶粒剧烈长大，在焊接空冷的条件下，除得到索氏体外，还有沿晶界和向晶内延伸的先共晶铁素体析出，使组织显示严重的过热特征。

（3）在役产品检维修质量检验：金相组织分析方法在储运产品检维修施工中应用广泛，如表面脱碳、组织相变、裂纹、晶界脆性相析出等，图 10.3-9 是液化气储罐检维修时发现的应力腐蚀裂纹。这些金相分析的结果常作为判断储运设施后续是否继续使用及使用年限的依据。

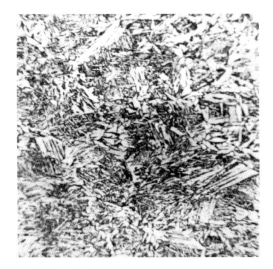

图 10.3-8　热影响区组织（过热）（100x）

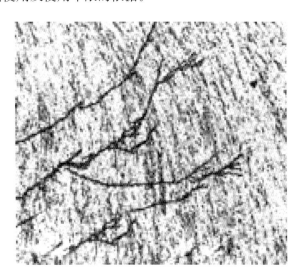

图 10.3-9　储罐腐蚀裂纹（放大倍数）

10.4　大型储罐壁板整体热处理技术

1. 技术简介

目前大型储罐带清扫孔或者接管的壁板，根据设计要求，一般需进行整体热处理，以减少或消除角焊缝的残余应力。目前壁板的整体热处理一般有两种方法，一种是壁板加工好后，运到外面工厂进行热处理，这种方法来回倒运比较麻烦。另外一种是现场整体热处理技术。

壁板整体热处理技术利用施工现场预制场地，现场组装热处理炉进行壁板整体退火热处理工作。热处理炉采用外保温内部电加热法，利用智能温控仪对炉温进行 PID 调节，使热处理工艺参数得到精确控制。相比传统的厂内整体热处理，减少了大型壁板（以 10 万 m³ 储罐为例，其大壁板弧长约为 11.97m、高度 2.45m）运输环节，缩短工期节约施工成本，并且使施工工序能够有效衔接，符合绿色施工理念。

2. 技术内容

（1）工艺流程（图 10.4-1）

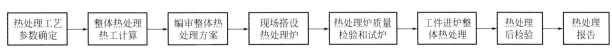

图 10.4-1　工艺流程

（2）热处理工艺参数确定

热处理工艺参数应符合设计要求，当设计无要求时，则按照相应标准规范要求确定。热处理工艺参数包括热处理温度、保温时间、升温速度、降温速度等。常见的碳钢和低合金钢热处理工艺见表10.4-1。

碳钢和低合金钢常用热处理工艺

表 10.4-1

工艺参数	控制范围
热处理温度	585±10℃
保温时间	160min，并小于240min
升温速度	$220 \times 25/T$（℃/h）以下
降温速度	$280 \times 25/T$（℃/h）以下

注：1. "T"为钢板的名义厚度，单位为mm；
　　2. 升温至300℃以前不需要控制其升温速度；
　　3. 降温至300℃以后可自然冷却。

（3）整体热处理热工计算

整体热处理热工计算需计算出符合热处理工艺的热处理炉的最大总功率。

1）计算壁板整体热处理所需总热量 $Q_{总}$

$$Q_{总} = Q_{件} + Q_{衬} + Q_{蓄} + Q_{短} \tag{10.4-1}$$

式中　$Q_{件}$——加热至热处理温度时被热处理工件和辅助工机具所吸收的热量（kJ/h）；

　　　$Q_{衬}$——达到热处理温度进行恒温时热处理炉炉衬所散发的热量（kJ/h）；

　　　$Q_{蓄}$——加热至热处理温度时热处理炉炉体所吸收的热量（kJ/h）；

　　　$Q_{短}$——达到热处理温度进行恒温时热处理炉热桥短路热损失（kJ/h）；

① $Q_{件}$：

$$Q_{件} = \frac{G_{件}(C_2 t_2 - C_1 t_1)}{\tau} \tag{10.4-2}$$

式中　$G_{件}$——炉内被热处理工件和辅助工机具的总质量（kg）；

　　　C_2——炉内被热处理工件在热处理温度下的平均比热容（kJ/kg·℃）；

　　　C_1——炉内被热处理工件在入炉温度下的平均比热容（0.494kJ/kg·℃）；

　　　t_2——炉内被热处理工件的热处理温度（℃）；

　　　t_1——炉内被热处理工件的入炉温度（℃）；

　　　τ——炉内被热处理工件从环境温度升到热处理温度的升温时间（h）。

② $Q_{衬}$ 包括炉墙、炉盖散热和炉底散热两部分即 $Q_{衬} = Q_{墙、盖} + Q_{底}$

（a）
$$Q_{墙、盖} = \frac{t_{炉} - t_{空}}{\delta / \lambda + 0.0159} \times S \tag{10.4-3}$$

式中　$t_{炉}$——热处理温度（℃）；

　　　$t_{空}$——炉外环境温度（℃）；

　　　S——炉墙和炉盖的面积之和（m²）；

　　　δ——炉墙和炉盖保温层的厚度（m）；

　　　λ——炉墙和炉盖保温层的平均导热系数（kJ/m·h·℃）；

0.0159——炉墙外壁的热阻（m²·h·℃/kJ）。

（b）
$$Q_{底} = 2090 S_{底} \tag{10.4-4}$$

式中　2090——炉底热流强度的近似值（kJ/m²·h）；

　　　$S_{底}$——炉底面积26m²。

③ $Q_{蓄}$：

$$Q_{蓄} = \frac{V \cdot \rho \cdot \Delta t \cdot c}{\tau} \tag{10.4-5}$$

式中　V——炉体体积（包括炉墙、炉盖和炉底，m^3）；

　　　ρ——炉体保温材料的平均密度（kg/m^3）；

　　　Δt——炉体保温材料的平均温升（℃），按热处理温度和保温层外壁温度的平均值近似计算；

　　　c——炉体保温材料在 Δt 温度时的比热容（$kJ/kg \cdot ℃$）；

　　　τ——炉内被热处理工件从环境温度升到热处理温度的升温时间（h）。

④ 短路热损失 $Q_{短}$：

$$Q_{短} = kQ_{衬} \tag{10.4-6}$$

式中　k——热短路系数，取 1.25。

2）热处理炉加热器功率 $W_{实}$ 确定

① 热处理炉的计算功率 $W_{计}$

$$W_{计} = Q_{总} / 3600 (kW) \tag{10.4-7}$$

热处理炉在加热的过程中，为了控制炉温的整体均匀性，各加热区的功率均需要进行 PID 调节，智能型温控仪能自动调节输出功率比例 P_b 值进行输出。取 $P_b = 0.9$，则 $W_{实} = W_{计}/0.9$（kW）。

（4）编审整体热处理方案

整体热处理是储罐安装过程中的一个特殊过程，因此整体热处理前，热处理实施单位应编制热处理方案，方案中应包含热处理工艺参数、热工计算、组装式热处理炉的加热器布置、测温点布置、壁板进出炉方式和固定方式、壁板自由热膨胀和防止变形措施、热处理过程管控措施、热处理质量检验、热处理记录和报告要求、HSE 管理措施等内容。

热处理方案应报项目部技术负责人审核、监理审批后实施。

（5）现场搭设热处理炉

热处理炉组件主要包括热处理炉炉体、控温设备、测温元件、加热器、热处理专用临时电源以及相应线缆。

1）热处理炉的条件和要求

热处理炉设计制造必须满足：炉内有效空间能容纳最大的壁板；热处理炉的设计功率能满足最重段工件（可能多块壁板同时热处理），按热处理工艺升温恒温所需的热量；应能够对炉膛内上下部、两端和中段分区进行控温，以确保炉膛内温度均匀；同时应保证工件吊装方便，安全可靠。

热处理炉炉底应采用沙石铺垫出坚实、平整的基础，且应高出地面 100mm 以上。基础周围应有流畅的排水通道，不允许有积水。若热处理炉在室外搭设，则需采取防风雨措施，可采用在炉外安装彩钢板进行防风雨。热处理炉体采用长方形钢框架结构，框架结构通过螺栓固定，方便安装及拆除。框架内填充轻质硅酸铝保温板等保温材料，外部设置彩钢板保护层，保温层厚度一般为 160mm，保护层厚度一般采用 0.8mm 厚彩钢板。炉墙两侧应在对应位置预留热电偶插入孔和加热器接线引出孔，孔洞均采用耐高温的护套管进行保护，可采用钢管，护套管应牢固固定在钢框架上。

热处理炉示例见图 10.4-2、图 10.4-3。

2）控温设备选择

控温设备采用 DWK 型智能温控仪，热处理前将工艺参数输入控温仪表（升温速度、恒温时间、降温速度），热处理时能按既定参数进行 PID 调节控制并自动打印出热处理曲线。控温设备数量应满足热处理炉总功率要求，且能实现不同分区分别控温的要求，且应有冗余，以备整体热处理过程出现问题及时更换。控温设备示例图见图 10.4-4。

图 10.4-2　热处理炉示例

图 10.4-3　热处理炉示例

图 10.4-4　控温设备

3）测温元件安装

测温元件采用带钢护套的热电偶。热电偶测温端通过预留插入孔插入到炉膛内，一直将测温端抵到被热处理工件后，再将热电偶进行固定，同时用保温棉对插入孔进行封堵。测温点布置应符合标准规范要求，同时应在炉膛上部、中部、底部分别均匀布置，以检测上下部温差并及时进行温度调节。热电偶应分别进行编号，便于接线，出现问题时也便于查找缺陷。

4）加热器布置

热处理炉内安装加热器，加热器为框架壁挂型加热器（翅片加热器悬挂在炉壁上），沿炉体两侧均匀布置，加热器数量根据热工计算和分区控温的要求确定。由于热气流上升作用，炉膛底部温度较低，因此炉膛下部两侧加热器布置应比上部密，必要时刻在底部布置加热器。加热器应分别进行编号，便于接线，出现问题时也便于查找缺陷。加热器布置见图 10.4-5。

5）热处理专用临时电源以及相应线缆安装

整体热处理炉由于用电负荷大，现场应采用 1 台满足功率要求的变压器专门供电。现场临时用电通过一级配电箱直接接入 1600kV·A 临时变压器，保证用电负荷且每次热处理前需通知业主，必须确保热处理过程中不得停电。热处理升温时间一般安排在 17：00～18：00 开始，保证热处理的恒温阶段在夜间结束，与白天的用电高峰期错开。

整个热处理供电系统（包括变压器到配电箱、配电箱到温控仪、温控仪到加热器）的电缆和补偿导线规格选用、接线、电器用料及对已有供电系统电缆规格复核等电气方面的工作均由专人负责。由于电缆和补偿导线较多，应分别进行编号，分别与加热器和热电偶一一对应。

（6）热处理炉质量检验和试炉

现场搭设热处理炉，将所有线缆连接完毕后，应进行试炉。试炉通电前必须进行热处理炉质量检验，主要检查加热器和热电偶布置是否符合方案、所有线缆接线是否正确、带电部位与非带电部位的绝缘是否正常、加热器和热电偶的电阻值是否符合要求、热处理炉的结构和保温层质量、防风雨设施质量等。

经检查无误后，进行试送电调试。试送电调试合格后进行试炉，空载进行电加热。试炉时检查控温设备分区控温是否正确，检查各热电偶的温升是否正常。用红外测温仪检查炉墙外侧壁、顶部、底部的温度是否正常，重点检查有无热桥部位，如果温度高于 70℃，则需要额外增加保温措施。

图 10.4-5 加热器布置

（7）壁板进炉整体热处理

辊制合格的壁板，在预制厂用 10t 单梁吊车吊装到热处理工装上进行固定，卡具采用专用卡箍，为防止变形，吊装时要使用平衡梁。壁板固定在热处理工装后，采用拖板车运输，吊装进热处理炉时采用吊车或塔吊进行。吊装和运输过程中要防止壁板变形，固定和吊装点要在热处理工装上。壁板进炉后示例见图 10.4-6。

壁板装炉前必须确保质量合格，并经有关人员签字确认后方可交给热处理方进行施工。壁板和热处

图 10.4-6　壁板进炉后示例图

理工装吊装进炉后，应检查其是否稳固、整体是否可以自由膨胀，检查完毕后将炉顶恢复，做好保温。

整体热处理时，应随时监控记录仪打出的热处理曲线是否和设置一致。

（8）热处理后检验

在罐用加长壁板上截取等厚度的随炉热处理试板 2 块，试板尺寸应符合相关标准对试验的要求。热处理后对试板热处理力学及工艺性能试验，试验结果应符合设计要求或相应标准规范规定。

（9）热处理报告

热处理报告包括热处理报告和热处理曲线。报告上参数应和曲线相吻合。热处理报告和曲线上应有热处理日期、热处理工件编号、操作人员和热处理工程师签字。

第 **11** 章

储运工程电气仪表调试技术

电气仪表是用来监视各种工业设备的技术参数的重要仪器，电气仪表工程的调试是决定电气仪表装置使用性能的重要环节。

本章主要介绍储运工程中电气仪表的调试技术要点，其中电气调试包括中压柜的系统联锁调试，微机继电保护装置调试、电流互感器测试、电压互感器测试、母线弧光保护调试、五防联锁调试及柜内联锁功能调试，低压柜的调试，电动机各种起动方式联动联试；仪表元器件的单体校验，仪表联动测试，仪表与电气的联调联动调试。

11.1 中压供配电系统调试技术

1. 技术简介

中压供配电系统调试技术通过对中压供配电设备如综合保护装置、电流互感器、电压互感器、弧光保护装置、母线装置、五防联锁等的调试，保证设备投入运行时是良好的状态，为生产提供安全、稳定、灵活、经济运行的电源，保证配电系统安装与调试之间的严密性与规范性。中压系统主要调试内容见图 11.1-1。

2. 技术内容

（1）微机继电保护装置调试

微机继电保护装置主要调试内容见图 11.1-2。

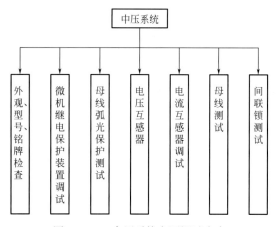

图 11.1-1 中压系统主要调试内容

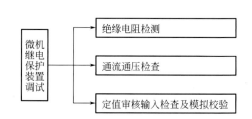

图 11.1-2 微机继电保护装置主要调试内容

按照装置技术说明书描述的方法，检查并记录装置的硬件和软件版本号、校验码等信息。

1）绝缘电阻检测

绝缘电阻是电气装置的重要参数，电气装置周围的环境、温度、湿度也是影响绝缘电阻值大小的关键因素。

微机保护绝缘电阻测试必须在断电的情况下进行，测试前需检查装置电压回路与其他单元设备回路完全断开，并确认隔离完好后，才允许进行。绝缘电阻测试完毕后，要对试验回路对地放电，并按照图纸恢复拆除的二次线缆，并检查确认。

2）通流通压检查

用继电保护测试仪做通流通压时，要从根部做起，这样也可以校准从互感器二次端子到保护装置二次电缆接线的准确性。一次一相的测试，防止相间接线交叉。通交流电流时，测量回路的压降，计算电流回路每相与中性线及相间的阻抗。将所测得的阻抗值按保护的具体工作条件和制造厂家提供的出厂资料来检查是否符合互感器误差的要求。

检查电流电压二次回路幅值、相位测试，电流幅值、相位测试一般情况下以 A 相电压为参考电压，在各电流回路进行电流幅值、相位的读取，并在保护装置上进行采样值读取。测试数据应满足以下要求：

① 测量所得电压数值应与试验装置输出电压一致。

② 测量所得电流数值应与所加电流除以电流变比所得的数值相一致。其误差应符合保护装置的准确等级。

③ 测量所得角度（电压与电流的夹角）数值应与试验装置输出的角度一致。

④ 在保护装置上进行采样值读取，其数值应与试验装置的输出相一致；在母差保护对应电流二次回路检查同时还应检查母差保护差流大小是否符合要求。

⑤ 所有电流二次回路相位角符合实际通流情况，一次电流与二次电流与电流变比相符。

3）定值审核输入检查及模拟校验

整定值的整定是指将装置各个有关元件的动作值及动作时间按照定值通知单进行整定；并使用继电保护测试仪进行电流保护回路电流值的模拟检查其是否按照预定顺序要求相继动作，达到跳闸保护的目的。检验继电保护装置是否与设计原理、接线图相符；各继电器整定值的计算和整定是否合理；各继电器性能是否可靠；断路器跳闸状况是否良好，及相应的信号装置的显示是否正确无误等。

（2）母线弧光保护测试

母线弧光保护主要调试内容见图 11.1-3。

1）母线弧光保护装置基本构成

电弧光保护装置的基本原理，就是检测弧光和电流过流。采用检测弧光和电流两个非关联参数作为判据比其他保护误动率更小，可靠性更高。

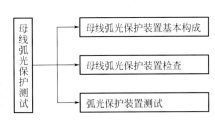

图 11.1-3　母线弧光保护主要调试内容

弧光采集单元与主控单元配合使用，是弧光保护系统的重要组成部分。主要用于采集故障弧光，并将判断后的结果通过光信号传递给主控单元，发出跳闸信号，以迅速的切断故障电源，减少故障引起的联锁跳闸。

2）母线弧光保护装置检查

① 弧光保护装置检查

弧光探头安装位置在母排室，检查弧光保护装置有无损伤，与主单元通信是否正常。

（a）装置接线可靠，端子接线紧固，网络口接线可靠。

根据厂家及设计图纸，模拟量及开关量信号均按要求接入弧光保护装置。

（b）根据厂家及设计图纸，对二次回路进行接线及绝缘检查无异常，包括模拟量回路、直流电源回路、报警回路等。

② 弧光保护装置测试

对弧光保护的整体动作进行测试，用微机继电保护测试仪及 40W 白炽灯作为光源，漏电开关分别接通光源回路和微机继电保护测试仪启动接点回路，进行模拟测试。

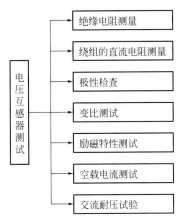

图 11.1-4　电磁式电压互感器
主要调试内容

（3）电压互感器调试

不接地电压互感器是一种包括接线端子在内的一次绕组各个部分都是按绝缘水平对地绝缘的电压互感器，一般称之为全绝缘电压互感器。

接地电压互感器是一次绕组的一端直接接地的单相电压互感器，或一次绕组的星形联结点为直接接地的三相电压互感器，一般称之为半绝缘电压互感器。

电磁式电压互感器主要调试内容见图 11.1-4。

1）全绝缘电压互感器测试

① 绝缘电阻测量

测量绝缘电阻时，应记录试验时环境的温湿度，测量时间应持续 60s，测量一次绕组对二次绕组及外壳、各二次绕组间及其对外壳的绝缘电阻，绝缘电阻值不宜低于 1000MΩ。

② 绕组的直流电阻测量

一次绕组直流电阻测量值，与换算到同一温度下的出厂值比较，相差不宜大于10%。二次绕组直流电阻测量值，与换算到同一温度下的出厂值比较，相差不宜大于15%。

③ 极性检查

电池通过空开连接互感器的一次侧，正极接A，负极接N；将指针式毫伏表与电压互感器的二次侧连接，正极表笔接A，负极表笔接N；此时瞬间接通开关，要及时地断开，这时指针式毫伏表的指针会随之摆动，若向正方向摆动则表明被检二次极性正确，反之测极性不正确。检查时应先将指针式毫伏表放在直流毫伏一个较大档位，根据指针摆动的幅度对档位进行调整，使得既能观察到明确的摆动又不超量程。

④ 变比测试

电压互感器的比差采用自动互感器测试仪或从电压互感器高压侧加额定电压，低压侧用标准电压表进行测量的方法进行测试；测量结果算出来的变比误差要与铭牌准确等级对比，且其变比误差应符合产品要求。

⑤ 励磁特性测试

对于全绝缘结构电磁式电压互感器最高测量点为额定电压的1.2倍，励磁曲线测量应包括额定电压的20%、50%、80%、100%、120%。测量结果与出厂试验报告和型式试验报告相差不大于30%，当相差较大时，应查找其原因。

⑥ 空载电流测试

在额定电压下的空载电流与出厂值比较应无明显差别。与同一批次、同一型号的电压互感器比较应不大于30%。

⑦ 交流耐压试验

使用高压试验变压器对电压互感器外施工频耐压试验，A-N短接，施加电压，时间60s。

2）半绝缘电压互感器测试

① 绝缘电阻测量

测量绝缘电阻时，应记录试验时环境的温湿度，测量时间应持续60s，测量一次绕组对二次绕组及外壳、各二次绕组间及其对外壳的绝缘电阻，绝缘电阻值不宜低于1000MΩ。

② 绕组的直流电阻测量

一次绕组直流电阻测量值，与换算到同一温度下的出厂值比较，相差不宜大于10%。二次绕组直流电阻测量值，与换算到同一温度下的出厂值比较，相差不宜大于15%。

③ 极性检查

电池通过空开连接互感器的一次侧，正极接A，负极接N；将指针式毫伏表与电压互感器的二次侧连接，正极表笔接A，负极表笔接N；此时瞬间接通开关，要及时地断开，这时指针式毫伏表的指针会随之摆动，若向正方向摆动则表明被检二次极性正确，反之测极性不正确。检查时应先将指针式毫伏表放在直流毫伏一个较大档位，根据指针摆动的幅度对档位进行调整，使得既能观察到明确的摆动又不超量程。

④ 变比测试

电压互感器的比差采用自动互感器测试仪或从电压互感器高压侧加额定电压，低压侧用标准电压表进行测量的方法进行测试；测量结果算出来的变比误差要与铭牌准确等级对比，且其变比误差应符合产品要求。

⑤ 励磁特性测试

对于半绝缘结构电磁式电压互感器最高测量点为额定电压的1.9倍，励磁曲线测量应包括额定电压的20%、50%、80%、100%、120%、150%、190%。测量结果与出厂试验报告和型式试验报告相差不大于 30％，当相差较大时，应查找其原因。

⑥ 空载电流测试

用调压器、交流电压表、交流电流表通过二次端子加压，记录其二次绕组额定电压下的电流，在额定电压下的空载电流与出厂值比较应无明显差别。与同一批次、同一型号的电压互感器比较应不大于 30％。试验过程中发现有异常时，均应停止试验，查找其原因，待原因解决之后再进行试验。

⑦ 交流耐压试验

半绝缘电磁式电压互感器应进行感应耐压试验，试验电压按照出厂试验电压的 80％进行，并在高压侧监视其施加电压，试验电压波形应接近正弦波，测量的峰值电压除以 $\sqrt{2}$ 为有效值，感应耐压试验时，试验电压的频率应大于额定频率。当试验电压频率小于或等于 2 倍额定频率时，全电压下试验时间为 60s，当试验频率大于 2 倍额定频率时全电压下试验时间应按公式 11.1-1 计算：

$$t = 120 \times (f_{\mathrm{N}}/f_{\mathrm{s}}) \tag{11.1-1}$$

式中　f_{N}——额定频率；

　　　f_{s}——试验频率；

　　　t——全电压下试验时间，不应少于 15s。

（4）电流互感器调试

电流互感器利用电磁感应原理将大电流转换成小电流，为测量装置、控制装置、保护装置提供合适的电流信号，标准的二次电流通常有 5A、1A 等。电流互感器主要调试内容见图 11.1-5。

1）绝缘电阻测量

测量一次绕组对二次绕组及外壳、各二次绕组间及其对外壳的绝缘电阻，绝缘电阻值不宜低于 1000MΩ；二次绕组之间及对地应大于 10MΩ。

2）绕组直流电阻测量

同型号、同规格、同批次电流互感器绕组的直流电阻和平均值

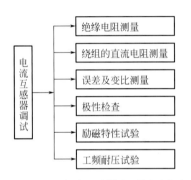

图 11.1-5　电流互感器主要调试内容

的差异不宜大于 10％，一次绕组有串、并联接线方式时，对电流互感器的一次绕组的直流电阻测量应在正常运行方式下测量，或同时测量两种接线方式下的一次绕组的直流电阻；倒立式电流互感器单匝一次绕组直流电阻之间的差异不宜大于 30％。当有怀疑时，应提高施加的测量电流，测量电流（直流值）不宜超过额定电流（方均根值）的 50％。

3）误差及变比测量

用于关口计量的互感器应进行误差测量；用于非关口计量的互感器，应检查互感器变比，并应与制造厂铭牌值相符，对多抽头的互感器，可只检查使用分接的变比。测量其中一个二次绕组时，其余所有二次绕组均应短路、不得开路，根据测量电流互感器的额定电流选择合适的量程。

4）极性检查

将指针式万用表的"＋""－"分别接互感器二次端子的 S1、S2 端子上，方向务必接线正确。将 9V 电池的负极与电流互感器一次侧的 P2 端连接，电池的正极与电流互感器的 P1 端连接，当中用空气开关断开。将空气开关瞬间合闸并瞬间断开，此时指针式直流毫伏表的指针应随之摆动，向正方向摆动则表明此二次绕组的极性为"减极性"，反之测极性错误。检查时应先将指针式毫伏表放在直流毫伏一个较大档位，根据指针摆动的幅度对档位进行调整，使得既能观察到明确的摆动又不超量程。电流互感器上标志不清楚时，带有方向性的保护时，更要进行极性的测量。

5）励磁特性

① 与出厂试验数据或安装交接试验数据比较应无明显的变化。

② 与同类产品比较应无明显的差异。

③ 与历年试验数据比较应无显著的差别。

④ 励磁电流增加绕组存在匝间短路，此时变比也会发生变化。

⑤ 励磁电流变小，绕组存在断线或虚焊问题。

⑥ 试验结果应符合相关规程的规定。

6）工频耐压试验

使用工频交流试验变压器对电流互感器施加至标准试验电压后，无特殊说明情况下，试验时间均为1min，试验过程中不应发生闪络、击穿现象；外施耐压试验前后，绝缘电阻不应有明显变比；外施耐压试验后，用手触摸被试品表面，不应有发热现象。

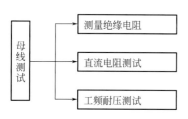

图 11.1-6 中压母线主要调试内容

（5）母线测试

中压母线主要调试内容见图 11.1-6。

1）测量绝缘电阻

测量母线绝缘电阻时可采用 2500V 档位测量母线相间及对地的绝缘电阻。一般母线的绝缘电阻规定不低于 1MΩ/kV。在测量母线绝缘电阻前，应将母线绝缘子表面擦拭干净，无污秽物，而且在母线耐压前后均应测量母线绝缘电阻。母线绝缘电阻在耐压前后应该没有变化，若绝缘电阻在耐压前后有变化，则应查明原因并处理。

2）直流电阻测试

用回路电阻测试仪测量母线直流电阻，导体回路电流不小于 100A，每相回路电阻值相比较，应无明显的差别；将电阻测量值进行误差计算，（最大值－最小值）/最大值≤10％，测量值超过厂家规定的技术条件或三相比较差别较大或不稳定等异常情况，必须查明原因。

测试时，电压引线接在靠近触头侧。电流引线分别接在电压引线的外侧。电压引线和电流引线要确保接触良好。必要时用砂纸将接触面打磨。

3）工频耐压测试

用交流试验变压器对母线进行耐压试验，并达到标准规定的耐压值。耐压试验过程中，电压表指示明显下降，说明被试品击穿。被试品发出击穿响声、持续放电声、冒烟、闪弧、燃烧等异常现象，如果排除其他因素，则认为被试品存在缺陷或击穿。对夹层绝缘或有机绝缘材料的被试品，如果耐后绝缘电阻比耐前下降 30％，则检查该被试品是否合格。被试品为有机绝缘材料，试验后应立即触摸，如发现有发热，则认为绝缘不良，应及时处理，然后再做试验。试验过程中，若因空气湿度、温度、表面脏污等，引起被试品表面或空气放电，应经清洁、干燥处理后再进行试验。

交流耐压试验必须在其他试验项目完成之后进行；耐压试验前后均应测量被试品的绝缘电阻。被试品和试验设备，应妥善接地。高压引线可用裸线，应有足够机械强度，所有支撑或牵引的绝缘物，也应有足够绝缘和机械强度。试验回路应当有适当的保护设施。试验过程若出现异常情况，应立即先降压，后断开电源，并挂上接地线再做检查。

（6）柜间联锁测试

1）备自投联锁测试

当一段电源因故障断开后，在规定的时间内能够迅速地按照规定的模式将备用电源投入到工作中去，使用户不至于被停电的一种自动装置，叫备自投装置。

测试前母线备自投装置处于投入位置，两段进线处于运行合闸位置，运行正常，母联处于热备用状态。

① 手动分进线断路器，备自投不动作

两段母线分段运行，用继电保护测试仪模拟给两段进线二次侧加电压，备自投装置备自投指示灯显示正常，手动分 1 号进线断路器，备自投不动作，备自投软压板闭锁正确；手动分 2 号进线断路器，备自投不动作，备自投软压板闭锁正确。

② 1 号进线带两段

两段母线分段运行，用继电保护测试仪模拟给两段进线二次侧加电压，备自投装置备自投指示灯显示正常，断开 2 号进线电压，备自投装置检测到 2 号进线失电，断开 2 号进线断路器，母联断路器合闸，则备自投动作成功。实现 1 号进线带两段运行。

③ 2 号进线带两段

两段母线分段运行，用继电保护测试仪模拟给两段进线二次侧加电压，备自投装置备自投指示灯显示正常，断开 1 号进线电压，备自投装置检测到 1 号进线失电，断开 1 号进线断路器，母联断路器合闸，则备自投动作成功。实现 2 号进线带两段运行。

④ 模拟两段进线保护故障跳闸，备自投不动作

两段母线分段运行，用继电保护测试仪模拟给两段进线二次侧加电压，备自投装置备自投指示灯显示正常，给 1 号进线保护装置加故障电流，使 1 号进线断路器跳闸，备自投装置不动作，备自投装置软压板闭锁正确；给 2 号进线保护装置加故障电流，使 2 号进线断路器跳闸，备自投装置不动作，备自投装置软压板闭锁正确。

⑤ PT 断线，备自投不动作

两段母线分段运行，用继电保护测试仪分别给两段进线加电流及电压，备自投装置备自投指示灯指灯正常；此时，断开 1 号进线电压中的其中的一相电压，备自投不动作；断开两相电压，备自投不动作；断开三相电压，备自投不动作，备自投装置中的软压板有流无压闭锁正确；断开 2 号进线电压中的其中的一相电压，备自投不动作；断开两相电压，备自投不动作；断开三相电压，备自投不动作，备自投装置中的软压板有流无压闭锁正确。

2）五防联锁测试

开关柜的五防装置包括：防止带负荷分、合隔离开关；防止误分、合断路器；防止接地开关在闭合位置时合断路器；防止在带电时误合接地开关；防止误入带电间等五项防止误作操作的内容，是确保设备及人身安全、防止误操作的重要措施。

做此项试验时，摇进、摇出小车时，速度要适中；分合接地刀闸时，力度要适中，防止机械联锁损坏。

11.2 低压供配电系统调试技术

1. 技术简介

低压供配电系统是生产生活重要保障，是电力系统中接受和分配电能并辅以保护和控制的重要设备，要求系统具有可靠性、稳定性、灵活性、方便性、经济性、扩展性；储运工程低压供配电系统主要调试包括：低压母线测试、电动机综合保护器调试、二次控制回路调试、电动机各种起动方式的调试等，使其设备达到设计要求的各种功能。

2. 技术内容

（1）低压母线测试

低压母线在通电前进行测试是对供电安全性及可靠性作出判断，确保在通电后安全可靠；其测试内容如图 11.2-1 所示。

1）测量绝缘电阻

相间和相对地的绝缘电阻值不小于 0.5MΩ，对于一般母线，由于母线支持绝缘子敞开在空气中，在潮湿地区或试验时天气潮湿，

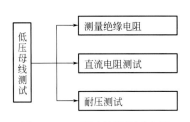

图 11.2-1 低压母线调试内容

母线的绝缘电阻会比较低，有可能只有几个兆欧。母线绝缘子的表面污秽程度对绝缘电阻影响也很大。因此，在测量母线绝缘电阻前，应将母线绝缘子表面擦拭干净，无污秽物。

2）直流电阻测试

测量母线直流电阻用回路电阻测试仪，导体回路电流不小于100A，每相回路电阻值相比较，应无明显的差别；将电阻测量值进行误差计算，（最大值-最小值）/最大值≤10％，测量值超过厂家规定的技术条件或三相比较差别较大或不稳定等异常情况，必须查明原因。

使用回路电阻测试仪测量时，电压引线接在靠近触头侧。电流引线分别接在电压引线的外侧。电压引线和电流引线要确保接触良好。必要时需用砂纸将接触面打磨。

3）耐压测试

用交流试验变压器对母线进行耐压试验，耐压试验值为1kV，如绝缘电阻值大于10MΩ，可以采用2500V兆欧表代替，试验持续时间为1min；交流耐压试验，必须在其他试验项目完成之后进行；试验回路应当有适当的保护设施。试验过程若出现异常情况，应立即先降压，后断开电源，并挂上接地线再作检查。

（2）低压电动机综合保护器调试

电动机保护器是集成化的电动机保护装置，其把热继电器的功能集成到装置上，此外还有过载、缺相、堵转、欠压、过压、工艺联锁及三相不平衡等保护功能，还可实现测量、监视、保护、控制等综合功能，不仅比传统的保护器具有精度高、节电、动作灵敏等优点，还具有经济效益。

1）外观及二次回路检查

检查设备是否有损坏，安装、二次回路接线是否正确，是否满足电动机实际要求。

2）起动调试

根据电动机铭牌及使用说明书，正确设置保护装置上的保护功能，根据SCT互感器上的变比，正确设置保护装置上的变比参数，一次电流经过SCT互感器转变成信号输入至保护装置，KM1、KM2、QF分别为电动机的交流接触器及断路器运行信号，用于电动机运行状态指示及为上位机传输通信数据。

① 短路保护

通过设定短路保护定值及延时时间，当电动机起动及发生短路时，瞬时电流会很大，达到短路电流设定值时及时的跳闸保护电动机。

② 过压/欠压保护

通过设置过电压、欠电压保护值，当运行过程中，任何一相电压大于过电压或小于欠电压值时，保护均跳闸，防止过电压烧掉电动机线圈，防止欠电压情况下长时间的运行，电动机过热。

③ 缺相保护

缺相是三相电压有一相断路或绕组中有一相断路，缺相情况如发生在电机运行中，虽电机短时能继续运行，但此时电动机会因缺相发热，其他两相中电流将比正常工作时的电流约增加1.7～1.8倍，将导致电动机绕组烧毁，因此电动机不能缺相运行，当保护装置检测到缺相时，保护装置会发出跳闸命令，切断主回路电源，保护电动机，减少经济损失。

④ 启动超时保护

正常的启动完成后电机的运行电流将接近额定值，而启动时间过长，则在启动时间之后电动机的运行电流仍保持较大的值，当整定的启动时间到达后，电动机的电流仍大于整定值时，本保护动作。

⑤ 晃电再启动功能

电动机正常运行中，系统晃电（母线电压降至晃电电压设定值），造成接触器脱扣，保护装置检测到系统欠压并低于晃电电压及接触器开关信号变化，装置开始计时，在设定的晃电时间内，系统电压恢复到装置设定的恢复电压值，及过再起动延时后，发出合接接触器命令，启动电动机。保护装置可以设定再起动延时，实现电动机的分批再起，如果在晃动时间内，电压没有恢复，则晃电再起动功能退出，电压恢复后不能再起动。

（3）交流异步电动机起动方式

电动机在起动时，起动电流达到运行时额定电流的 4～7 倍，大的起动电流会造成供配电系统的电压波动，将影响其他设备的正常运行。因此人们通过不同的起动方式来减少起动时的电流或者起动时电压来达到减少对电网的冲击；其常用的交流异步电动机起动方式如图 11.2-2 所示。

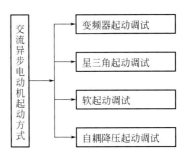

图 11.2-2　交流异步电动机
主要起动方式

1）变频器起动调试

根据设计蓝图及设计说明书，检查信号线连接是否正确可靠，检查控制回路接线是否松动，连接正确可靠，用万用表测量相与相之间、火线与零线地线是否有断路、短路可能。机柜接地及柜门接地线是否正确可靠，变频器输入端、输出端是否符合说明书的要求，变频器的接地端子是否接地，接地是否良好。

2）星三角起动调试

根据设计图纸及接线图，配电箱内的接线要正确，箱内每个元器件要标明其符号，线路功能正常，元器件无卡涩现象。

起动调试：

（a）调试星形起动时电动机旋转方向是否正确。

（b）调试三角形起动时电动机旋转方向是否正确。

（c）三角形与星形运转方向一致后，恢复星形接触器上控制回路吸合线圈线路。

3）软起动调试

软起动器采用三相反并联晶闸管作为调压器，将其接入电源和电动机之间。使用软起动器起动电动机时，晶闸管的输出电压逐渐增加，电动机逐渐加速，直到晶闸管全部导通，电动机达到在额定电压下工作的状态。之后切换到旁路接触器，为电动机正常运转提供额定电压。软起动器使电运机实现平滑起动，降低起动电流，提高其工作效率，避免电网产生更多的谐波。

① 外观及二次回路检查

根据设计图纸及接线图，配电箱内的接线要正确；箱内每个元器件要标明其符号；各元器件功能正常；控制回路通电测试无短路现象；元器件无卡涩现象。

② 起动调试

通电后检查输入电压是否正确，冷却风扇有无异常声音或异常振动，进、排气口有无堵塞，软起动器基本参数设置：线电压、电动机额定电压、电动机额定电流、起动方式、控制方式等。新安装软启动器首次起动时，软启动器输出端先接上电动机，但电动机先不接负载，进行通电试验，这是为了观察软启动器配上电动机后的工作状况，并确认电动机的旋转方向。

合上电源，先设置较小的点动电压，点动启动，检查电动机旋转方向是否正确，若方向相反，调换相序，使电动机运转方向与负载方向一致。观察和校准软起动器的电流测量和显示值，选择控制方式，设置相关参数，启动电动机使其运行一段时间，判断机组的运行噪声、振动是否有异常。

③ 软起动中的起动方式的选择

（a）斜坡电压启动

不具备电流闭环控制，仅调整晶闸管通角，使之与时间成一定函数关系增加，其缺点是，由于不限流，在电机起动过程中，有时要产生较大的冲击电流，使晶闸管损坏，对电网影响较大，实际很少应用。

（b）斜坡限流起动

电动机起动的初始阶段起动电流逐渐增加，当电流达到预先所设定的值后保持恒定，直至起动完毕。起动过程中，电流上升变化的速率可以根据电动机负载调整设定，电流上升速率大，则起动转矩大，起动时间短。该起动方式是应用最多的起动方式。

（c）阶跃起动

以最短时间，使起动电流迅速达到设定值，即为阶跃起动。通过调节起动电流设定值，可以达到快速起动效果。

（d）脉冲冲击起动

在起动开始阶段，让晶闸管在极短的时间内，以较大电流导通一段时间后回落，再按原设定值线性上升，连入恒流起动。该起动方法，在一般负载中较少应用，适用于重载并需克服较大静摩擦的起动场合。

4）自耦降压起动调试

自耦变压器降压启动是指电动机启时利用自耦变压器来降低加在电动机定子绕组上的启动电压，待电动机启动后，通过延时继电器，使电动机与自耦变压器脱开，使电动机在额定的电压下正常运行，从而减少对电网的冲击。

根据设计图纸及接线图，配电箱内的接线要正确，箱内每个元器件要标明其符号，线路功能正常。自耦变压器的功率应与电动机的功率一致。如果小于电动机的功率，自耦变压器会因起动电流大发热损坏。

自耦降压起动电路不能频繁操作，如果启动不成功，间隔应在 4min 以上；主要为了防止自耦变压器绕组在负载启动电流太大而发热损坏自耦变压器的绝缘。

11.3 大型储运工程仪表调试技术

1. 技术简介

储运仪表工程具有分布空间范围广、安全防爆要求高、监控点多、布线复杂等特点，需要采用先进的测控与管理技术，设计实时、准确、可靠、经济的监测控制与数据采集系统，以实现大范围的数据共享，进行智能分析、处理，提高计量精度，以及物料平衡分析等，提高储运工程安全管理和智能化水平。典型的储运自动化系统必须满足以下两点目标：对储罐的液位、温度、压力等数据的全方位实时监测；对罐区泵房油泵运行工况实时监测，并对其中的出口油泵实行点动控制操作以及油料发放实行远程联动控制操作。

储运自动化系统调试应在仪表系统安装完毕、管道清扫及压力试验合格、电缆绝缘合格、电源已符合仪表运行条件后进行。线路和管路连接检查用万用表或校线器检查系统的线路是否符合设计图纸的要求，连接是否牢固可靠，校线时应依次进行，从现场仪表到中间线箱再到控制室端子一一进行检查，管路连接正确无泄漏。系统调试应在全刻度范围内进行，调校点应均匀选取至少三点。

2. 技术内容

（1）储运仪表控制系统的分类与调试特点

1）储运仪表工程从安全角度讲，可分为两个层次：第一层为过程控制层，第二层为安全仪表系统停车控制层，如图 11.3-1 所示。在储运仪表工程中，第一层通过大型 DCS 控制系统或者 FF 现场总线控制系统实现；第二层通过 SIS 安全仪表系统来实现，SIS 又包括 ESD、ITCC 等。第一层属于动态系统，为保证生产装置平稳运行，需要人工频繁的干预，有可能引起人为误操作，安全级别要求不高。第二层属于静态系统，不需要人为干预和离线运行，使人和装置处于安全状态，在可靠性、可用性要求上更严格。

2）系统的调试特点。DCS 系统与 SIS 系统仍然采用 HART 协议和 4～20mA 成熟技术，对各种现

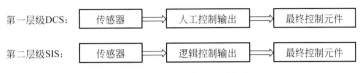

图 11.3-1　DCS 与 SIS 的区别

场检测仪表输入过程信号，经过控制级各单元进行数据采集，滤除噪声信号进行非线性校正及各种补偿运算，折算成相应的工程量，根据组态要求，进行上、下限报警及累积量计算。所有测量值和报警值经通信网络传送到数据库，供实时显示报警使用。过程控制单元输出模拟量信号进行各种闭环反馈控制和顺序控制等。

联锁回路设置在 DCS 与 SIS 中，其控制方案与最终联锁发挥的作用不同，SIS 对安全要求相对更高，保证系统在故障状态下是安全的，把安全性放在第一位。DCS 用于日常的生产操作，两者相对独立，将安全联锁的回路设置在 SIS 中，日常生产联锁的控制回路设置在 DCS 中，合理地分配不同控制方案，选择合适的自控仪表，便于企业的日常运营和维护，同时降低风险、事故的发生频率。

由于现场总线具有网络系统和自动化系统双重特点，使自动化系统具备了网络化的特征，从而系统从结构到性能都有别于过去的常规仪表和正在使用的 DCS 控制系统，所以系统的检查和调试要求与现有的规范等成文条款在操作上有很大区别，需要从自动控制和网络检查两个方面进行。具体体现在：自动控制系统内部运算和逻辑功能组态，边缘仪表性能（热电偶、调节阀）特性参数试验和系统试验；网络性能和参数检查，包括总线物理介质参数（长度、绝缘、电容等）、网络参数（节点、噪声、电平、波形等）。

（2）储运工程单体校验

仪表安装前应进行检查、校准和试验，确认符合设计文件要求及产品技术文件所规定的技术性能。仪表的单体调试工作主要包含了四个方面：通电检查、性能试验、范围设定、参数调整。单体调试流程图如图 11.3-2 所示。

现行施工验收标准《自动化仪表工程施工及质量验收规范》GB 50093—2013 和《石油化工仪表工程施工技术规程》SH/T 3521—2013 对储运工程自动化仪表调试做出如下要求：

1）校验用的标准仪器应具备有效的计量检定合格证，其基本误差的绝对值不应超过被校仪表基本误差绝对值的 1/3。

2）仪表校验调整后应达到下列要求：

① 基本误差应符合该仪表精度等级的允差。

② 变差应符合该仪表精度等级的允差。

③ 仪表的零位正确，偏差值不超过允差的 1/2。

④ 指针在整个行程中应无抖动、摩擦和跳动现象。

⑤ 电位器和调节螺栓等可调部件在调校后要留有再调整余地。

⑥ 数字显示表无闪烁现象。

3）对于现场不具备校验条件的仪表可不做精度校验，只对其鉴定合格证明的有效性进行验证。

4）仪表校验合格后及时填写校验记录，要求数据真实、字迹清晰，并由校验人、审核人签字确认，注明校验日期，表体上贴上校验合格证。

5）校验好的仪表应整齐存放，并保持清洁。对校验不合格或有质量问题的仪表应会同施工单位、业主、监理单位及采购单位等有关人员进行确认后做出相应处理。

（3）检测系统调试

检测系统调试时，在现场变送器、传感器处施加相应的模拟信号（智能仪表一般采用手持通信器的回路测试功能在现场仪表端加入模拟信号进行系统试验。热电偶、热电阻需拆除现场仪表端子上的连接

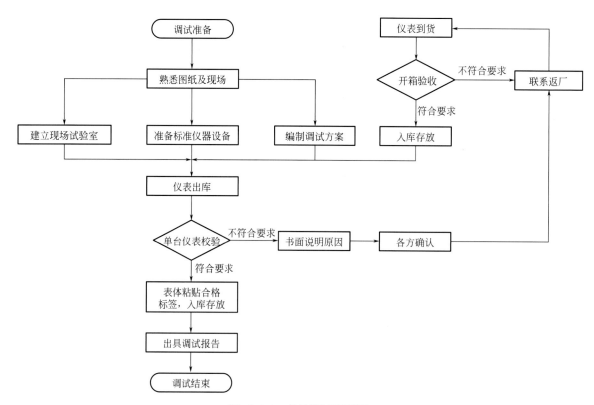

图 11.3-2　单体调试流程图

线，用温度校验仪进行系统试验），在操作员站上调出相应的显示画面，观察画面上的显示值是否超过回路系统误差的要求。一般检查 0％、25％、50％、75％、100％ 五个点即可。回路系统的误差，其值不应超过系统各单元仪表允许基本误差平方和的平方根值，当系统误差超过上述规定时，应单独调校系统内各单元仪表及检查线路或管路。

（4）调节系统调试

调节系统调试时，在操作员站上调出要检查的控制回路画面，将调节器置于"手动"工作方式。使调节器依次输出 4mA、12mA、20mA、12mA、4mA 的电流信号，观察现场对应调节阀的动作方向和动作误差是否符合要求。对有阀位反馈信号的调节阀还应检查其阀位反馈信号是否正确。对于开关阀，在操作员站上调出要检查的控制回路画面，然后发送开阀、关阀开关量信号时，现场开关阀的动作应与其一致，当阀门全开或全关时，反馈在 PC 机上的阀门全开，全关位置信号应正确。

（5）报警系统调试

出于安全要求，储罐应当设置伺服与雷达两种液位计，需明确高液位报警与低液位报警取值问题。为了增加储罐运行安全系数，建议高液位报警取两液位计高值，低液位报警取两液位计的低值。

报警系统的回路调试，首先是回路贯通。把报警机构的报警调整到设计报警的位置，然后在信号输入端作模拟信号（报警机构的报警接点短接或断开），观察相应的指示灯和声响是否有反应。接着，按消除铃声按钮，正确的结果应该是铃声停止，灯光依旧。第二个试验是拆除模拟信号，按试灯按钮，全部信号灯应灯亮铃响，再按消除铃声按钮，应该是铃停灯继续亮。其目的是检查接线正确与否。对于模拟信号的报警回路试验可以与检测回路的试验结合进行，使输入信号缓慢越过报警设定点，观察相应画面上的报警状态是否符合要求。

（6）安全联锁系统调试

1）储罐保护联锁试验

储罐流程工艺涉及的重要联锁包括低低液位联锁和高高液位联锁。储罐设低低液位开关，当储罐中物料的液位到达低低限位时，应设置联锁停泵。若停泵会对下游装置或站厂造成停工再启动等重大影响的储罐，其液位低低联锁时应采取二次报警，联锁关闭出料阀；若停泵不会对下游操作造成停工再启动等重大影响的储罐，其液位低低联锁则可采取联锁关闭出料阀、停泵及关闭泵出口阀。储罐设高高液位开关，当储罐中物料的液位到达高高限位时，应联锁关闭储罐进料阀门。

2）机泵保护联锁试验

基于工艺及设备本身安全考虑，机泵的启停需要考虑与之相关的压力及泵进出阀门的状态，检查机泵的启停控制逻辑，包含的点有就地/远控、启状态、停状态、故障、启动命令、停止命令、ESD 命令。在调试机泵控制逻辑中，需要特别注意：

① 机泵启动前应满足的条件，进出口阀门是否处于正确的开关状态，机泵自身涉及的振动位移和温度是否满足要求。这些条件必须作为必要条件加入保护逻辑中。

② 启/停机泵信号是脉冲信号还是长信号，一般都是脉冲信号，通常 DCS 或 SIS 输出先到继电器干接点，触发继电器闭合输出信号到电气柜来动作机泵。

③ 机泵运行或者停止后，逻辑关系中阀门的动作情况。

3）操作盘手动按钮试验

联锁回路的调试应在现场制造联锁源，模拟联锁动作的工艺条件，观察联锁动作程序和联锁动作结果是否与设计相符。与报警回路基本相同，只是在短接报警机构输入接点后，除观察声光外，还要观察其所带的继电器动作是否正常，特别是所接控制设备的接点，应用万用表检测，是否由通到断到通，应反复三次，动作无误才算通过。如果输入模拟信号，相应的声光无反应，要仔细分析原因。首先要检查报警单元是否动作，信号灯是否完好，确定不是上述原因后，再对配线做仔细检查。如果试验按钮或消除铃声按钮没有作用，要重新检查盘后配线，按逻辑原理图或信号原理图逐项检查。对联锁回路的检查尤为重要，这是这个回路检查的重点，检查的内容还应包括各类继电器的动作情况。若用无节点线路，在动作不正确情况下，要仔细核对原理图和接线图。

第 **12** 章

典型工程

12.1 天津渤化化工发展有限公司"两化"搬迁改造项目
——专用罐区 EPC 总承包项目

项目地址：天津经济技术开发区南港工业区红旗路、南港六街

建设时间：2018 年 8 月至 2021 年 10 月

建设单位：天津渤化化工发展有限公司

设计单位：天津渤化工程有限公司（联合体牵头方）

项目简介：本项目设计总储量为 28.6 万 m³，其中包括 4 台 5000m³ 环氧丙烷内浮顶储罐、4 台 10000m³ 苯乙烯固定顶储罐、4 台 5000m³ 氯乙烯球罐、4 台 3000m³ 丙烯球罐、8 台 5000m³ 苯内浮顶储罐、4 台 15000m³ 50％液碱固定顶储罐、2 台 1000m³ 50％液碱固定顶储罐、2 台 1000m³ 32％液碱固定顶储罐、8 台 5000m³ 二氯乙烷内浮顶储罐、1 台 50000m³ 低温乙烯储罐。

主要工程内容：本工程为 EPC 总承包工程，包括：环氧丙烷罐组、苯乙烯罐组、烧碱罐组、丙烯球罐罐组、苯罐组、二氯乙烷罐组、氯乙烯罐组及配套泵区、化工品装卸栈台、地衡、来自码头的卸船管线及配套设备设施等。公用工程及其他配套设施包括但不限于给水排水系统、循环水系统、冷冻水系统、蒸汽系统、空气系统、氮气系统、燃料气系统、电气系统、仪表系统、自控及电信系统、控制系统、废气处理系统、事故状态排放系统、伴热系统、消防系统、安全设施、环保设施、初期雨水池、事故水收集池、消防水罐、机柜间、变配电室、工程师站、控制室以及界区内的建筑、结构、总图运输、道路、暖通、空调、工艺、设备、装置布置及配管（含外管、管廊和地下管网）、通信、照明、绿化、防渗、保温、防腐、地坪。

12.2 日照港油品码头有限公司油库三期工程

项目地址：日照市岚山区岚山港中作业区

建设时间：2019 年 6 月至 2020 年 8 月

建设单位：日照港油品码头有限公司

设计单位：河南工大设计研究院

项目简介：中储粮东北综合产业基地项目是中储粮总公司迄今投资规模最大、设备工艺最先进、配套功能最齐全，集仓储、物流、加工于一体的大型粮油综合项目，项目整体建成投产后，将成为中储粮系统乃至全国最大的以粮油仓储为主的现代化综合产业基地。本工程为中储粮东北综合产业基地项目油脂加工的重要组成部分，油罐总储量 11.7 万 m^3，油泵房 2 座、发油棚 1 座及配套工艺、电气仪表系统等。

主要工程内容：1 号中转油罐工程建设总储量 3.7 万 m^3，其中 5500m^3 拱顶钢制储罐 6 台，1000m^3 拱顶钢制储罐 4 台，油泵房 1 座、发油棚 1 座及配套工艺、电气仪表系统等。1 号储备油罐工程建设总储量 8 万 m^3，其中 1 万 m^3 拱顶钢制储罐 6 台，5000m^3 拱顶钢制储罐 4 台，油泵房 1 座及配套工艺、电气仪表系统等。

项目建造成果：2016 年度获中储粮 "5S＋安全" 项目推进奖；2016 年度获中储粮安全生产先进单位。

12.7　东营伟邦新能源有限公司液体化工品仓储项目

项目地址：山东省东营市东营港区

建设时间：2017 年 4 月至 2017 年 11 月

建设单位：东营伟邦新能源有限公司

设计单位：安徽实华工程技术股份有限公司

项目简介：储罐总罐容 48 万 m^3，其中原料油罐组包括 1 台 10 万 m^3 燃料油外浮顶储罐和 1 台 10 万 m^3 原油外浮顶储罐；化工品罐组包括 4 台 3 万 m^3 汽油内浮顶储罐、2 台 3 万 m^3 柴油内浮顶储罐、2 台 3 万 m^3 石脑油内浮顶储罐以及 2 台 2 万 m^3 混合芳烃内浮顶储罐。

主要工程内容：本工程为施工总承包，包括全场建构筑物工程、储罐制作安装、道路及地下管网工程、工艺管道工程、防腐保温工程、电气仪表工程的材料采购及安装调试。

12.8 山东海化集团石化盐化一体化项目一期升级改造工程 C4 标段公用设施

项目地址：山东省潍坊市滨海开发区

建设时间：2016 年 3 月至 2017 年 11 月

建设单位：山东海化集团有限公司

设计单位：中国石油工程建设公司华东设计分公司

项目简介：山东海化石化盐化一体化项目升级改造工程，共包括 6 套工艺装置维修改造、整体罐区改造更换、新建厂区 4 套工艺装置、全场管网及附属公用单元。工程是石油化工与盐化工"合体"，项目以石化产出的富含乙烯的干气、丙烯为原料，与海化集团现有的氯碱和氨碱法纯碱两大盐化工工艺相融合，通过工艺和技术创新，发展和延伸有机氯、有机胺两大系列产品和下游产业链，推动由传统基础化工企业向石化盐化一体化和一流化工新材料综合型企业集团的转型发展。

主要工程内容：本工程（含中心控制室安装、储运设施）为施工总承包，包括：全厂供电、接地及照明，厂前区变电所改造（除建筑物部分），制冷站，汽油产品罐组及泵区，调和罐及泵房，重油罐及泵房，中间罐及泵房，原油罐及泵房，轻油罐及泵房，储运区机柜室，罐区变电所（除建筑物部分），泡沫消防站，全厂工艺及热力管网等，另包含 43 台储罐的改造、壁板更换、罐顶更换、罐底更换、重新防腐等。

项目建造成果：2018 年度获全国化学工业优质工程奖。

12.9 烟台泰山石化港口发展有限公司二期工程

项目地址：山东省烟台市烟台港西港区

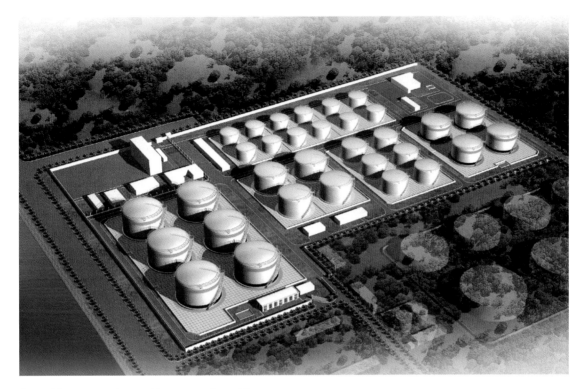

建设时间：2015 年 11 月至 2017 年 7 月

建设单位：烟台泰山石化港口发展有限公司

设计单位：镇海石化工程股份有限公司

项目简介：本项目属一级石油库，包括 4.8 万 m³ 储罐 6 台，3 万 m³ 储罐 4 台，总库容为 40.8 万 m³，另包括新建泵房及附属设施等。

主要工程内容：包括 3 万 m³ 储罐 4 台、4.8 万 m³ 储罐 6 台外浮顶储罐、新建泵房 1 座、含油污水池 2 座、消防道路、地面、设备和管架基础、给水排水及消防管道、钢结构、工艺设备及管道、电气、自控仪表、火灾报警、防腐、保温，至首站连接工艺及消防水站改造施工等。

项目建造成果：2018 年度获山东省优质安装工程"鲁安杯"奖。

12.10　中海港务（莱州）有限公司油品储罐建设项目

项目地址：山东省莱州市

建设时间：2016 年 4 月至 2017 年 3 月

建设单位：中海港务（莱州）有限公司

设计单位：中国石油工程建设有限公司

项目简介：项目建设 26 万 m³ 原油储罐罐区，16 车位汽车装车设施，配套设施及码头升级改造等，属一级石油库。罐区具备装卸船、装车及车船直取功能，通过阀组的切换，亦可实现油品置换和倒罐功能。罐区施工及码头升级改造完毕后，罐区年周转量为 600 万 t/年，港区实际同时负载能力将由 22 万 t 提升至 27 万 t 以上，油化品吞吐能力将由 1200 万 t/年提升至 1800 万 t/年以上。

主要工程内容：包括 4 台 5 万 m³ 外浮顶储罐、2 台 3 万 m³ 外浮顶储罐，包含综合办公楼 1 座，原油泵房 1 座，消防泵房 1 座，16 车位汽车装车设施 1 座，事故污水池 1 座，库外综合管廊以及码头升级改造相关内容。码头升级改造部分主要包括原有输油臂移位、新输油臂安装、原有输油臂基础改造、原

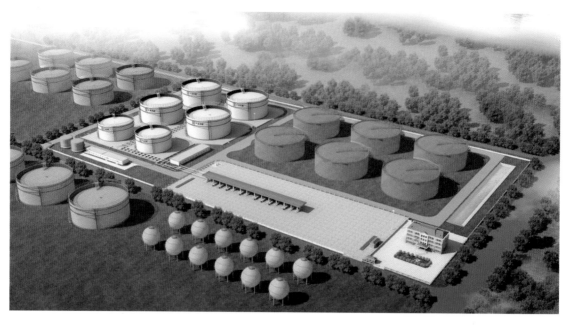

有输油管线拆改、新建输油管线安装、新旧输油管线带压开孔对接、管线防腐保温等。

项目建造成果：2018 年度获山东省优质安装工程"鲁安杯"奖。

12.11　阿贝尔化学 50 万 t/年苯乙烯总承包工程

项目地址：泰兴市经济开发区

建设时间：2013 年 5 月至 2016 年 10 月

建设单位：阿贝尔化学（江苏）有限公司

设计单位：中国寰球工程公司辽宁分公司

项目简介：25 万 t/年苯乙烯装置由乙苯部分、苯乙烯部分和装置内公用工程部分三部分组成。

①乙苯部分包括烷基化反应系统（亦称烃化反应系统）、苯回收系统、轻组分脱系统、乙苯回收系统、多乙苯回收系统、烷基转移反应系统（亦称反烃化反应系统）。②苯乙烯部分包括乙苯蒸发及脱氢系统、工艺凝液处理及汽提系统、尾气压缩及吸收系统、脱氢液预分馏系统、乙苯回收及粗分馏系统、苯乙烯精馏系统、真空系统及 TBC、NSI 和协同阻聚剂溶液配制系统。③公用工程部分包括装置内污油系统、蒸汽和凝结水系统、氮气系统、仪表风和工业风系统。其中 15000m³ 乙烯储罐为双层低温保冷拱顶储罐，该储罐主要由内罐、外罐、保冷层等组成，外罐用材为 Q345R，公称直径 34m，高度为 27.17m；内罐用材为 304 不锈钢，公称直径 32m，高度为 25m；设计温度为－106℃。

主要工程内容：本工程为施工总承包，包含 25 万 t/年苯乙烯装置、11.4 万 m³ 深冷仓储工程、办公楼、综合楼、中心化验室、仓库、循环水厂、事故缓冲池、消防水加压站、变配电站、空分空压站、联合控制室等。

12.12　华信洋浦石油储备基地项目（一期工程）EPC 总承包建设工程一标段

项目地址：海南省儋州市洋浦经济开发区

建设时间：2013 年 10 月至 2015 年 12 月

建设单位：海南华信石油基地有限公司

设计单位：中建安装集团有限公司

项目简介：建设面积约为 490 亩，库区总库容 180 万 m³，包括 18 台 10 万 m³ 原油储罐及库区管网、输油泵棚、库区道路、辅助生产区等配套公用工程。

主要工程内容：本工程为 EPC 总承包工程，工程内容包括储罐基础、土建单体、道路场坪、罐体制安、工艺设备管道、消防、给水排水、防腐保温及电气仪表等专业工程。

项目建造成果：本工程荣获 2016—2017 年度国家优质工程奖，2016 年度全国化学工业优质工程奖，2016 年度全国优秀焊接工程一等奖，2016 年度中建总公司科技推广示范工程。"大型储罐基础施工工法"认定为江苏省省级工法。

12.13　营口港仙人岛原油罐区工程

营口港仙人岛原油罐区一期工程

营口港仙人岛原油储库二期工程

营口港仙人岛原油储库三期工程

营口港仙人岛原油储库四期工程

营口港仙人岛原油储库五期工程

项目地址：营口港仙人岛

建设时间：2007 年 5 月至 2015 年 7 月（一到五期时间）

建设单位：营口港务集团有限公司

设计单位：中油辽河工程有限公司

　　　　　南京医药化工设计研究院有限公司

　　　　　中建安装集团有限公司

项目简介：一期罐区总储存量 80.6 万 m^3，其中 10 万 m^3 原油储罐 6 台，5 万 m^3 原油储罐 4 台以及 2 台 3000m^3 消防水罐。锅炉房 1 座以及 3 台 45t/h 蒸汽锅炉的安装与调试、145m 高烟囱的施工。二期罐区总储存量 72 万 m^3，其中 10 万 m^3 原油储罐 7 台，1 万 m^3 原油储罐 2 台。三期罐区总储存量 120 万 m^3，其中 10 万 m^3 原油储罐 12 台。四期罐区总储存量 80 万 m^3，其中 10 万 m^3 原油储罐 8 台。五期库区总储存量 40 万 m^3，包括 10 万 m^3 原油储罐 4 台。

主要工程内容：施工内容包括储罐基础、土建单体、道路场坪、罐体制安、工艺设备管道、消防系统、给水排水系统、防雷接地和电气仪表系统、管廊钢结构及工艺管线、防腐保温以及配合系统联动调试、储罐试水临时管线等全部建安工程。其中三期到五期工程为 EPC 总承包工程。

项目建造成果

项目名称	成果荣誉
营口港仙人岛原油罐区一期工程	获全国优秀焊接工程一等奖，2009 年度
	获"中建杯"优质工程金质奖，2008 年度
	获中建八局科技示范工程
营口港仙人岛原油储库二期工程	获中建八局"十佳"优质工程
营口港仙人岛原油储库三期工程	获中建八局科技示范工程，2011 年度
	获中建八局优质工程，2011 年度
营口港仙人岛原油储库四期工程	获全国优秀焊接工程一等奖，2013 年度
营口港仙人岛原油储库五期工程	获全国优秀焊接工程，2016 年度
	获辽宁省工程质量安装杯奖，2016 年度
	全国建设工程优秀项目管理成果三等奖，2016 年度
	营口市公路水运工程平安工地示范项目，2015 年度

12.14　海南省洋浦油品码头及配套储运设施工程码头上部设施主体工程

项目地址：海南省儋州市洋浦经济开发区神头港区

建设时间：2013年10月至2015年6月

建设单位：国投孚宝洋浦罐区码头有限公司

设计单位：中交水运规划设计有限公司、赛鼎工程有限公司

项目简介：建设30万t级原油泊位和5万t级成品油泊位各1个。码头吞吐量为2160万t/年，其中原油2000万t/年，成品油160万t/年。30万t级码头布置在引桥北端，呈蝶开布置；5万t级码头布置在横堤内侧的中部；引堤长度为2080m、主引桥长934m、横堤长度725m。

主要工程内容：包括钢结构工程、工艺给水排水管道工程、消防管道工程、设备安装工程、供电及照明系统、码头生产设备控制系统、仪表控制系统、电伴热系统、海水消防自控系统、防雷接地系统、通信系统、导助航系统、DCS/ESD系统、溢油监控系统、激光靠泊系统等。

项目建造成果：获中国安装工程优质奖（中国安装之星）。

12.15　绥中36-1终端原油储罐扩建项目施工总承包

项目地址：辽宁绥中36-1厂区

建设时间：2014年4月至2014年10月

建设单位：中海石油（中国）有限公司天津分公司

设计单位：中国石油集团工程设计有限责任公司大连分公司

项目简介：本工程建设场地位于绥中36-1终端厂区内，新增储罐布置在锦州25-1南原油罐区东侧预留区域，占地面积约60亩。库区总储存量10万m³，其中包括5万m³原油储罐2台。建设场地的东侧为配送中心、备品备件库、生产物资库、料棚，西侧为已有锦州25-1南原油罐区，南侧为空地，北侧为厂区围墙。

主要工程内容：包括罐区场地平整、储罐基础、储罐制作安装、工艺管道、电气仪表设备安装、消

防及给水排水系统以及配套的雨淋阀室、阴极保护室、道路、场坪等辅助工程。

项目建造成果：2014 年度获中海油最佳安全实践奖，2016 年度获全国优秀焊接工程。

12.16　大连新港沙陀子三期原油及成品油储罐项目工程

项目地址：大连新港能源港区

建设时间：2012 年 9 月至 2014 年 8 月

建设单位：大连北方油品储运有限公司

设计单位：大庆油田工程有限公司

项目简介：罐区总储存量 20 万 m^3，其中 10 万 m^3 原油储罐 2 台。

主要工程内容：包括储罐主体预制及安装，配套附件安装；牺牲阳极安装；侧壁式搅拌器、旋喷搅拌器等安装调试；伸缩式接地装置安装、阀门安装，与储罐本体连接的所有垫板、支架安装（包括与罐壁连接的消防及仪表支架）及保温支撑圈、配合充水试验（海水）、淡水冲洗等设计文件的全部工作内容。

12.17　中煤陕西榆林能源化工有限公司甲醇醋酸系列深加工及综合利用项目

项目地址：榆林市经济开发区榆横煤化学工业园区

建设时间：2012 年 10 月至 2014 年 5 月

建设单位：中煤陕西榆林能源化工有限公司

设计单位：北京中寰工程项目管理有限公司

项目简介：本工程是陕西省与中煤集团战略合作框架协议的支撑项目，也是中煤集团蒙陕基地建设

的重要项目。项目一期建设规划规模 180 万 t/年煤制甲醇、60 万 t/年煤制烯烃，一期工程总投资 215.54 亿元。

主要工程内容：承担甲醇罐区全部建筑安装工程，包含 6 台 2 万 m³ MTO 级甲醇储罐、1 台 5000m³ 净化开车退料储罐、1 台 5000m³ 不合格甲醇储罐、2 台 3000m³ MTBE 储罐、1 台 2000m³ 乙烯-1 储罐、1 台 2000m³ 甲醇废水储罐、1 台 1000m³ 轻柴油储罐。

12.18　荣泰化工仓储罐区项目一期工程

项目地址：连云港市徐圩新区

建设时间：2013 年 6 月至 2014 年 3 月

建设单位：连云港荣泰化工仓储有限公司

设计单位：南京金陵石化工程设计有限公司

项目简介：罐区总储存量 32.8 万 m³，其中 3 万 m³ 碳钢储罐 10 台，5000m³ 醋酸不锈钢储罐 4 台，4000m³ 消防罐 2 台。

主要工程内容：包括储罐的基础及安装，配套的土建、钢结构、工艺、电气仪表以及罐区公用工程等。

12.19 烟台港西港区石化仓储项目一期工程储罐采购施工总承包

项目地址：烟台港西港区

建设时间：2012 年 10 月至 2013 年 12 月

建设单位：中海油烟台港石化仓储有限公司

设计单位：海工英派尔化工设计院

项目简介：烟台港西港区石化仓储项目一期工程储存的油品主要为原油、燃料油，库容设计总规模为 60 万 m³，属大型储备油库。库内共建设储油罐 6 台，原油和燃料油罐组二（1302 区域）由 6 台 10 万 m³ 外浮顶储罐组成以及配套的输油泵站、计量站、污水提升、消防泡沫站、化验室、办公楼等。

主要工程内容：包括6台10万m³外浮顶储罐制作安装，构建筑物、道路、地面、设备和管架基础、给水排水及消防管道、钢结构、工艺设备及管道、电气、自控仪表、火灾报警、防腐、保温等工程。

12.20　中海油小田湾油品仓储项目一期工程

项目地址：大榭开发区田湾路1号
建设时间：2011年12月至2013年9月
建设单位：宁波大榭开发区信海油品仓储有限公司

设计单位：中国石油天然气华东勘探设计研究院

项目简介：一期工程罐区总储存量 60 万 m³，其中 5 台 10 万 m³ 和 2 台 5 万 m³ 外浮顶储罐。

主要工程内容：包括一期工程以及二期工程的土石方和软基处理、场坪等。即原油及燃料油罐区的建筑、安装工程施工，包括土石方和地基处理（包括二期）、油罐及基础、工艺设备、仪表设备、电气设备及安装；以及油库配套建设油泵棚和计量棚、给水排水、消防、污水处理、供电、热工及暖通控制、建（构）筑物、防腐、保温等配套系统及办公楼、道路等辅助工程。

项目建造成果：2014 年度获全国优秀焊接工程，2014 年度获全国化学工业优质工程奖；大榭开发区"平安工地"示范工程。

12.21　烟台港西港区至淄博重质液体化工原料输送管道工程华星分输站

项目地址：山东省东营市广饶县大王镇

建设时间：2012 年 9 月至 2013 年 7 月

建设单位：山东联合能源管道输送有限公司

设计单位：廊坊管道局规划设计院

项目简介：本工程为山东省重点建设项目，是烟台港西港区至淄博重质液体化工原料输送管道工程的配套工程。一期包含 10 台 5 万 m³ 原油储罐及配套设施，建成后，可为东营、淄博、潍坊等地多家地炼输送原油，设计输量 1500t/年。本工程分南北两个区域，北区由西向东依次为综合楼、35kV 变配电间、消防及给水泵房、2000m³ 消防水罐、输油泵棚、换热器区、加热炉区、计量区、清管阀组区和锅炉房，南区为 10 台 5 万 m³ 原油储罐。

主要工程内容：主要包括场地夯填整平、储罐地基处理、基础施工、罐体制作安装、罐体附属设备及附件安装、配套工艺系统、防腐保温、电气仪表、道路及地下管网等及配合业主进行系统试联运等。

12.22　广州南沙福达石化储运项目

项目地址：广州南沙黄阁小虎岛化工区

建设时间：2011 年 10 月至 2013 年 6 月

建设单位：广州南沙福达石化储运有限公司

设计单位：广东达安工程项目管理有限公司

项目简介：库区总储存量 18.4 万 m³，其中 5 台 2 万 m³ 汽（柴）油内浮顶储罐、1 台 1 万 m³ 柴油内浮顶储罐、3 台 5000m³ 汽油内浮顶储罐、3 台 5000m³ MTBE 内浮顶储罐制作安装、8 台 3000m³ 液体化工品内浮顶储罐以及 10 台 2000m³ 液体化工品内浮顶储罐。

主要工程内容：包括储罐主体工程及其配套的土建、工艺管道、电气、自控仪表安装等工程。

12.23　天津港燃油供应 2 号基地库区

项目地址：天津塘沽区南疆区南侧

建设时间：2012 年 5 月至 2012 年 12 月

建设单位：天津中燃船舶燃料有限公司

设计单位：南京医药化工设计研究院有限公司

项目简介：本工程为 EPC 总承包工程，包括新建油品储罐 5 万 m³ 5 台、3 万 m³ 2 台、1 万 m³ 4 台、2000m³ 1 台及其配套管线、阀门；新建消防水罐 3000m³ 2 台，事故水罐 5000m³ 1 台。配建生产业主用楼以及泵房、空压站、导热油炉房、消防泵房、变电所、污水处理站、装车站等辅助生产设施及其内部设备。

12.24　重庆年产 85 万 t/年甲醇项目装置两台 35000m³ 内浮顶储罐

项目地址：重庆市长寿区轻化路原川染厂

建设时间：2009年12月至2012年11月

建设单位：重庆卡贝乐化工有限责任公司

设计单位：中石化宁波工程有限公司

项目简介：重庆年产85万t甲醇项目装置采用英国戴维低压甲醇生产技术，是当前国内先进的天然气制甲醇装置，具有技术先进、能耗低、环保、资源循环利用等特点。

主要工程内容：承建项目的储运区及其配套工程。2台35000m³的内浮顶储罐、1台3500m³的固定顶储罐及其配套的土建、工艺管道、电气仪表、防腐保温工程。

12.25　中化泉州石化1200万t/年炼油项目青兰山库区原料油罐区Ⅱ标段施工总承包工程

项目地址：中化泉州

建设时间：2011年9月至2012年9月

建设单位：中化泉州石化有限公司

设计单位：总装备部工程设计研究总院

项目简介：罐区总库容60万m³。

主要工程内容：包括6座10万m³油罐主体制作、安装、储罐附件、储罐基础及罐区内的场坪。

项目建造成果：2012年度获中化施工质量样板工程、HSE管理先进单位，2015年度获全国化学工业优质工程奖，2016—2017年度获国家优质工程奖。

12.26　营口港仙人岛港区成品油及化工品储运工程

项目地址：营口港仙人岛

建设时间：2010年9月至2012年9月

建设单位：营口港务集团有限公司

设计单位：南京医药化工设计研究院有限公司

项目简介：一期工程包括8台2万m³柴油储罐、6台3万m³燃料油储罐、1台3500m³消防水罐制作安装、锅炉系统、工艺设备系统、消防系统、给水排水系统、防雷接地和电伴热系统、罐区内钢结

营口港仙人岛港区成品油及化工品储运工程

营口港仙人岛港区成品油及化工品储运工程燃料油罐组

构、防腐保温以及配合系统联动调试。

二期库区总储存量 9 万 m³，其中 1 万 m³ 拱顶储罐 4 台，6000m³ 拱顶储罐 8 台，1000m³ 拱顶储罐 2 台。

主要工程内容：为 EPC 总承包工程，施工内容包括总图、土建工程、储罐设备、工艺系统、消防系统、给水排水系统及电仪系统。

12.27　中丝辽宁液体化学品物流项目（一期）工程

项目地址：营口港仙人岛能源化工区

建设时间：2011 年 8 月至 2012 年 6 月

建设单位：中丝辽宁化工物流有限公司

设计单位：南京医药化工设计研究院有限公司

项目简介：库区总储存量 10.36 万 m³，其中 7000m³ 的油罐 4 台、4200m³ 的油罐 10 台、2800m³ 的油罐 8 台、1400m³ 的不锈钢油罐 8 台。

主要工程内容：本工程为 EPC 总承包工程，包括勘察设计、桩基施工；总图工程、土建工程、储罐设备、工艺系统、钢结构、给水排水系统、电气仪表工程等设备材料的采购及施工。

项目建造成果：2013 年度获辽宁省工程质量安装杯奖，2013—2014 年度获中国安装工程优质奖（中国安装之星），2014 年获全国优秀焊接工程；"内浮顶低压储罐铝浮盘安装工法"获江苏省省级工法、中建总公司级工法。

12.28　盘锦港荣兴港区罐区一期工程

项目地址：盘锦港荣兴港区

建设时间：2011 年 4 月至 2012 年 6 月

建设单位：盘锦港建设有限公司

设计单位：南京医药化工设计研究院有限公司（中建安装集团全资子公司）

项目简介：库区总储存量 22 万 m³，其中 4 台 3 万 m³ 原油外浮顶储罐，6 台 5000m³ 汽油内浮顶储罐，8 台 5000m³ 柴油内浮顶储罐，6 台 5000m³ 燃料油拱顶储罐，2 台 1 万 m³ 消防罐，1 座汽车装车场（10 个装车台）。

主要工程内容：本工程为 EPC 总承包工程，包括储罐加热器，储罐基础，场区内的场坪、道路、单体建筑，地下管网，钢结构管架及管架基础，工艺设备系统，钢结构梯子平台，涉及以上系统的防腐保温、管线电伴热系统，所有防雷接地，消防系统，工艺一次仪表，二次仪表的取源部件安装，各类罐、设备和管道标志，工艺单机调试、系统调试等。

项目建造成果：2015 年度获全国优秀焊接工程。

12.29　惠州炼油分公司大亚湾石化区原油罐区扩容工程 C1 标段

项目地址：广东省惠州市大亚湾经济技术开发区

建设时间：2010 年 11 月至 2012 年 1 月

建设单位：中海石油炼化有限责任公司惠州炼油分公司

设计单位：中国石化工程建设公司

项目简介：工程总库容为 120 万 m³，工程占地面积约计 21.2 万 m²。本项目罐区总库容为 40 万 m³，其中 4 台 10 万 m³ 原油储罐。

主要工程内容：包括构建筑物、道路、地面、设备和管架基础、给水排水及消防、钢结构、工艺设备、工艺及公用管道、热工通风、电气、电信、自控仪表、火灾报警、电视监控、防腐、防火、保温等工程施工。包括由一期原油管道收发球筒处的预留接口至原油罐区边界的原油进罐直埋管道、泡沫站、泵区、系统管廊及与 241 单元之间道路东侧所有道路及其他附属设施（不包含围墙及门卫室）、管道标志，工艺单机调试、系统调试等。

12.30 中化天津港石化仓储一、二期安装项目

项目地址：天津港南疆南港区

建设时间：2009 年 9 月至 2010 年 5 月（一期）

2011 年 1 月至 2011 年 11 月（二期）

建设单位：中化天津港石化仓储有限公司

设计单位：中国石化洛阳石油化工工程公司

项目简介：一期罐区总存储量 42 万 m³，其中 14 台 30000m³ 油品储罐和 2 台 6000m³ 消防水罐；油品储罐中有原油储罐 10 台，为外浮顶结构；成品油储罐 4 台，为网壳内浮顶结构。

二期库区总储存量 53 万 m³，其中 4 台 10 万 m³ 燃料油储罐，4 台 10 万 m³ 成品油储罐，40 台化工品储罐；油品储罐中燃料油（原油）储罐 4 台，为外浮顶结构；成品油、化工品储罐 44 台，为网壳内

浮顶结构。

主要工程内容：一期施工内容包括成品油罐区、燃料油罐区、厂区附属配套设施设备及管道安装、电气安装。

二期施工内容包括仓储项目化工品罐区、成品油罐区、燃料油罐区、厂区附属配套设施土建、设备及管道安装、电气安装。

项目建造成果：2011 年度获天津市建筑工程"结构海河杯"奖。

12.31　常州新润石化仓储有限公司库区储罐制作安装工程

项目地址：常州市新北化工园区龙江北路

建设时间：2010 年 11 月至 2011 年 5 月

建设单位：常州新润石化仓储有限公司

设计单位：中石化集团南京设计院

项目简介：罐区总储存量为 18.4 万 m^3。

主要工程内容：包括 28 台 5000m^3、12 台 3000m^3、4 台 2000m^3 化工品罐的制作安装，含 4 台 5000m^3 苯罐的隔热、4 台 3000m^3 苯乙烯罐的隔热、2 台 3000m^3 苯酚罐的保温及储罐底板的防腐。

12.32　南沙泰山石化仓储项目成品油库区 6 号柴油罐区、11 号汽油罐区及配套设施建设工程

项目地址：广州市南沙区黄阁镇小虎岛石化工业区

建设时间：2010 年 3 月至 2010 年 12 月

建设单位：广州南沙泰山石化发展有限公司

设计单位：中国成达工程有限公司

项目简介：库区总储存量 35 万 m^3，其中 3 台 1 万 m^3、4 台 2 万 m^3、12 台 2 万 m^3 储罐。

主要工程内容：包括罐体制安、机泵、工艺、消防、防腐、保温、给水排水、暖通、电气、仪表控制系统、电信设备安装等工程的施工、试验、调试、试运转和保修等，及承包范围工程设计图纸内所有

材料、设施、设备的采购。

12.33 中国兵器华锦集团储运项目营口仙人岛场站工程

项目地址：营口港仙人岛

建设时间：2008 年 5 月至 2009 年 12 月

建设单位：辽宁通达化工股份有限公司

设计单位：中油辽河工程有限公司

中国兵器华锦集团储运项目营口仙人岛场站工程

中国兵器华锦集团储运项目营口仙人岛场站改扩建工程

项目简介：一期罐区总储存量 65 万 m³，其中 3 万 m³ 成品油储罐 5 台，5 万 m³ 原油储罐 2 台，10 万 m³ 原油储罐 4 台；二期罐区总储存量 40 万 m³，其中 10 万 m³ 原油储罐 4 台。

主要工程内容：包括桩基处理，罐基础施工，围墙、道路、场坪施工，附属建筑物施工、安装及装饰装修，储罐防腐保温和制作安装，工艺管道及钢结构施工，电气仪表工程施工等。5 台 3 万 m³ 成品油储罐为钢网壳结构，其余为外浮顶储罐。

项目建造成果：获中国兵器华锦集团"十一五"精品工程。

12.34 营口港鲅鱼圈港区工程

项目地址：营口港鲅鱼圈港区

建设时间：2004 年 9 月至 2008 年 9 月

建设单位：营口港务集团有限公司

设计单位：中油辽河工程有限公司/中国石油天然气管道工程有限公司

项目简介：营口港鲅鱼圈港区成品油及液体化工品储运（一、二、三期）工程罐区总储存量 25.5 万 m³，大小共 55 台储罐，各类设备 700 余台，各类管线延长 13 余万米，包括柴油、汽油、液体化工品（介质有粗苯、对二甲苯、间二甲苯、甲苯、甲醇、乙醇、乙二醇、正辛醇、丙酮、丙烯腈、乙二腈、丙烯酸正丁酯、醋酸乙酯等）、燃料油、硫酸及渣油等七个罐区；

营口港鲅鱼圈港区成品油及液体化工品储运（一、二、三期）工程

营口港鲅鱼圈港区墩台山原油储运工程

营口港鲅鱼圈港区 A 港池后方油库一期工程

营口港鲅鱼圈港区墩台山原油储运工程罐区总储存量 15 万 m³，其中 5 万 m³ 外浮顶储罐 2 台，1 万 m³ 拱顶罐 5 台；

营口港鲅鱼圈港区 A 港池后方油库一期工程罐区总储存量 12 万 m³，大小共 20 台储罐（其中乙醇罐区 2 个，汽油罐区 1 个，汽车装卸栈台 2 座，440m 长火车栈桥 3 座，各类泵房 6 座）。

主要工程内容：工程内容包括土建基础、泵房等构建筑物、厂区道路及场坪等土建工程，罐体制安、工艺设备管道、消防、给水排水、防腐保温及电气仪表等全部建安工程，其中汽油罐均为内浮顶罐。

项目建造成果：先后荣获全国优秀焊接工程，江苏省省外"扬子杯"，中建总公司 CI 创优金奖工程；大型储罐内置悬挂平台正装法施工工法获国家级工法。

12.35　天津汇荣石油有限公司临港项目库区工程及输油管线工程

项目地址：天津市塘沽区临港工业区 A10 路北侧 B15 路西侧

建设时间：2007 年 10 月至 2008 年 4 月

建设单位：天津汇荣石油有限公司

设计单位：青岛英派尔化学工程有限公司

项目简介：罐区总存储量 13.6 万 m^3，其中 4 台 2.5 万 m^3 原油浮顶储罐、3 台 7000m^3 成品油内浮顶储罐制、4 台 3000m^3 成品油内浮顶储罐；2 台 1500m^3 消防水罐。

主要工程内容：内容包括罐体制安，以及配套罐区罐基础、泵房、综合楼、厂区道路等所有土建及构建筑物，以及配套工艺管线系统、消防系统、给水排水系统、电气及自控仪表系统、钢结构工程、室内暖通工程；室内给水排水管道安装。

项目建造成果：获江苏省优质工程"扬子杯"（省外）

12.36　中国石油汇鑫油品储运公司 65 万 m^3 油库一期工程

项目地址：天津港南疆石化小区

建设时间：2006 年 11 月至 2007 年 7 月

建设单位：中国石油汇鑫油品储运有限公司

设计单位：中国石油天然气管道工程有限公司

项目简介：油库区占地 45000m^2，其中 5 万 m^3 为原油储罐 3 台，7000m^3 成品油储罐 1 台，5000m^3 消防水罐 2 台，全罐区配套设施，办公设施等。项目油库区周围为已经投用的石化小区各装置，对安全、消防及文明施工要求较高。

主要工程内容：本工程范围包括 3 台 5 万 m³ 原油罐、1 台 7000m³ 成品油罐、2 台 5000m³ 消防水罐的制作安装及各罐的附件、接管、消防喷淋及防腐保温安装；罐区及泵房工艺管线安装、防腐、保温伴热，罐区电气自控系统的安装；室内给水排水管道安装；室内电气工程安装及室内暖通工程安装等。土建部分包括罐基础、泵房、阀门井、防火堤等。厂区部分包括罐区道路、厂区管网及厂区电气等。

项目建造成果：2008 年度获江苏省"扬子杯"省外优质工程奖。

12.37　南京滨江 LNG 储配（一期）工程

项目地址：南京市江宁区滨江开发区新洲八组

建设时间：2019 年 11 月至 2021 年 11 月

建设单位：南京港华燃气有限公司（代建）

设计单位：中国市政工程华北设计研究总院

项目简介：本工程是为缓解南京及周边地区冬季用气紧张而投资建设的重点民生工程项目。由南京煤气总公司投资建设，工程包括 2 台 3 万 m^3 LNG 储罐，装卸车系统、LNG 低温泵、浸没燃烧式汽化器、水浴汽化器、空温汽化器、BOG 压缩机、BOG 加热器、天然气高高压、高中压调压计量设施、天然气液化设施等工艺设施，小时最大供气能力为 25 万 Nm^3/h（其中高压供气能力为 20 万 Nm/h，中压供气能力为 5 万 Nm/h），天然气液化能力为 30 万 Nm/d，并配套建设相关土建、消防、电气、自控设施等工程。

主要工程内容：本工程为 EPC 总承包工程，设计包括但不限于方案设计、初步设计、施工图设计、并办理初步设计审批、施工图审查、落实 HAZOP 分析、SIL 定级等分析以及全过程设计跟踪。施工包括工程范围内总图、工艺、给水排水、消防、自控、供配电、通信、建筑结构、暖通空调、装饰装潢、绿化、防腐等，组织开展相关检验、验收、试车、联动试车，组织投料试车、试生产和性能测试等。采购包括工程范围内建设相关的所有设备材料、配套操作维修工器具及相关备品备件采购。

12.38　西安液化天然气应急储备调峰项目 5 万 m^3 LNG 储罐建造工程

项目地址：西安泾渭经济技术开发区（高陵）岳华村

建设时间：2019 年 8 月至 2021 年 3 月

建设单位：陕西液化天然气储备运销有限公司

设计单位：中海油石化工程有限公司

项目简介：本工程是陕西省天然气干线管网建设的重要组成部分，是陕西省重点建设项目，同时作为清洁能源项目对陕西省"治污降霾、保卫蓝天"工作也有着十分重要的意义。

主要工程内容：承担储罐本体建造、设备安装、罐顶钢结构及工艺管道安装、电气仪表安装、防腐保冷、设备及电仪系统调试等全部建筑安装工程。

12.39　四川同凯能科技发展有限公司大型天然气汽车清洁燃料（LNG）项目

项目地址：四川省巴中市平昌县驷马镇驷马水乡

建设时间：2014 年 4 月至 2015 年 2 月

建设单位：四川同凯能源科技发展有限公司

设计单位：中国成达工程有限公司

项目简介：本工程是国家发展改革委、四川省委及省政府支持巴中革命老区发展的重大清洁能源项目。项目总投资 18.5 亿元，占地 355 亩，生产能力 2×30 万 t/年。项目采用德国 Linde、美国 APCI、法国 Technip 和美国 Dresser-Rand 的专业技术和设备。

主要工程内容：承接整个项目包含装置区、公用工程、厂前区 24 个单元的土建安装工作。

参考文献

［1］徐英，杨一凡，朱萍，等.球罐和大型储罐［M］.北京：化学工业出版社，2004.

［2］彭建萍.覆土立式油罐设计要点［J］.储运技术，2017，（26）6：1-3.

［3］王才良，周珊.历史上油气储运方式的不断创新［J］.石油科技论坛，2006，01：29-34.

［4］黄维和.我国油气储运技术的发展［J］.油气储运，2012，31（6）：411-415.

［5］常一舟.大型硫酸储罐建造［D］.北京：北京化工大学，2016.

［6］陈德志，米广生，张继军.中国大型储罐建设现状及发展趋势［J］.石油化工建设，2009，01：28-32.